石油工程技能培训系列教材

石油工程基础

刘天科　　王建军　主编

中国石化出版社

内 容 提 要

《石油工程基础》为《石油工程技能培训系列教材》之一。本教材涵盖了石油工程各专业基础性和通用性知识，便于读者系统了解掌握石油工程相关常识性内容，与其他 12 册既相互衔接，又各有侧重。全书分为石油地质、地球物理勘探、钻井工程、录井工程、测井工程、井下特种作业、石油工程建设、安全环保等 8 个章节。

本教材适用于石油工程企业基层一线技能操作人员、专业技术人员以及各级管理人员，也可作为相关专业大中专院校师生的参考教材。

图书在版编目（CIP）数据

石油工程基础 / 刘天科，王建军主编 . — 北京：中国石化
出版社，2023.8
ISBN 978-7-5114-7225-0

Ⅰ . ①石… Ⅱ . ①刘… ②王… Ⅲ . ①石油工程—技术培训—
教材 Ⅳ . ① TE

中国国家版本馆 CIP 数据核字（2023）第 151112 号

中国石化出版社出版发行

地址：北京市东城区安定门外大街58号
邮编：100011　电话：（010）57512500
发行部电话：（010）57512575
http://www.sinopec-press.com
E-mail: press@sinopec.com
北京富泰印刷有限责任公司印刷
全国各地新华书店经销

*

787 毫米 ×1092 毫米　16 开本　17 印张　369 千字
2023 年 9 月第 1 版　2023 年 9 月第 1 次印刷
定价：68.00 元

《石油工程基础》编审人员

主　编：刘天科　王建军

编　写：刘承业　陈治庆　明晓锋　李　军

　　　　尤春光　汤海东　李其沼　杨鹏辉

　　　　刘　涛　王新佳　杜书东　郑延华

　　　　陈　玺　李新跃　罗泽民

审　稿：李利芝　张忠涛　李金其　王自民

　　　　胡立新　李油建　臧德福　范　伟

　　　　王国防　肖新磊　董黎明　周宏宇

序

PREFACE

习近平总书记指出："石油能源建设对我们国家意义重大，中国作为制造业大国，要发展实体经济，能源的饭碗必须端在自己手里。"党的二十大报告强调："深入推进能源革命，加大油气资源勘探开发和增储上产力度，确保能源安全。"石油工程是油气产业链上不可或缺的重要一环，是找油找气的先锋队、油气增储上产的主力军，是保障国家能源安全的重要战略支撑力量。随着我国油气勘探开发向深地、深海、超高温、超高压、非常规等复杂领域迈进，超深井、超长水平段、非常规等施工项目持续增加，对石油工程企业的核心支撑保障能力和员工队伍的技能素质提出了新的更高要求。

石油工程企业要切实履行好"服务油气勘探开发、保障国家能源安全"的核心职责，在建设世界一流、推进高质量发展中不断提高核心竞争力和核心功能，迫切需要加快培养造就一支高素质、专业化的石油工程产业大军，拥有一大批熟练掌握操作要领、善于解决现场复杂疑难问题、勇于革新创造的能工巧匠。

我们组织编写的《石油工程技能培训系列教材》，立足支撑国家油气产业发展战略所需，贯彻中国石化集团公司人才强企战略部署，把准石油工程行业现状与发展趋势，符合当前及今后一段时期石油工程产业大军技能素养提升的需求。这套教材的编审人员集合了中国石化集团公司石油工程领域的高层次专家、技能大师，注重遵循国家相关行业标准规范要求，坚持理论与实操相结合，既重理论基础，更重实际操作，深入分析提炼了系统内各企业的先进做法，涵盖了各相关专业（工种）的主要标准化操作流程和技能要领，具有较强的系统性、科学性、规范性、实用性。相信该套教材的出版发行，能够对推动中国石化乃至全国石油工程产业队伍建设和油气行业高质量发展产生积极影响。

匠心铸就梦想，技能成就未来。希望生产一线广大干部员工和各方面读者充分运用好这套教材，持续提升能力素质和操作水平，在新时代新征程中奋发有为、建功立业。希望这套教材能够在实践中不断丰富、完善，更好地助力培养石油工程新型产业大军，为保障油气勘探开发和国家能源安全作出不懈努力和贡献！

中石化石油工程技术服务股份有限公司
董事长、党委书记

2023 年 9 月

前言

FOREWORD

技能是强国之基、立业之本。技能人才是支撑中国制造、中国创造的重要力量。石油工程企业要高效履行保障油气勘探开发和国家能源安全的核心职责，必须努力打造谋求自身高质量发展的竞争优势和坚实基础，必须突出抓好技能操作队伍的素质提升，努力培养造就一支技能素养和意志作风过得硬的石油工程产业大军。

石油工程产业具有点多线长面广、资金技术劳动密集、专业工种门类与作业工序繁多、不可预见因素多及安全风险挑战大等特点。着眼抓实石油工程一线员工的技能培训工作，石油工程企业及相关高等职业院校等不同层面，普遍期盼能够有一套体系框架科学合理、理论与实操结合紧密、贴近一线生产实际、具有解决实操难题"窍门"的石油工程技能培训系列教材。

在中国石化集团公司对石油工程业务进行专业化整合重组、中国石化石油工程公司成立 10 周年之际，我们精心组织编写了该套《石油工程技能培训系列教材》。编写工作自 2022 年 7 月正式启动，历时一年多，经过深入研讨、精心编纂、反复审校，于今年 9 月付梓出版。该套教材涵盖物探、钻井、测录井、井下特种作业等专业领域的主要职业（工种），共计 13 册。主要适用于石油工程企业及相关油田企业的基层一线及其他相关员工，作为岗位练兵、技能认定、业务竞赛及其他各类技能培训的基本教材，也可作为石油工程高等职业院校的参考教材。

在编写过程中，坚持"系统性与科学性、针对性与适用性、规范性与易读性"相统一。在系统性与科学性上，注重体系完整，整体框架结构清晰，符合内在逻辑规律，其中《石油工程基础》与其他 12 册

1

教材既相互衔接又各有侧重，整套教材紧贴技术前沿和现场实践，体现近年来新工艺新设备的推广，反映旋转导向、带压作业等新技术的应用等。在针对性与适用性上，既有物探、钻井、测录井、井下特种作业等专业领域基础性、通用性方面的内容，也凝练了各企业、各工区近年来摸索总结的优秀操作方法和独门诀窍，紧贴一线操作实际。在规范性与易读性上，注重明确现场操作标准步骤方法，保持体例格式规范统一，内容通俗易懂、易学易练，形式喜闻乐见、寓教于乐，语言流畅简练，符合一线员工"口味"。每章末尾还设有"二维码"，通过扫码可以获取思维导图、思考题答案、最新修订情况等增值内容，助力读者高效学习。

为编好本套教材，中国石化石油工程公司专门成立了由公司主要领导担任主任、班子成员及各所属企业主要领导组成的教材编写工作指导委员会，日常组织协调工作由公司人力资源部牵头负责，各相关业务部门及各所属企业人力资源部门协同配合。从全系统各条战线遴选了中华技能大奖、全国技术能手、中国石化技能大师获得者等担任主编，并精选业务能力强、现场经验丰富的高层次专家和业务骨干共同组成编审团队。承担 13 本教材具体编写任务的牵头单位如下：《石油工程基础》《石油钻井工》《石油钻井液工》《钻井柴油机工》《修井作业》《压裂酸化作业》《带压作业》等 7 本由胜利石油工程公司负责，《石油地震勘探工》和《石油勘探测量工》由地球物理公司负责，《测井工》和《综合录井工》由经纬公司负责，《连续油管作业》由江汉石油工程公司负责，《试油（气）作业》由西南石油工程公司负责。本套教材编写与印刷出版过程中得到了中国石化总部人力资源部、油田事业部、健康安全环保管理部等部门和中国石化出版社的悉心指导与大力支持。在此，向所有参与策划、编写、审校等工作人员的辛勤付出表示衷心的感谢！

编辑出版《石油工程技能培训系列教材》是一项系统工程，受编写时间、占有资料和自身能力所限，书中难免有疏漏之处，敬请多提宝贵意见。

编委会办公室

2023 年 9 月

目录

CONTENTS

第一章

石油地质基础

石油和天然气大部分深埋地下数千米，虽是流体，分布却十分复杂，需要通过开展石油地质研究，了解油气在地下的分布情况，受哪些地质因素控制，以及地壳上油气的分布规律，从而探寻地下石油和天然气的储集情况，为油气开采提供参考依据。石油地质学主要研究：石油及其伴生物天然气、固体沥青的化学组成、物理性质和分类；石油成因与生油岩标志，储集层、盖层及生储盖组合；油气运移，包括油气初次运移和油气二次运移；圈闭和油气藏类型；油气藏的形成和保存条件；油气藏的开发等内容。

第一节　石油与天然气

石油和天然气既是非常宝贵的燃料，也是重要的化工原料，作为一种重要的能源和战略资源，在当代社会和国民经济中占有极其重要的地位。

一　石油的成分和性质

石油（又称原油）以液态形式存在于地下岩石孔隙中，是一种黏稠的、深褐色（有时有点绿色）液体。地壳上层部分地区有石油储存。

石油被称为"工业的血液"，因其价值高昂，又被称为黑金。从石油中提炼的汽油、煤油、柴油等是优质动力燃料；提炼的润滑油料，从微小精密的钟表到庞大高速的发动机都需要，被称为机器的"食粮"；石油还是重要的化工原料，既用于制造或提炼各种染料、农药、医药，又用于制造或提炼生产量大、应用面广的合成纤维、合成橡胶、合成塑料，还用于制造或提炼重要的无机化工产品，如合成氨及硫黄等。

从石油的组成来看，其组成相当复杂，在元素、族分和组分之间既有成因上的联系，又有成分及性质上的区别，这些区别和联系往往反映了它们内在的规律性，研究和分析这些变化是认识石油成因、演化和分布的重要方面。

（一）石油的族分和组分

1. 石油的族分

石油中不同的化合物由于分子结构的差异，对吸附剂和有机溶剂具有选择性的吸附和溶解的性能。根据这一特性，可选用不同吸附剂和有机溶剂，将石油分成饱和烃、芳香烃、非烃和沥青质等 4 种族分。

2. 石油的组分

石油组分分析是过去在石油组成研究中广泛使用的一种方法，它也是根据不同有机溶剂对石油成分的选择性溶解对石油各组分进行分离的一种方法。

能够溶解于石油醚而不被硅胶吸附的部分称为油质。油质为石油的主要组成部分，多为碳氢化合物组成的淡色黏性液体（有时呈固体结晶）。油质含量的高低是石油质量好坏的重要标志，油质含量高，石油的质量相对较好。

用苯和酒精 – 苯从硅胶上解吸（溶解）下的部分称为胶质，可分为苯胶质和酒精 – 苯胶质。一般为黏性或玻璃状的半固体物质，其成分仍以碳氢化合物为主，但氧、硫、氮化合物增多，平均分子量变大；颜色不同，从淡黄、褐红到黑色均有。

能溶于氯仿，但不溶于石油醚、苯和酒精 – 苯的部分，称为沥青质。沥青质相比之下含的碳氢化合物更少，氧、硫、氮化合物更多，平均分子量比胶质还大，为暗褐色或黑色固体物质，在石油中含量较少，一般在 1% 左右，个别可达 3%~5%。

不溶于有机溶剂的称为碳质。以碳元素状态分散在石油内，含量较少，也叫残炭。

（二）石油的化学组成

石油是由各种碳氢化合物（也称烃）与少量非碳氢化合物（也称非烃）组成的，石油组成上的差别，是影响石油性质的根本原因。其元素、烃类和非烃组成如下。

1. 元素组成

组成石油的化学元素以碳（C）、氢（H）两种元素为主，其中碳占 80%~88%，氢占 10%~14%，碳氢的比值（C/H）在 5.9~8.5，这两种元素占石油成分的 95%~99%。另外，还有氧（O）、硫（S）、氮（N）等元素，这三种元素根据石油性质上的差别，其含量变化较大，但一般总量在 1% 左右，个别情况下，可达到 5%，甚至更高。除了上述几种元素外，在有些石油中还有 Si、Fe、Al、Mg、Ni、Cu、Pb 等几十种元素。

2. 烃类组成

石油中碳氢化合物在石油中占 80% 以上，是石油的主要组成部分，主要有烷烃、环烷烃和芳香烃，烯烃极少见。目前能够从石油中分离出来的烃类已达 200 多种。

①烷烃分子结构的特点是碳原子与碳原子都以 C—C 键相连，排列成直链式。无支链者为正构烷烃或正烷烃；有支链者为异构烷烃或异烷烃。石油中一般以正构烷烃为主，异构烷烃在石油中含量较少，随着分子量增大略有增多的趋势。

②环烷烃在石油中以五碳环和六碳环最多，环烷烃比较稳定，但在一定条件下可以发生取代、氧化等反应。

③芳香烃的特征是分子中含有苯环结构，属于不饱和烃。在石油中一般含量较少，较稳定，但在一定的温度、压力及催化剂作用下，发生取代、氧化等反应。

石油中不同烃类的含量往往随着地层时代不同而发生有规律的变化，地层时代越老，烷烃含量越高，环烷烃减少，而芳香烃变化不明显。

3. 非烃组成

目前从石油中已能分离出的非烃化合物达 100 多种，主要包括含硫化合物、含氮化合物、含氧化合物等，在石油中一般含量为 10%~20%，为石油的杂质部分。非烃化合物对石油的质量和炼制加工有着重要影响。例如，石油中所含的硫是一种有害杂质，容易产生硫化氢（H_2S）、硫化亚铁（FeS）、亚硫酸（H_2SO_3）或硫酸（H_2SO_4）等化合物，对机器、管道、油罐等金属设备造成严重腐蚀；可根据石油中咔唑类含氮化合物含量的变化规律，研究油气运移方向，追踪油气运移路径，为寻找油气田提供依据；石油中的含氧化合物环烷酸很容易生成各种盐类，其中碱金属的环烷酸盐能很好地溶解于水，在与石油接触的地下水中常含这种环烷酸盐，可作为找油的一种标志。

（三）石油的性质

石油的颜色、密度、黏度等物性是人们对石油性质的最直观感觉，而其物理性质则反映石油组成上的差别。所以，了解石油的物理性质，不论是对认识石油的组成，分析它的变化规律，还是对油气田的开发，都是非常重要的。下面简单介绍石油的一般物理性质。

1. 颜色

石油的颜色种类很多，从黑色到浅色均有。石油颜色的不同主要与石油内胶质和沥青质含量有关，胶质、沥青质含量高则石油颜色变深。所以石油的颜色深浅大致能反映石油中重组分含量的多少。

2. 密度

液态石油的密度在我国和俄罗斯是指一个标准大气压、20℃下石油单位体积的质量。在欧、美各国则常以 API（美国石油工业标准）为度量单位。石油密度一般在 0.75~0.98 g/cm³。通常，密度大于 0.9 g/cm³ 的称为重质石油，小于 0.9 g/cm³ 的称为轻质石油。

石油的密度取决于化学组成。就烷烃而言，密度随碳数增加而变大；碳数相同的烃类，烷烃密度最小，环烷烃居中、芳香烃密度最大；与胶质、沥青质相比，烃类密度最小。

地下石油的密度还与其中溶解气量、压力、温度等因素有关，溶解气量多则密度小。在其他条件不变时，密度随温度的增加而减小，随压力的增加而增大。

3. 黏度

黏度值代表石油流动时分子之间相对运动所引起的内摩擦力大小。黏度大则流动性差，反之，则流动性好。

黏度大小主要取决于石油的组分。分子量小的烷烃、环烷烃含量高，黏度就低；而分子量大的蜡、胶质、沥青质含量高，黏度就高。黏度随温度升高、溶解气量增加而降低。

4. 溶解性

石油能溶解于多种有机溶剂，如：苯、氯仿、二硫化碳、四氯化碳、醚等。石油在水中的溶解度很低，当水中饱和二氧化碳和烃气时，石油的溶解度将明显增加。

5. 导电性

石油及其产品具有极高的电阻率。石油的电阻率与高矿化度的油田水和沉积岩相比，可视为无限大。

6. 荧光性

石油在紫外光照射下可产生荧光，石油中不饱和烃及其衍生物具有荧光性。

7. 凝点

凝点是指石油在一定条件下失去流动性的最高温度。凝点的大小与石油中高分子化合物含量的多少有关，尤其与石蜡含量的关系更为密切。一般情况下当石蜡含量超过 10% 时，凝点有明显的变化，石蜡含量越高，凝点就越高。相反，石油中轻质馏分含量较高时，凝点就低。

8. 旋光性

当光线通过石油时，使偏光面发生旋转的特性，称为石油的旋光性。石油的旋光性分为左旋和右旋，一般为右旋。无机化合物没有旋光性，所以旋光性是石油有机成因证据之一。石油的旋光性随着地质年代的增加而降低。

二　天然气的成分和性质

广义的天然气是指存在于自然界的一切气体，这里所说的天然气主要是指与油田和气田有关的气体，其主要成分是烃类气体，主要为甲烷（85%），少量乙烷（9%）、丙烷（3%）、丁烷（1%），也包含少量的非烃类气体，如氮气（N_2）、二氧化碳（CO_2）或硫化氢（H_2S）等，即狭义的天然气。

（一）天然气的成分

绝大多数气藏气的成分以烃类为主，烃气含量高于 80% 的气藏占气藏总数的 85% 以上。以 N_2、CO_2 或 H_2S 为主要成分的气藏数量很少。

1. 烃类组成

天然气烃类组成一般以甲烷为主，重烃气为次。重烃气以乙烷和丙烷最为常见，丁烷及更重的烃类较少见。按照天然气烃类组分中重烃气含量的多少将天然气分为干气和湿气。

2. 非烃组成

天然气中常见的非烃组成成分有 N_2、CO_2、H_2S、H_2、CO、SO_2 和汞蒸气等，有时还含有少量有机硫化物、氧化物和氮化合物。非烃气的含量一般小于 10%，但也有少量气藏中非烃气的含量超过 10%，还有极少数以非烃气为主的气藏，其中最著名的有美国科罗拉多州韦尔登 CO_2 气田（CO_2 含量达 92%）、广东三水盆地的沙头圩 CO_2 气田（CO_2 含量高达 99.53%）、加拿大艾伯塔潘塞河区泥盆系 H_2S 气藏（H_2S 含量达 88%）和河北省赵兰庄油气田孔一段 H_2S 气藏（H_2S 含量达 92%）等。

（二）天然气的性质

在常温、常压下，以气态存在的烃类有甲烷、乙烷、丙烷、丁烷。

1. 密度

天然气的密度是指在标准状态下，单位体积的天然气的质量，一般为 0.65~0.75 g/cm^3，天然气的密度随重烃含量增加而增大。

2. 黏度

天然气的黏度和石油一样，是天然气流动时内部分子之间所产生的摩擦力，是以分子间相互碰撞的形式体现出来的。所以当温度升高时，分子的活动性增大，碰撞次数增多，黏度升高，如在0℃时天然气的黏度为 $3.1 \times 10^{-4} \text{mPa·s}$，在20℃时为 $1.2 \times 10^{-2} \text{mPa·s}$。

3. 临界温度和临界压力

临界温度是指气相物质能维持液相的最高温度。高于临界温度时，不论压力有多大，都不能使气态物质凝为液态。在临界温度时，气态物质液化所需的压力称临界压力。

4. 发热量

在通常情况下，燃烧 1m^3 天然气所放出来的热量为天然气的发热量，约为 38.92MJ/m^3，随着天然气中重烃含量的增加，发热量升高。

5. 溶解性

天然气可以溶解于石油中，并且当天然气重烃含量增加，或者石油中的轻馏分较多时，天然气在石油中的溶解度更高。天然气在石油中的溶解度的高低还与温度和压力等因素有关。天然气不仅可以溶解于石油中，也可以溶解于水中，这一点是与石油性质的重要区别。

6. 扩散性

与石油相比，天然气的分子体积小，在地下具有很强的扩散性，甚至可以通过泥岩的微小孔隙发生扩散，而石油基本不能通过泥岩的孔隙扩散。在地下只要有天然气的浓度差存在就可以发生扩散，扩散的结果是使天然气通过岩石的孔隙从高浓度区向低浓度区运移。天然气从烃源岩向储集层的扩散是天然气初次运移的重要形式，天然气从气藏内通过盖层向气藏外的扩散是气藏破坏的重要途径。

第二节　地质基础

一　矿物

矿物是由地质作用形成的，在正常情况下呈结晶质的元素或无机化合物，是组成岩石和矿石的基本单元。煤不是无机化合物晶体，不属于矿物。花岗岩虽是固体，但它是由长石、石英、黑云母等多种物质聚集而成的，故不能称为矿物。

（一）矿物的外部形态

很多固态矿物常具有几何多面体外形，矿物之所以有外部形态是构成矿物的质点（原子、分子、离子、离子团）按照一定几何规律排列的结果，这种矿物叫晶体矿物。矿物单体形态大体上可分为三向等长（如粒状）、二向延展（如板状、片状）和一向伸长（如柱状、针状、纤维状）3 种类型。而晶形则服从一系列几何结晶学规律。

矿物单体间有时可以产生规则的连生，同种矿物晶体可以彼此平行连生，也可以按一定对称规律形成双晶体，非同种晶体间的规则连生称浮生或交生。

矿物集合体可以是显晶或隐晶的。隐晶或胶态的集合体常具有各种特殊的形态，如结核状（如磷灰石结核）、豆状或鲕状（如鲕状赤铁矿）、树枝状（如树枝状自然铜）、晶腺状（如玛瑙）、土状（如高岭石）等。

（二）矿物的物理性质

1. 颜色

矿物的颜色多种多样。矿物学中一般将颜色分为 3 类：自色是矿物固有的颜色；他色是指由混入物引起的颜色；假色则是由某种物理光学过程所致。矿物在白色无釉的瓷板上划擦时会留下粉末痕迹，条痕色可消除假色，减弱他色，通常用于矿物鉴定。

2. 透明度

指矿物透过可见光的程度。根据矿物透明的程度，将矿物分为：透明矿物（如石英）、半透明矿物（如辰砂）和不透明矿物（如磁铁矿）。一般具有玻璃光泽的矿物均为透明矿物，显金属或半金属光泽的为不透明矿物，具有金刚光泽的则为透明或半透明矿物。

3. 光泽

指矿物表面反射可见光的能力。根据平滑表面的反光由强到弱分为金属光泽（如方铅矿）、半金属光泽（如磁铁矿）、金刚光泽（如金刚石）和玻璃光泽（如石英）四级。金属和半金属光泽的矿物条痕一般为深色，金刚或玻璃光泽的矿物条痕为浅色或白色。此外，还可出现油脂光泽、树脂光泽、蜡状光泽、土状光泽及丝绢光泽和珍珠光泽等特殊光泽类型。

4. 解理

在外力作用下，矿物晶体沿着一定的结晶学平面破裂并产生光滑平面的固有特性称为解理。根据解理产生的难易和解理面完整的程度将解理分为极完全解理（如云母）、完全解理（如方解石）、中等解理（如普通辉石）、不完全解理（如磷灰石）和极不完全解理（如石英）。

5. 断口

矿物在外力作用如敲打下，沿任意方向产生的各种断面称为断口。断口依其形状主要有贝壳状、锯齿状、参差状、平坦状等。

6. 硬度

指矿物抵抗外力作用（如刻画、压入、研磨）的机械强度。矿物学中最常用的是摩氏硬度，它是通过与具有标准硬度的矿物相互刻画比较而得出的。另一种硬度为维氏硬度，它是压入硬度，用显微硬度仪测出，以 kg/mm^2 表示。矿物的硬度与晶体结构中化学键型、原子间距、电价和原子配位等密切相关。

7. 相对密度

指纯净、均匀的单矿物在空气中的质量与同体积水在 4℃ 时质量之比。矿物的相对密度取决于组成元素的原子量和晶体结构的紧密程度。

矿物的密度（D）是指矿物单位体积的质量，度量单位为 g/cm^3。矿物的相对密度在数值上等于矿物的密度。

二、岩石

岩石是在各种地质作用下，由一种或一种以上造岩矿物按一定方式结合而成的矿物集合体，它是构成地壳及地幔的主要物质，自然界中的矿物很少孤立存在，它们常常结合成为复杂的集合体。岩石按其地质成因分为火成岩、沉积岩与变质岩三大类。

（一）火成岩

火成岩又称岩浆岩，是岩浆作用的产物，由岩浆冷却凝固所形成，它是三大类岩石的主体，占地壳岩石体积的 64.7%，见表 1-2-1。

表 1-2-1　火成岩分类

酸度		超基性岩	基性岩	中性岩		酸性岩
碱度		钙碱性	钙碱性	钙碱性	碱性	钙碱性
岩石类型		橄榄岩－苦橄岩类	辉长岩－玄武岩类	闪长岩－安山岩类	正长岩－粗面岩类	花岗岩－流纹岩类
SiO₂/%		< 45	45~53	53~66		> 66
K₂O+Na₂O/%		< 3.5	平均 3.6	平均 5.5	平均 9	平均 6~8
σ 值			< 3.3	< 3.3	3.3~9	< 3.3
Q/%（v）		不含	不含或很少	< 20	不含	> 20
F/%（v）		不含	不含	不含	不含或少量	不含
长石种类及含量		不含	以基性斜长石为主	以中长石为主可含碱性长石	碱性长石为主	碱性长石	碱性长石中酸性斜长石
铁镁矿物种类		以橄榄石、辉石为主角闪石次之	以辉石为主可含橄榄石、角闪石	以角闪石为主辉石、黑云母次之	碱性辉石碱性角闪石富铁黑云母	以黑云母为主角闪石次之辉石很少
色率		> 90	49~90	15~40		< 15
代表性侵入岩	深成岩（中粗粒、似斑状）	纯橄榄岩、橄榄岩、二辉橄榄岩、辉石岩	辉长岩苏长岩斜长岩	闪长岩	正长岩	碱性正长岩	花岗岩花岗闪长岩
	浅成岩（细粒、斑状）	苦橄玢岩	辉绿岩	闪长玢岩	正长斑岩	花岗斑岩花岗闪长斑岩
代表性喷出岩		苦橄岩、玻基纯橄岩、科马提岩	玄武岩	安山岩	粗面岩	碱性粗面岩	流纹岩英安岩

地下高温熔融物质称为岩浆。它的温度为 65~1400℃，一般为 800~1200℃。岩浆一般存在于地下数千米到数万米。在岩石的强大压力下，其中挥发性物质主要呈溶解状态，部

分呈气泡状态存在。

岩浆的化学成分对岩浆的性质及岩浆喷发特征起着决定性作用，而岩浆的 SiO_2 含量又具有关键意义。岩浆中 SiO_2 含量越高，黏性越大，反之则小。

岩浆作用是指岩浆发育、运动、冷凝固结成为火成岩的作用，它包括喷出作用与侵入作用。

1. 喷出作用

岩浆喷出地表、冷凝固结的过程，称为喷出作用，又称火山作用。它伴随着地下大量物质在很短时间内上涌，向外喷发释放。喷发物有气体、固体和液体三类。

（1）气体喷发物

气体喷发物是由溶解在岩浆中的挥发成分在围压降低的条件下从岩浆中分离出来所形成的，其中主要为水蒸气，含量常达 60% 以上，此外还含有二氧化碳、硫化物以及少量的一氧化碳、氢气、氨、氯化氢等。

（2）固体喷发物

固体喷发物是因为气体的膨胀力、冲击力与喷射力将地下已经冷凝或半冷凝的岩浆物质炸碎并抛射出来所形成的。所有喷出地表的岩浆冷凝物质及围岩碎块就构成了火山爆发的固体产物，统称为火山碎屑物。由火山碎屑物堆积并固结而成的岩石，称为火山碎屑岩。

（3）液体喷发物

液体喷发物称为熔岩，它是因喷出地表而丧失了气体的岩浆。它可以沿地面斜坡或山谷流动，其前端呈舌状，称为熔岩流。分布面积宽广的熔岩流，称为熔岩被。

2. 侵入作用

深部岩浆向上运移，侵入周围岩石，在地下冷凝、结晶、固结成岩的过程，称为侵入作用。其形成的岩石，称为侵入岩。侵入岩是被周围岩石封闭起来的岩浆固结体，故又称侵入体，包围侵入体的原有岩石，称围岩。

（二）沉积岩

在地壳表层条件下，由母岩（岩浆岩、变质岩、先成的沉积岩）的风化产物、生物物质、宇宙物质等，经过搬运作用、沉积作用和成岩作用而形成的岩石，称为沉积岩。它主要分布在地壳表层，在地表露出的三大类岩石中，其面积占 75%，是最常见的岩石。沉积岩中赋存有煤、石油、天然气以及其他许多金属及非金属矿产，具有重要的经济价值。

1. 沉积岩的形成

沉积岩的形成主要受外力地质作用的制约，部分则与火山喷发作用以及宇宙物质的降落有关。引起外力地质作用的因素是大气、水与生物。

大气、水与生物引起地质作用的具体形式是不同的，同种因素引起的地质作用形式也是多样的。外力地质作用可分为以下几类：

①风化作用。指地面的岩石发生机械破碎或化学分解的过程。

②剥蚀作用。指在外力作用下，岩石因机械作用或化学作用而被剥离或蚀去的过程。

例如，河岸被水冲刷、崩落而后退，石灰岩受地下水溶蚀而形成溶洞。

③搬运作用。指风化、剥蚀的产物被搬运到他处的作用。搬运方式有多种：以机械方式破坏的产物（称碎屑物）以机械方式进行搬运；以化学方式破坏的产物通过真溶液或胶体溶液进行搬运。

④沉积作用。指搬运物在条件适宜的地方发生沉积的作用。由沉积作用沉积下来的物质为沉积物。沉积物大多是松散的，富含粒间孔隙，在水中形成的沉积物还富含水分。

机械方式的搬运物按机械方式沉积，称为机械沉积作用，所形成的沉积物称为碎屑沉积物。机械沉积作用受重力支配。

化学方式的搬运物按化学方式沉积，称为化学沉积作用，所形成的沉积物称为化学沉积物。它受化学反应的规律支配。

生物有机体的沉积堆积作用称为生物沉积作用，所形成的沉积物称为生物沉积物。如生物的钙质骨骼通过堆积变成石灰岩，植物被埋藏后变成煤。

此外，生物作用与化学作用可以共同作用而引起物质的沉积，称为生物化学沉积作用，所形成的沉积物称为生物化学沉积物，如铁细菌吸收水中的铁，沉淀后变成铁矿。

⑤固结成岩作用。从松散沉积物变为坚硬岩石的作用称为固结成岩作用。固结成岩作用的主要途径有：

压实作用。上覆沉积物的自重使沉积物的孔隙减少、变小，其中的水分被挤出，从而使厚度变小，沉积物变硬。这种作用见于所有的沉积物中，在泥质沉积物中尤为明显。

胶结作用。某些化学物质填充到沉积物的粒间孔隙之中，胶结固化沉积物，并使之变硬。

重结晶作用。非晶质或结晶细微的沉积物因为环境改变，发生重新结晶，或使晶粒长大、加粗的作用。

新矿物的生长作用。沉积物中不稳定矿物发生溶解或发生其他化学变化，导致若干化学成分在成岩过程中重新组合变成新矿物的作用。

2. 沉积岩的结构

沉积岩的结构是指沉积岩中颗粒的性质、大小、形态及其相互关系。主要有以下两类。

（1）碎屑结构

岩石中的颗粒是机械沉积的碎屑物，碎屑物可以是岩石碎屑（岩屑）、矿物碎屑（如长石、石英、白云母）、石化的生物有机体或其碎片（生物碎屑）以及火山喷发的固体产物（火山碎屑）等。

按碎屑粒径大小可分为：砾状结构（粒径＞2mm）；砂状结构（粒径 0.0625~2mm）；粉砂状结构（粒径 0.0039~0.0625mm）；泥状结构（粒径＜0.0039mm）。

（2）非碎屑结构

岩石中的组成物质由化学沉积作用或生物化学沉积作用形成。其中大多数为晶质或隐晶质，少数为非晶质，或呈凝聚的颗粒状结构。如果由呈生长状态的生物骨骼构成格架，格架内部充填其他性质的沉积物者，称为生物骨架结构。

3. 常见的沉积岩

沉积岩按成分、沉积作用方式及形成环境差别，分为碎屑岩、泥质岩、碳酸盐岩三大类。

（1）砾岩（角砾岩）

指具有砾状或角砾状结构，由大于 30% 岩石含量的砾石与基质、胶结物组成的岩石。常见的有石英岩质砾岩、石灰岩质砾岩、安山岩质砾岩等。钻井施工时，钻遇砾岩层易发生跳钻、蹩钻和井壁坍塌。

（2）砂岩

具有砂状结构的碎屑岩石。碎屑成分常为石英、长石、白云母、岩屑、生物碎屑及黏土质矿物等。按照碎屑粒径大小可分为粗（粒）砂岩、中（粒）砂岩、细（粒）砂岩。砂岩一般来说是较好的渗透层，在井壁上会形成较厚的滤饼，易引起滤饼黏附卡钻。另外，滤饼厚度对测井也有影响，所以必须用优质钻井液。

（3）粉砂岩

具有粉砂状结构的岩石。碎屑成分常为石英及少量长石与白云母等，颜色为灰黄、灰绿、灰黑、红褐等。常见的黄土是一种半固结的粉砂岩。以盐为胎体或胶结物的泥页岩、粉砂岩等遇到矿化度低的水会溶解，盐溶解的结果导致泥页岩、粉砂岩因失去支撑而坍塌。

（4）黏土岩

由黏土质矿物组成并常具有泥状结构的岩石。主要黏土质矿物有高岭石、蒙脱石、伊利石等，其中高岭石是最常见矿物。黏土岩具有灰白、灰黄、灰绿、紫红、灰黑、黑等颜色。

黏土岩中固结微弱者，称为黏土；固结较好但没有层理者，称为泥岩；固结较好且具有良好层理者，称为页岩。黏土岩层一般较软，钻速快，但容易产生钻头泥包。

（5）硅质岩

化学成分主要为 SiO_2，组成矿物为微晶质石英和玉髓，少数情况下为蛋白石，质地坚硬，小刀不能刻画，性脆。常见的硅质岩有碧玉、玛瑙等。

（6）铁、锰、铝、磷沉积岩

①铁沉积岩。化学成分以 Fe 为主，可含 Mn、V、Ni、P、S、SiO_2、Al、O、CaO 等。常见铁矿物包括氧化铁（磁铁矿、赤铁矿、褐铁矿）、碳酸铁（菱铁矿）、硫化铁（黄铁矿）、硅酸铁矿物（鲕绿泥石、海绿石）等。

②锰沉积岩。锰矿物含量＞50%，称为锰沉积岩；锰矿物含量在 20%~50%，称为锰质沉积岩；锰矿物含量＜25%，称为含锰沉积岩。常见锰矿物包括氧化锰（软锰矿、硬锰矿）、碳酸锰（菱锰矿、锰菱铁矿）等。

③铝沉积岩。富含氢氧化铝矿物的沉积岩，称为铝土岩，若 Al_2O_3 含量＞40%、Al_2O_3/$SiO_2 \geq 2$，则称为铝土矿，是炼铝的主要原料。硬度、密度比黏土岩大，没有可塑性。

④磷沉积岩。磷矿物（主要是磷灰石）含量＞50% 者，称为沉积磷酸盐岩或磷酸盐

岩，又称磷块岩。常见的磷酸盐矿物有氟磷灰石、氢氧磷灰石等，还有胶磷矿等。其主要形成于浅海环境，有的也形成于大陆环境。

（7）石灰岩

主要由方解石（$CaCO_3$）组成，遇稀盐酸剧烈起泡。岩石为灰色、灰黑色或灰白色，性脆，坚硬，较致密。石灰岩常具有燧石结核及缝合线，有颗粒结构与非颗粒结构两种类型。

（8）白云岩

白云岩由白云石［$MgCa(CO_3)_2$］组成，岩石常为浅灰色、灰白色，少数为深灰色。断口呈晶粒状，其晶粒往往较石灰岩粗，硬度和密度均较石灰岩略大。

白云岩与石灰岩形成条件有密切联系，以白云石为主并含有一定数量的方解石者，称为钙质白云岩；以方解石为主并含一定数量的白云石者，称为白云质石灰岩。

（三）变质岩

岩石基本处于固体状态下，受到温度、压力和化学活动性流体的作用，发生矿物成分、化学成分、岩石结构与构造变化的地质作用，称为变质作用，经由变质作用形成的岩石称为变质岩。

一些名贵宝石，以及大理岩、石棉、石墨等矿产，均产自变质岩。

1. 引起变质作用的因素

引发变质作用的因素有温度、压力以及化学流动性流体，其主要来自地球内部，但在特殊情况下，如陨石的猛烈撞击可以使地表岩石变质；洋脊附近大洋底部的玄武岩受地下巨大热流的影响，也能在地表发生变质作用。

如果引起变质作用的温度变得很高，达到或超过岩石的熔点，则变质作用就会质变，转变成岩浆作用。所以变质作用与岩浆作用之间又是有一定联系的。

影响变质作用的各项因素在变质作用中多是相互配合的。在不同的情况下起主导作用的因素不同，变质作用就会显示出不同的特征。

（1）变质温度

变质作用发生的温度由 150~180℃ 到 800~900℃。低于 150℃ 的作用属于固结成岩作用，而高于 650℃ 的作用，将使许多岩石熔融，向岩浆作用过渡。

变质温度的基本来源有三个方面：地热，岩浆热，地壳岩石断裂。

（2）变质压力

变质作用的压力可分为静压力、流体压力及定向压力。

①静压力与流体压力。静压力是由上覆岩石重量引起的，它随着埋藏深度增加而增大。静压力在岩石中的传递不只是通过周体的岩石质点，也可以通过循环于岩石空隙中的流体传递，形成流体压力。

②定向压力。定向压力是作用于地壳岩石的侧向挤压力，具有方向性，且两侧的作用力方向相反。它们可以位于同一直线上，也可以不位于同一直线上，前者称为挤压应力，后者称为剪切应力。

（3）化学活动性流体

化学活动性流体成分以水（H_2O）、二氧化碳（CO_2）为主，并含其他一些易挥发、易流动的物质。化学活动性流体是一种活泼的化学物质，它们积极参与变质作用的大多数化学反应，并控制反应的进程。

2. 变质岩的结构

火成岩与沉积岩的结构通过变质作用可以全部或者部分消失，形成变质岩特有的结构。一种变质岩有时具有两种或更多种结构。

（1）变晶结构。指岩石在固体状态下，通过重结晶和变质结晶而形成的结构。它表现为矿物形成、长大，而且晶粒相互紧密嵌合。

（2）变余结构。指变质程度不深时残留的原岩结构，如变余斑状结构（保留有岩浆岩的斑状结构）、变余砾状或砂状结构（保留有沉积岩的砾状或砂状结构）等。

（3）碎裂结构。指动力变质作用使岩石发生机械破碎而形成的一类结构。特点是颗粒破碎成外形不规则的、带棱角的碎屑，碎屑边缘常呈锯齿状，并具有扭曲变形等现象。按碎裂程度可分为碎裂结构、碎斑结构、碎粒结构等。

（4）交代结构。指变质作用过程中，通过化学交代作用（物质的带出和加入）形成的结构。其特点是，在岩石中原有矿物被分解消失，形成新矿物。

3. 变质作用类型

由于引起岩石变质的地质条件和主导因素不同，变质作用类型及其形成的相应岩石特征也不同。

（1）接触变质作用

接触变质作用是指由岩浆活动引起的、发生在火成岩（主要是侵入岩）与围岩接触带范围的变质作用。其代表性的岩石有：

①角岩。具有显微粒状变晶结构，主要为块状构造，岩石一般很致密，很坚硬；颜色呈暗色，有灰绿色、灰黑色、肉红色等。

②斑点角岩。有斑点状构造及块状构造，岩石重结晶程度低，多为变余泥状——粉砂状结构，有时出现显微鳞片变晶结构。

③大理岩。主要由方解石组成，为粒状变晶结构，块状构造，常有变余层状构造。几乎不含杂质的大理岩，洁白似玉，称汉白玉；多数大理岩因含有杂质，显示不同颜色的条带。

④石英岩。主要由石英组成，具有粒状变晶结构，块状构造，岩石极为坚硬。原岩为石英砂岩或硅质岩。

⑤矽卡岩。主要由富钙或富镁的硅酸盐矿物组成，一般经接触交代作用形成。颜色取决于矿物成分和粒度，常为暗绿色、暗棕色和浅灰色，密度较大。

（2）区域变质作用

区域变质作用是指在广大范围内由温度、压力以及化学活动性流体等多种因素引起的一种变质作用。区域变质作用形成的岩石以具有变晶结构及片理构造、片麻状构造为特征，其代表性岩石有：

①板岩。具有板状构造，是轻微变质作用的产物。板岩中含炭质者，为黑色，称为炭质板岩，其他板岩多根据颜色定名。质地细腻的板岩是制作砚台和工艺品的主要原料。

②千枚岩。具有千枚状构造，原岩性质与板岩相似，但重结晶程度较高，基本上已全部重结晶，并生成绢云母或绿泥石以及石英等物。岩石多呈丝绢光泽，揉皱构造普遍。

③片岩。具有片状构造，原岩矿物成分与结构构造已全部重组，新生矿物主要是白云母、黑云母、绿泥石、石英、角闪石、阳起石、滑石及长石等。

④片麻岩。具有片麻状构造，中、粗粒粒状变晶结构，并含较多长石。片麻岩可根据长石的成分进一步命名，如钾长片麻岩、斜长片麻岩。

⑤变粒岩。主要由细粒状长石和石英组成，如黑云母变粒岩，角闪石变粒岩等。

⑥斜长角闪岩。主要由角闪石和斜长石组成，块状构造或片理构造。这类岩石是由基性火成岩或富含钙镁成分的沉积岩在中高温条件下变质而成的。

（3）混合岩化作用

混合岩化作用是由变质作用向岩浆作用转变的一种过渡性成岩作用。由混合岩化作用所形成的岩石，称为混合岩，混合岩一般由两部分物质组成：一部分是变质岩，称为基体，它一般是变质程度较高的各种片岩、片麻岩和斜长角闪岩，颜色较深；另一部分是通过熔体和热液注入、交代而新形成的岩石，称为脉体，其成分主要是石英、长石，颜色较浅。这种作用是花岗岩形成的一种重要途径。

（4）动力变质作用

动力变质作用是由于受地壳运动的影响，岩石在强烈定向压力下发生变化的一种变质作用。多分布在大型断裂带附近。

三　地质作用

由自然动力所引起的地壳物质组成、地表形态和地球内部结构变化的各种作用称为地质作用。

地质作用根据能量来源分为外力地质作用和内力地质作用。

（一）外力地质作用

指来自地球外部的太阳辐射、日月引潮和地球重力等引起的，发生在地球表层的地质作用，主要类型有：风化作用、剥蚀作用、搬运作用、沉积作用和成岩作用。

1. 风化作用

指在地表或近地表环境下，由于气温、大气、水及生物等因素作用，使组成地壳的岩石、矿物在原地遭受崩裂分解的地质作用。根据风化作用的原因和方式可分为物理风化、化学风化和生物风化。

（1）物理风化

物理风化，主要由气温、大气、水等因素引起的岩石在原地发生的机械崩解作用。常见的方式有温差风化、冰劈作用、盐类的结晶与潮解、龟裂和卸载作用。

（2）化学风化

化学风化，是指岩石在大气、水和水溶液的影响下，使岩石发生分解的作用。常见的方式有氧化作用、水化作用、水解和碳酸化作用。

（3）生物风化

生物风化，是由生物的生命活动引起的岩石破坏过程，又可分为生物物理风化和生物化学风化。前者如植物根部膨胀对围岩产生压力使岩石裂缝加大或崩碎，后者主要指生物新陈代谢或遗体腐烂生成的有机酸对岩石的分解及对某些矿物成分（养分）的吸收，后者的作用要大于前者。

2. 剥蚀作用

剥蚀作用是指各种地质营力（如风、水、冰川等）在其运动过程中对地表岩石产生破坏并将破坏物剥离原地的作用。按作用应力不同可进一步划分为地面流水、地下水、海洋、湖泊、冰川、风等剥蚀作用；按作用的方式有机械、化学和生物剥蚀作用三种。

3. 搬运作用

搬运作用是指风化、剥蚀的产物，随运动介质从一地搬运到另一地的作用。其主要方式有机械搬运、化学搬运和生物搬运。

4. 沉积作用

沉积作用由于搬运介质的物理化学条件发生改变，溶质和碎屑物质有规律的堆积现象，称为沉积作用。按沉积作用的方式可分机械沉积、化学沉积和生物沉积三类。

5. 成岩作用

成岩作用是指松散沉积物固结形成沉积岩的作用。碎屑岩主要通过压实、脱水和胶结作用形成，而碳酸盐岩主要通过重结晶作用形成。

（二）内力地质作用

内力地质作用是指由地球内部能源包括地球自转的离心力、重力和放射性元素蜕变热及岩浆结晶能和化学能等引起的地壳运动、岩浆作用、变质作用和地震作用。

1. 地壳运动

地壳运动是指由地球内部能量引起的地壳物质的机械运动。按其运动方向主要分为垂直运动和水平运动。

地壳的水平运动和垂直运动不能截然分割，无论在时间上还是在空间上都是相互联系又相互制约的，只是在不同地点、不同时间有主从关系。

2. 岩浆作用

岩浆作用是指岩浆从地球内部上升至地壳或地表过程中对围岩的机械冲击作用及高温化学熔融作用。岩浆侵入围岩（未喷出地表）冷凝结晶形成岩石的过程，称侵入作用，形成的岩石叫侵入岩；当岩浆喷出地表，在地表条件下冷凝形成岩石并使地表形态发生变化的过程称火山作用（喷出作用），形成的岩石叫火山岩（喷出岩）。

3. 变质作用

变质作用是指在高温高压或有新物质成分加入的情况下，原有岩石（沉积岩、岩浆岩、变质岩）的原始特征发生改变、形成新岩石的作用，其作用过程叫变质作用，产生的新岩石叫变质岩。

4. 地震作用

地震作用是地球内部机械能长期积累达到一定限度，冲破围压快速释放的作用过程。按地震产生的原因，分构造地震、火山地震和陷落地震。

四 地层

通常人们把某一地质时代形成的岩石组合，称为地层。地层有新有老，具有时间概念。

地层是地壳发展历史的天然记录，它保存了地壳上沉积、剥蚀、生物演化和构造运动的历史档案。人们正是利用这部档案，来研究地壳的物质组成、形成过程和演变历史，从而认识、开发、保护我们赖以生存的地球。

（一）地层的划分与对比

地层的划分就是根据组成地层的岩石特性，按照其形成的原始顺序，把一个地区的地层划分成相应的地层单位，主要方法有三种：岩石地层划分、生物地层划分和年代地层划分。由于岩性变化必然导致测井曲线的差异，实际工作中常用测井曲线间接地进行岩性组合法划分和对比地层。

1. 岩石地层划分

这是一种区域性的地层对比方法。其依据是沉积成层原理以及在沉积过程中相邻地区岩性的相似性、岩性变化的顺序性和连续性。由于在不同地区的同一岩性往往不是同时的，而是有规律的穿时，所以岩石地层单位与等时面斜交。划分岩石地层单位可明确岩石的新老关系，但不能确切说明地层的时代。

2. 生物地层划分

其依据是生物进化不可逆性和阶段性。不可逆性表现为一定的生物种属在地史上绝灭后不会再出现。阶段性表现为同一地质时代生物的总体面貌在全球是基本一致的。但由于全球存在生物地理的分区现象，同一种属在全球各地并非同时出现、同时绝灭，因此在区域上生物地层界限是等时的，对全球而言未必等时，而利用生物组合法划分地层更为准确。

3. 年代地层划分

年代地层是特定的地质时间间隔内形成的岩体，是综合了全球范围生物进化阶段及相应地层放射性同位素年龄的资料而划分的。理论上年代地层单位和相应的地质年代单位都是世界性的，但实际上只有较高级别的，即统（世）以上的单位世界性较强，阶（期）以下的只适用于区域。

（二）地质年代单位和地层单位

地质年代是指地球上各种地质事件发生的时代。它包含两方面含义：一是指各地质事件发生的先后顺序，称为相对地质年代；二是指各地质事件发生的距今年龄，由于是采用同位素测出的，所以称为同位素地质年龄或绝对地质年龄。

1. 地质年代单位及地层单位的划分

地质年代单位的划分是以生物界的演化阶段和地层的形成顺序为依据的，根据这种阶段的级次关系，地质年代表中划分出了相应的不同级别的地质年代单位，即宙、代、纪、世、期五级年代单位。

与地质年代单位相对应的地层单位为"宇、界、系、统、阶"，它们是在各级地质年代单位的时间内所形成的地层。两者的级别对应关系见表1-2-2。

表1-2-2　地质年代单位与地层单位的对应关系

地质年代单位	地层单位
宙	宇
代	界
纪	系
世	统
期	阶

此外，有些地区，常因化石依据不足或研究深度不够等原因，只能按地层层序、岩性特征及构造运动特点来划分地层单位，称为区域性地层单位或岩石地层单位。岩石地层单位一般包括群、组、段、层4级。"群"是最大的岩石地层单位。

2. 地质年代表

地质学家和古生物学家，以地球演化的自然阶段为依据，配合同位素地质年龄的测定，对漫长的地质历史进行了系统的划分，编制了在全球范围内能普遍参照对比的年代表，即地质年代表，见表1-2-3。

表1-2-3　地质年代表

相对年代			
宙（宇）	代（界）	纪（系）	世（统）
显生宙（宇）PH	新生代（界）Kz	第四纪（系）Q	全新世（统）Qh 更新世（统）Qp
		新第三纪（系）N	上新世（统）N_2 中新世（统）N_1
		老第三纪（系）E	渐新世（统）E_3 始新世（统）E_2 古新世（统）E_1

相对年代			
宙（宇）	代（界）	纪（系）	世（统）
显生宙（宇）PH	中生代（界）Mz	白垩纪（系）K	晚（上）白垩世（统）K_2 早（下）白垩世（统）K_1
		侏罗纪（系）J	晚（上）侏罗世（统）J_3 中（中）侏罗世（统）J_2 早（下）侏罗世（统）J_1
		三叠纪（系）T	晚（上）三叠世（统）T_3 中（中）三叠世（统）T_2 早（下）三叠世（统）T_1
	古生代（界）Pz	晚（上）古生代（界）Pz_2：二叠纪（系）P	晚（上）二叠世（统）P_2 早（下）二叠世（统）P_1
		石炭纪（系）C	晚（上）石炭世（统）C_2 早（下）石炭世（统）C_1
		泥盆纪（系）D	晚（上）泥盆世（统）D_3 中（中）泥盆世（统）D_2 早（下）泥盆世（统）D_1
		早（下）古生代（界）Pz_1：志留纪（系）S	晚（上）志留世（统）S_3 中（中）志留世（统）S_2 早（下）志留世（统）S_1
		奥陶纪（系）O	晚（上）奥陶世（统）O_3 中（中）奥陶世（统）O_2 早（下）奥陶世（统）O_1
		寒武纪（系）∈	晚（上）寒武世（统）$∈_3$ 中（中）寒武世（统）$∈_2$ 早（下）寒武世（统）$∈_1$
元古宙（宇）PT	新元古代（界）Pt_3	震旦纪（系）Z	晚（上）震旦世（统）Z_2 早（下）震旦世（统）Z_1
		青白口"纪"（"系"）Qb	
	中元古代（界）Pt_2	蓟县"纪"（"系"）Jx	
		长城"纪"（"系"）Chc	
	早元古代（界）Pt_1		
太古宙（宇）AR	Ar		
冥古宙（宇）HD			

（三）地层接触关系

地壳时时刻刻都在运动着。同一地区在某一时期可能是以上升运动为主，形成高地，遭受风化剥蚀；另一时期可能是以下降运动为主，形成洼地，接受沉积。这样就使先后形成的地层之间具有不同的接触方式，即地层接触关系。最基本的地层接触关系有整合和不整合两种。不整合又分为平行不整合和角度不整合。

1. 整合接触

沉积物连续堆积，无沉积间断或无重大沉积间断，上下两套地层产状完全一致，彼此平行或大致平行。其特点是岩性与生物演化连续、渐变，为沉积区持续稳定下降背景下的沉积。

2. 平行不整合

地壳缓慢下降，沉积区接受沉积，然后地壳上升，沉积物露出水面遭受风化剥蚀，接着地壳又下降接受沉积，形成一套新的地层。这样先沉积的和后沉积的地层之间是平行叠置的，但并不连续，具有沉积间断。因此平行不整合代表着地壳的均匀下降、上升，再下降的一个总过程。其特点是新老地层产状一致、沉积出现间断，岩性和古生物演化突变。

3. 角度不整合

地壳上升，已沉积的地层受到挤压形成褶皱和断裂，并遭受风化剥蚀，然后随着地壳的再一次下降，接受新的沉积。这样新老地层之间产状不是平行叠置，而呈一定角度相接触。其特点是新老地层产状不一致，沉积出现间断，岩性及生物演化突变。

第三节　油藏地质

一　圈闭

圈闭是一种能阻止油气继续运移并能在其中聚集的场所。

圈闭是具备捕获分散烃类形成油气聚集的有效空间，具备储藏油气的能力，但圈闭中不一定都有油气。一旦有足够数量的油气进入圈闭，充满圈闭或占据圈闭的一部分，便可形成油气藏。

（一）圈闭的组成

一个圈闭由三部分组成：

①储存油气的储集岩。

②储集岩之上有防止油气散失的盖岩。

③有阻止油气继续运移的遮挡物。这种遮挡物可由地层的变形如背斜、断层等造成，也可由储集层沿上倾方向被非渗透地层不整合覆盖，以及因储集层沿上倾方向发生尖灭或物性变差而造成。

（二）度量

圈闭的大小和规模往往决定着油气藏的储量大小，其大小是由圈闭的最大有效容积来度量的。圈闭的最大有效容积表示该圈闭能容纳油气的最大体积。因此，它是评价圈闭的重要参数之一。

①溢出点。流体充满圈闭后，开始溢出的点，称圈闭的溢出点。

②闭合面积。通过溢出点的构造等高线所圈出的面积，称该圈闭的闭合面积。闭合面积越大，圈闭的最大有效容积也越大。圈闭面积一般由目的层顶面构造图量取。

③闭合高度。从圈闭的最高点到溢出点的海拔高差，称该圈闭的闭合高度。闭合高度越大，圈闭的最大有效容积也越大。

④有效孔隙度和储集层有效厚度的确定。有效孔隙度主要根据实验室岩心测定、测井解释资料统计分析求得，做出圈闭范围内的等值线图。储集层有效厚度则是根据有效储集层的岩性、电性、物性标准，扣除其中的非渗透性夹层而剩余的厚度。

⑤圈闭最大有效容积的确定。圈闭的最大有效容积，取决于圈闭的闭合面积、储集层的有效厚度及有效孔隙度等有关参数。

（三）圈闭的分类

划分圈闭类型的方法很多：按储层的形态，划分为层状、块状、不规则状；按圈闭的封闭性，划分为封闭型、半封闭型和不封闭型；按构造作用，划分为构造圈闭和非构造圈闭两大类；按圈闭的成因，划分为构造圈闭、地层圈闭、水动力圈闭和复合圈闭。

1. 构造圈闭

储集岩层及其上盖层由某种局部构造形变而形成的圈闭。主要有褶皱作用形成的背斜圈闭，断层作用形成的圈闭，裂隙作用形成的圈闭，刺穿作用形成的圈闭和由上述各种构造因素综合形成的圈闭。

其中，背斜圈闭是世界上最早被认识的圈闭类型，在石油工业发展的初期，人们从广泛的实践中，总结出了背斜学说，提出了要在有背斜的地方去找油，卓有成效地推动了当时石油工业的发展。实践表明，背斜圈闭是最主要、最普遍、最明显也最易找到的圈闭类型；而非背斜圈闭成因复杂，形态多样，隐蔽圈闭的勘探难度大，但也可以形成大油气田。随着勘探的深入发展，非构造圈闭将越来越显示出其勘探价值，特别是在老油气区，它将成为勘探的主要目标。

2. 地层圈闭

由储集层岩性横向变化或地层连续性中断而形成的圈闭。主要有，由透镜体砂岩、岩相变化、生物礁体等形成的原生地层圈闭，由地层不整合、成岩后期溶蚀作用等形成的次生地层圈闭。

3. 水动力圈闭

储集岩层中水动力发生变化造成流体遮挡而形成的圈闭。

4. 复合圈闭

上述两种或三种圈闭因素共同形成的圈闭。主要有构造－地层复合圈闭，构造－水动力复合圈闭，地层－水动力复合圈闭和构造－地层－水动力复合圈闭。

二 油气藏

油气藏是聚集一定数量油气的圈闭。若圈闭内只有油聚集，称为纯油藏（或油藏），只有天然气聚集，称纯气藏（或气藏）。当油气聚集的数量足以供工业开采时，则称工业性油气藏，反之称非工业性油气藏。油气藏是油气在地壳中聚集的基本单位，一个油气藏存在于一个独立的圈闭内，油气在其中具有一定的分布规律和统一的压力系统。

（一）分类

1. 按油气藏圈闭的成因分类

①构造油气藏。包括背斜油气藏、断层油气藏、裂缝性背斜油气藏和刺穿油气藏。

②地层油气藏。包括岩性油气藏、地层不整合油气藏、地层超覆油气藏和生物礁块油气藏。

③水动力油气藏。包括构造型水动力油气藏和单斜型水动力油气藏。

④复合油气藏。包括构造 – 地层复合油气藏、构造 – 水动力复合油气藏、地层 – 水动力复合油气藏和构造 – 地层 – 水动力复合油气藏。

2. 按油气藏储集层的形态分类

①层状油气藏。包括背斜穹窿油气藏和遮挡油气藏。

②块状油气藏。包括构造突起油气藏、侵蚀突起油气藏和生物成因突起油气藏。

③不规则油气藏。包括在正常沉积岩中的透镜体油气藏、在古地形凹处的砂岩体油气藏、在孔隙度和渗透率增高地带中的油气藏以及在古地形的微小突起中的油气藏。

3. 按油气藏的聚集方式或分布样式分类

①连续、准连续油气藏。用传统技术无法获得自然工业产量，需用新技术改善储层渗透率或流体黏度等，才能经济开采的油气资源。

②不连续油气藏。用传统技术可以获得自然工业产量，可以直接进行经济开采的油气资源。

（二）油气藏形成条件

油气藏的形成和分布是烃源岩（生油层）、储集层、盖层、圈闭、运移和保存条件等多种地质要素综合作用的结果。烃源岩是形成油气藏的物质基础，储集层为油气的聚集提供了空间，盖层是避免储集层中的油气向上散失的屏障，圈闭是油气得以聚集的场所，运移过程是油气从分散状态向圈闭集中形成油气藏的必备过程，保存是油气藏形成后没有被后期地质活动破坏而保留到现在。上述六个方面的地质因素经常被概括为"生、储、盖、圈、运、保"六个字，这六个字全面地概括了油气藏形成的基本要素。上述要素的优劣、各要素的相互匹配关系对油气藏的形成和油气富集起重要的控制作用，因此将上述六个基本要素概括为油气藏形成的四项基本条件。

①具有充足的油气来源。

②具备有利的生储盖组合配置关系。

③具备有效的圈闭。

④具备必要的保存条件。

（三）油气聚集类型及特征

1. 连续型油气聚集

"连续型聚集"是指空间分布范围大、无清晰边界的油气聚集，且其或多或少不依赖于水柱（边、底水）而存在。连续型聚集属于非常规油气藏，包括煤层气、盆地中心气、致密气、页岩气和天然气水合物等。

真正的连续型聚集应是烃源岩内形成的聚集，其典型代表为页岩油气、煤层气等。但并非所有的页岩油气藏和煤层气藏均为连续型聚集，二者同样可存在准连续型和不连续型（常规圈闭型）聚集，尤其是不连续型聚集甚至可能还是煤层气藏乃至页岩油气藏的另一种重要类型。

2. 准连续型油气聚集

准连续型油气聚集主要形成于邻近烃源岩的致密储层中，其典型代表为致密油气藏。但并非所有的准连续型聚集均为致密油气，也并非所有的致密油气都属于准连续型聚集。

在页岩油气和煤层气藏中同样可能存在着准连续型聚集，而一些致密油气藏则属于不连续型聚集，针对致密油气，以往曾提出过 2 种成藏模式：①深盆气或连续型聚集模式；②常规圈闭型聚集模式。所谓准连续型油气聚集，是指由多个相互邻近的中小型油气藏所构成的油气藏群，油气藏呈准连续分布，无明确的油气藏边界。

总结准连续型油气聚集的主要特征，可以概括如下：

①储层致密，且多为"先致密后成藏"。

②油气大面积准连续分布，无明确边界，无边、底水或仅局部分布，无区域性油气水倒置。

③近源成藏，油气为大面积弥漫式充注，初次运移直接成藏和短距离二次运移成藏，油气运移聚集主要为非浮力驱动。

④油气聚集主要受岩性等非背斜圈闭控制，背斜圈闭基本不起控制作用。

⑤油气主要富集在平缓凹陷和斜坡部位，烃源、储层及封盖条件等是主要控制因素。

3. 不连续型油气聚集

不连续型油气聚集又可称为常规圈闭型或常规油气聚集，主要分布于常规储层（渗透率一般大于 1mD）。但并非所有的不连续型聚集均为常规储层，致密油气、煤层气、页岩油气等非常规油气藏同样可存在不连续型聚集。

事实上，不连续型聚集也是非常规油气重要的成藏方式之一。如致密油气尽管多属于准连续型聚集，但也存在着背斜等常规圈闭型油气藏。特别是在致密储层构造变形较强烈的地区（如前陆冲断带等），背斜等构造圈闭型油气聚集甚至是一种主要的成藏模式。另外，如果致密油气藏与其储层是"先成藏后致密"的关系，则其同样可能形成常规圈闭型聚集。

不连续型油气聚集的主要特征如下：

①油气藏呈孤立分散分布，边界明确，通常具有完整边、底水。

②油气藏形成一般要经过二次运移，近源或远源成藏，浮力为油气运移的主要动力，普遍存在优势油气运移通道。

③油气聚集严格受圈闭控制，圈闭类型多样。

④油气富集受多重因素控制，构造高部位油气一般最为富集。

（四）油气聚集时空关系及分布规律

连续型、准连续型和不连续型油气聚集代表了地壳中油气藏形成的三种基本类型，它们可普遍存在于世界各个主要含油气盆地。而且，同一烃源灶所生成的油气，往往可同时形成连续型、准连续型和不连续型油气聚集，它们之间存在着密切联系，具有独特的分布规律。

1. 空间分布

在横向上，连续型和准连续型油气聚集主要分布于生烃凹陷及斜坡部位，而不连续型油气聚集则主要分布于凹陷边缘的构造高部位以及凹陷内部相对较浅的部位或相对远离有效烃源层的部位。

在纵向上，三种油气聚集往往并不同层出现，而可分布于不同层位，且常常表现为由烃源岩向上和向下，依次为连续型、准连续型和不连续型聚集的分布特点。

通常，以致密油气为代表的准连续型油气聚集分布于烃源岩（连续型油气聚集）的上、下邻近地层，具有近源分布的特点，而不连续的常规油气聚集则多分布于更远的地层中。这是由于烃源岩层往往代表了最大海（湖）侵时期，在此之前为海（湖）进阶段，因而常常形成正粒序沉积结构；而在烃源岩之上则为海（湖）退阶段，往往形成反粒序沉积结构。

因此，越靠近烃源岩，沉积物颗粒越细小，越容易形成致密储层，而远离烃源岩则容易形成常规储层。由此可以预测，在含油气盆地中，普遍存在着页岩油气（或煤层气）、致密油气、常规油气（连续型、准连续型、不连续型聚集）相伴生的现象。

2. 油气聚集形成时序

研究发现，同一烃源灶油气藏的形成，通常具有由连续到不连续聚集的特点，即连续型聚集一般先形成，然后是准连续型聚集，最后是不连续型油气聚集。其具体形成过程如下：

首先，由烃源岩生成的油气，通常优先满足源岩自身的饱和，并聚集成藏，形成连续型油气聚集；随后，当烃源岩的孔隙被油气饱和后或者当源岩内生成的油气有足够的动力发生排烃后，持续生成的油气才开始向烃源岩外的储层中排出。

对厚层烃源岩而言，容易发生排烃的是其上、下边缘部位，或者靠近断层的部位，而源岩内部则难以排烃从而容易滞留成藏，是连续型油气聚集的主要部位。自源岩排出的油气在向外运移的过程中，由于距离源岩最近的储层往往是致密储层，因此油气在烃源岩外的聚集通常首先发生在致密储层中，从而形成致密油气藏或准连续型聚集，除非有断层将源岩与常规储层直接连通。当油气满足了致密储层中的聚集后，富余的油气开始向距离烃源岩相对较远的常规储层进行运移聚集，从而形成常规油气藏或不连续型聚集。

由于在同一烃源灶形成的油气聚集中，连续型、准连续型和不连续型油气藏是油气自烃源岩生成以及向储层运移的过程中，分别在烃源岩、致密储层和常规储层中聚集的产物，因此三者在资源潜力上存在着相互消长关系。其中连续型聚集所占源岩生成油气的比例（滞留率）是关键，油气在源岩内的滞留率越高或排烃率越低，连续型油气聚集的资源比例就越高，而准连续型和不连续型油气聚集的资源所占比例则越低。决定油气在烃源岩中滞留率高低的主要因素是有效烃源岩的厚度，有机质丰度及其顶、底板封盖条件等，有效烃源岩的厚度越大、有机质丰度越高，特别是顶、底板封盖条件越好，通常越有利于油气在烃源岩内的聚集成藏，形成的连续型油气聚集的资源比例也就越高。

相反，厚度较薄且顶、底板封盖条件较差的烃源岩，其排烃率一般较高，从而对源外成藏有利，却不利于油气在烃源岩内的聚集成藏。而致密储层中准连续型油气聚集和常规储层中不连续型油气聚集的资源潜力除了取决于烃源岩排出的油气数量外，还受控于致密储层的规模、质量及其封盖层条件优劣，致密储层及其盖层条件越好，就越有利于致密储层内的油气成藏，则形成的准连续型聚集的资源比例就越高，反之则利于常规储层的成藏和资源富集。

三 油气藏的开发

油气藏开发是指通过什么方式和方法进行开发和开采，使地下深埋数千万年乃至上亿年的油气能够"重见天日"。

（一）解剖油气藏，为地下隐藏的油气藏建立精细地质模型

油气藏开发的基础就是要将地下隐藏的复杂聚集油气的空间区块，通过各种方法清晰地刻画出来，包括它的沉积、构造、储层、断层、油气水分布特征等，大多可以做到精细地质建模，可比喻为"人体 CT 成像"，呈现骨架组织和器官，素材来自地质、物探、钻井、测井试油等资料。对油气藏的描述将贯穿于开发的全过程，直到在经济上油气藏被开发"枯竭"为止。目前，全世界已"枯竭"的油气藏中，仍有 50%~60% 的剩余油气储量滞留在油气藏中。随着聚合物驱、天然气驱、二氧化碳驱等三次采油技术的进步，油气资源采收率会有所提高。

（二）刻画油气藏具体内容

1. 地层划分与对比

根据地质、物探、钻井、测井、分析化验、试油等各种资料，把各井钻穿的地层的地质年代、岩石矿物组成与物理化学性质、油气储层特征记录描绘下来，作出单井柱状剖面

图；同时对邻井经过划分对比，建立起联络剖面。由此便知所描述范围内油气储层的厚度与起伏变化。

2. 构造描述

存储油气的圈闭（构造）形态各式各样，有显性构造——背斜、断块（断鼻）；隐性构造——不整合、地层、岩性等。因此，根据物探、钻井和测井等资料，对油气藏构造形态进行仔细描述，方能对油气储量有进一步的认识，知晓"聚宝盆"里到底蕴藏了多少"宝藏"。

3. 储集层物性描述

构成地层的岩石都具有一定的孔隙和渗透能力，称为岩石物性。储层岩石物性描述所需素材是通过钻井取心，进行实验分析来测定的，主要包括孔隙度、渗透率、流体饱和度，简称为"孔、渗、饱"。

4. 地层压力、温度与流体界面的描述

在油气藏内，由于重力作用，一般形成了气、油、水之间的分界面，称为流体界面。通过油气井测试，录取储层的压力、温度及油气水界面资料，是编制油气田开发方案的重要环节。

5. 储层中流体性质的描述

通过井口取样和特制的井底取样器取得流体样品，在实验室进行物理化学性质测定，包括密度、黏度、体积系数、压缩系数、原始气油比、原油饱和压力及化学组成等。

6. 地质储量计算

地质储量计算是在油气藏投入开发之前，求出在油气藏体积中扣除岩石骨架与水的体积后的油气体积。储量数据是随着开发过程不断修正的。在油气藏投入开发后一定阶段，要利用生产数据资料，对前述计算的地质储量进行复核。可采储量是在现代工艺技术条件下，能从储层中采出的那一部分油气的数量，即，地质储量 × 采收率＝可采储量。

7. 开发方案的制定与调整

做好油气田的开发方案，必须按照科学程序，调集地质、开发和工程等各专业人员，从收集的地质物探、钻井、录井、测井、试油、试采、分析化验等大量数据资料中仔细研究，编制出切合油田实际的开发方案。内容包括：确定开发层系、井距、部署井网、确定油气藏驱动方式、采油方式与合理的油气井产量（生产压差）、注水方式与注水井注入水量（注水压差）和最佳注水时机，保持油层压力水平、采油速度、稳产年限及最终采收率等，这个过程伴随着油藏开发生命全周期。

（三）做好油气藏"健康管理"

1. 油气藏动态分析管理

油气藏的开发分析管理就是开发全过程长期坚持在各种静态与动态分析的基础上，及时发现并把握油气藏开发生产中表现出的问题和规律，并加以改善和利用。

油气藏动态分析就好比给油气藏诊断，不断观察分析油田开发过程中的各种变化及其

对油气生产的影响，有条件时可以应用油气藏开发数值模拟技术，预测开发的发展趋势，经过针对性工作，往预期好的方向发展。可比喻为对"血肉鲜活"的人号准脉，为气血充盈的人开对药，编制调整方案并加以实施，尽可能提高油气资源采收率，实现"健康长寿"。

2. 油气藏压力管理

地层压力是油气藏开发的灵魂，原始地层压力越高，与井底间生产压差就可以越高，产生的压力梯度也越大，驱使油气流向井底的动力越强，越容易获得较高油气产量。伴随油藏开发工作的不断深入，各种矛盾会日益凸显，其中地层压力系统的保持水平、补充方式、补充速度和压力分布不均衡性都需要关注。合理有效的压力系统调整，不仅可以使整个油藏的开发效果得到明显改善，还可以预防套管损坏现象的发生。有目的地进行注采关系调整，不断完善注采关系，改善开发效果。

3. 建立油气藏"信息档案"

上述各环节工作都产生大量信息，所以，还应收集和积累有关油气藏勘探、开发、生产的各种图像数据信息资料，建立相应的油气藏开发信息系统，便于随时使用。目前已有开发数据库系统和岩心及分析化验信息系统。

本章要点

1. 矿物是由地质作用形成的，在正常情况下呈结晶质的元素或无机化合物，是组成岩石和矿石的基本单元。

2. 喷出岩是火山碎屑岩及熔岩的总称，火山喷出的固体物质统称为火山碎屑物，其大小不等，形态各异，由火山碎屑物堆积而形成的岩石，称为火山碎屑岩。

扫一扫
获取更多资源

3. 岩浆在地下冷凝而成的岩石称为侵入岩。侵入岩的产出状态取决于岩浆冷凝的速度、岩浆的成分、规模以及围岩的产状。重要的产状有岩脉、岩床、岩盆、岩株、岩基等。

4. 地质作用包括内力地质作用与外力地质作用两大类型。地质作用改变着地球的面貌，从不停息。促使地质作用进行的能量主要来自地球内热和太阳能。

5. 外力地质作用包含风化作用、剥蚀作用、搬运作用、沉积作用、固结成岩作用等类型。这些作用都有其独立的意义，相互之间又有密切联系。

6. 使松散的沉积物变为坚硬的沉积岩的作用，称为固结成岩作用，有压实作用、胶结作用、重结晶作用以及新矿物生长作用等方式。

7. 岩石基本处于固体状态下受到温度、压力和化学活动性流体的作用，发生矿物成分、化学成分、岩石结构构造的变化，形成新的结构、构造和（或）新的矿物与岩石的地质作用，称为变质作用。

8. 由变质作用形成的构造称为变成构造，如片理构造、片麻状构造。

9. 地质年代包含两层意义：一是地质体形成或地质事件发生的先后顺序，即相对年代；二是地质体形成或地质事件发生的距今时间，即绝对年龄。

10. 较新地层覆于较老地层之上是地层层序律的基本内容，可简称为下老上新。

11. 地质年代表是依据对全球地层进行系统的划分与对比所建立起来的地质历史的编年表。它简明地反映了地球上无机界与有机界的演化。

12. 油气藏是聚集一定数量油气的圈闭。若圈闭内只有油聚集，称为纯油藏（或油藏），只有天然气聚集，称纯气藏（或气藏）。

13. 连续型聚集是指空间分布范围大、无清晰边界的油气聚集，且其或多或少不依赖于水柱（边、底水）而存在。连续型聚集属于非常规油气藏，包括煤层气、盆地中心气、致密气、页岩气和天然气水合物等。

14. 准连续型油气聚集主要形成于邻近烃源岩的致密储层中，其典型代表为致密油气藏。但并非所有的准连续型聚集均为致密油气，也并非所有的致密油气都属于准连续型聚集。

15. 不连续型油气聚集又可称为常规圈闭型或常规油气聚集，主要分布于常规储层（渗透率一般大于1mD）。但并非所有的不连续型聚集均为常规储层，致密油气、煤层气、页岩油气等非常规油气藏同样可存在不连续型（常规圈闭型）聚集。

16. 油气藏的开发是以定性和定量描述油气藏为基础，编制开发方案或调整方案，通过实施钻井、采油、注水等方法把油气举升到地面。

17. 油气藏的开发分析管理就是开发全过程长期坚持在各种静态与动态分析的基础上，及时发现并把握油气藏开发生产中表现出的问题和规律，并加以改善和利用。

18. 地层压力是油气藏开发的灵魂，原始地层压力越高，与井底间生产压差就可以越高，产生的压力梯度也越大，驱使油气流向井底的动力越强，越容易获得较高油气产量。有目的地进行注采关系调整完善，能够改善开发效果，提高采收率。

第二章

地球物理勘探

PART 2

石油天然气勘探是为了寻找和查明油气资源而利用各种勘探手段了解地下的地质状况，认识油气的生成、运移、聚集、保存等条件，综合评价含油气远景，确定油气聚集有利地区，找到储油气圈闭，探明油气田面积，摸清油气藏情况和产出能力的过程。

石油天然气勘探主要工作方法有地质法、石油地球物理勘探法、石油地球化学勘探法和钻探法。

石油地球物理勘探法亦称石油物探，简称物探法，是基于地球物理学和石油地质学理论，采用相应的地球物理仪器和装备在地球表面（包括陆地与海洋），或者在空中、井中记录地下信息，并通过相应的数据处理和解释获取地下地层的物性（弹性、电性、磁性、密度、放射性）及结构，寻找隐藏在地层中的石油及天然气的方法。

石油物探主要有地震勘探、重力勘探、电法勘探、磁法勘探、放射性勘探等方法。

第一节　专业概况

地震勘探作为一门边缘性的应用学科，是随着相关学科技术水平的提高而不断发展的。特别是自 20 世纪 80 年代以来，计算机技术发展突飞猛进，硬件不断小型化，计算速度呈几何级数增长，各类先进的系统软件和应用软件不断发展和完善；多道数字仪、无线遥测技术、海底电缆接收系统等相继得到开发与应用；在勘探方法上实现了从二维多次覆盖向三维、四维地震勘探等技术的迈进，凡此种种，均带动了地震勘探技术的进步，使地震勘探不但能研究地下构造形态，而且可以对岩性变化和流体性质进行研究；地震勘探不但能为地质勘探服务，而且可为油田开发服务。

所谓地震勘探，就是通过人工方法激发地震波，研究地震波在地层中的传播情况，以查明地下地质构造和岩性特征，为寻找油气田服务的一种勘探方法。

一　专业现状

自 21 世纪以来，我国陆上油气勘探技术的发展有了迅速转变，已经进入面对复杂构造、复杂油藏（岩性油藏和隐蔽油藏）和深层 / 超深层（包括油水）油藏的阶段。

（一）采集技术现状

在传统地震采集技术的基础上，经过近十几年的发展，宽频、宽（全）方位、高密度（简称"两宽一高"）地震勘探技术成为一种综合性的地震采集、处理、解释技术系统，主要包括地震勘探采集方法设计、宽频激发和接收设备、野外高效采集的工业化实现、室内资料处理与资料综合研究等配套技术系列。

国内陆上"两宽一高"地震勘探技术得到了广泛的推广应用，主要包括以下技术。

1. 地震采集观测系统设计技术

高密度地震数据采集时，野外采用较小面元观测，采用相干噪声无假频检波技术。采集设计中依据老地震资料或者借鉴类似工区的地震资料，确定叠前偏移剖面或叠加剖面信噪比需要提高的倍数，从而确定覆盖密度参数。

2. 宽频激发和接收技术

野外地震资料采集采用单点宽频激发和接收。模拟检波器在宽频、高灵敏度、高精度等方面有新的进展；数字检波器在低噪声、低功耗、低成本、小体积等方面有新的突破。

3. 高效采集技术

综合应用北斗通信技术、GPS授时技术、信号还原技术、时间槽控制技术等。使用包括北斗指挥系统、北斗指挥机、北斗接收机、爆炸组手持机和独立激发控制器等在内的设备，实现了井炮的井口位置精确导航、爆炸机自主激发、可控震源高效采集、仪器持续记录等高效采集方法，野外作业效率大幅度提高。

4. 实时质量监控技术

通过网络（有线和无线）连接地震记录仪器及相关采集设备，实时获取地震采集数据及相关装备的状态数据，通过对这些数据的自动分析，及时发现地震采集存在的质量问题。

5. "两宽一高"成像处理技术

"两宽一高"地震数据含有丰富的波场信息，有利于提高复杂地质体的成像精度和对岩性油气藏的识别准确性。单个或组合应用模型法、滤波法、稀疏反演法等谐波干扰压制技术有效压制谐波干扰，变系数矢量中值滤波邻炮干扰压制技术可以有效压制邻炮干扰，针对性地压制混叠噪声可以大幅度提高地震资料的信噪比。

（二）海上勘探现状

在海上地震采集新技术方面，国外多家公司有较大突破，其中高密度分束全方位拖缆与海底稀疏节点相结合，通过FWI建立一个详细的速度模型，偏移后获得了高质量的成像效果；高密度小震源采集可在3km以上获得更高分辨率的成像；震源船行驶在拖缆之上但是没有激发，拖缆排列接收到了船舶行驶的声波信号，将这些信号经过处理成像后浅层有非常高的分辨率；海洋可控震源高效采集余震分离技术，最终使余震在频率波数域不存在频率干扰。

滩浅海勘探技术的主流技术是海底采集技术，近年来海底采集技术的主流已经由海底电缆（OBC）采集技术发展成为海底节点（OBN）采集技术，并以井喷式的发展速度遍及全球主要海洋勘探热点地区（如中东、西非、亚太、里海、墨西哥湾）。OBN勘探能够更好地满足全方位、高密度、长偏移距、多分量、四维采集的勘探需求，数据品质更高，安全风险更小。

（三）装备现状

主流有线仪器采集能力都超过 10 万道，且具备扩展的能力，支持各种可控震源高效采集、单点采集，与节点混采。

无线仪器实时采集道数可达到 5 万道，可以通过增加基站进行道数的扩展，采集能力满足大道数采集的要求。

节点仪器发展迅速，节点式地震仪器主要功能是解决有线传输和无线电传输都不能满足的复杂地表问题，许多新的仪器制造商陆续进入节点仪器市场。

（四）测绘技术现状

随着中国国家北斗地基增强系统的不断完善、发展，国家 CGCS2000 系统的不断推广，政府主导的国家连续运行参考站（CORS）及企业主导的星基增强系统的定位精度不断提高，服务范围不断扩大，当前物探测量定位技术不断向单基站网络差分系统及无基站网络差分系统发展。

二　发展趋势

随着地震采集理念不断更新，由传统的注重覆盖次数转向以波场为中心，争取全面地反映波场，并出现了按需采集等新的尝试，用更合理的代价实现地质目标。当前全球地震勘探技术的发展趋势：单纯的纵波勘探向多波勘探发展；简单地表和浅水区向复杂地表和深水区发展；常规地震采集向全数字精细地震采集发展；二维、三维勘探向四维勘探发展；从探查构造圈闭向寻找隐蔽圈闭发展。

地震采集仪器始终朝着更高精度、大道数、智能化、轻便化、特色化、一体化的方向发展。随着数字检波器投入生产应用，地震采集系统的技术核心不断向末端转移，即从以地震仪器为核心，发展到以采集站为核心，再向以检波器为核心发展；先进的网络支撑和数据无线传输（无线 / 有线混装）方式，显著提高了采集施工效率。

OBC 与 OBN 地震技术得到快速发展，OBN 勘探具有全方位、多分量、高密度优势，是未来海洋油气勘探开发领域的发展方向。

新的可控震源装备及激发技术是多源地震等高效地震采集新技术的基础，缩短了采集周期，增加的信息冗余有利于提高地震资料质量。节点地震技术与可控源高效激发、稀疏采集技术相结合，能够提高采集效率、降低采集成本。

第二节 技术简介

一 二维地震勘探技术

（一）常规二维地震勘探

常规二维地震勘探是以激发地震波的震源和接收地震波信号的地震检波器都布置在一条直测线上的观测方式（可多条测线构成测网），记录来自地下的反射波或折射波信息，再经数据处理和资料解释来探测地质结构和地层特性的一种勘探方法。二维地震勘探工作内容和步骤包括二维地震数据采集、二维地震数据处理和二维地震资料解释。从20世纪20年代开始直至70年代，二维地震反射波法一直是石油地球物理勘探最重要的方法，先后经历了光点记录、磁带记录和数字记录三个发展阶段，为地震勘探技术的发展奠定了坚实基础。

二维地震勘探的一个重要技术环节是共中心点叠加方法的应用。野外地震数据采集采用多次覆盖的观测方法，室内数据处理采用水平叠加技术，最终得到水平叠加剖面，这一整套工作方法称为共中心点叠加法。共中心点（CMP）叠加原称为共深度点（CDP）叠加，又称共反射点（CRP）叠加。经过多年的应用和完善，共中心点叠加方法已成为最基本也是最成熟的反射波勘探方法，现今多次覆盖技术仍是地震勘探中压制多次波、随机噪声及提高地震资料信噪比的主要手段，水平叠加地震资料也是准确计算地震波传播速度的基础资料。

（二）弯线地震勘探

弯线排列是在二维地震数据采集时为避开复杂地形（或禁炮区）而灵活选择的非直线观测方式。在复杂地表条件下（如山地、黄土塬、森林、稻田、河网及城镇居民区等），地震测线不能沿直线布置，只能按照自然条件选择可通行的部位，将地震测线布置成弯曲形状（测线总的延伸方向仍要尽可能垂直于构造走向）进行二维地震观测。为了使覆盖次数分布相对均匀，在弯线排列摆放路线的转折点附近一般要加密一些激发点。弯线采集的地震数据与直测线二维地震数据相比有几点重要差别：①实际炮检距与炮、检点间沿测线的距离有很大不同；②地层横向倾角对反射波传播时间的影响更大；③地下反射点的分布范围增大。

采用弯线排列所获得的共深度（或共反射）点分布在一个条带内；在共深度点最密集的地方拟合一条直线或折线，即为弯线排列输出的叠加剖面位置。根据测线起点、终点和转折点的平面坐标，可将炮－检对中点分布平面划分为若干个小矩形面积单元，得到"共深度（或共反射）面元"，在界面非水平时则可采用"共中心面元"的概念；经叠加处理后按所选择的折线输出一条二维地震剖面。弯曲测线的叠加次数与落在同一共反射面元内的炮 – 检对中点所对应的记录道数有关。

（三）宽线地震勘探

宽线地震勘探是一种呈窄条带状的面积地震观测方法。一般是通过由若干条相互平行、间距一定的二维单测线（中间一条称为主测线）组成的一组测线条带（宽线排列），每条单线均对应一条常规的二维水平叠加剖面，各线的测量桩号必须一致。凡是由相同的 CDP 桩号的那些道组成的横向测线或横向道集，即为宽线的 CDP 道集。由于宽线勘探在数据采集、处理及显示上近似三维地震技术，所以有时也将宽线地震称为"小三维"或"局部三维"。这种似三维的二维勘探方法多用于低信噪比地区和目的层较深的地震勘探中，主要是通过高覆盖次数、压制侧面干扰或提高深层反射波能量，达到改善地震资料品质的目的。

宽线地震资料处理的主要技术是宽线叠加。根据资料情况和勘探目的的不同，宽线地震数据处理可以采取不同的策略：①对宽线数据做三维地震数据处理，这样可以同时得到沿测线和垂直测线方向的多条剖面；②在反射界面横向倾角较小的情况下，将宽线数据当作不同的二维测线进行二维地震数据处理；③当反射界面横向倾角较大时，先将宽线数据当作不同的二维测线进行处理，然后对反射同相轴做横向倾角扫描，可得到横向宽线叠加剖面，再按倾角对不同的二维剖面进行横向求和，可得到一条高覆盖次数的二维宽线叠加剖面。

二　三维地震勘探技术

三维地震勘探是以面积观测方式获取地下地震信息的，所以三维地震采集的数据是一个三维数据体（x，y，z）。客观事实上，地下地质体本身就是三维的，要真实地反映地下构造、地层、岩性和含油气圈闭的空间位置，就必须进行三维地震勘探。自 20 世纪 70 年代以来，随着多道数字地震仪和大型数字处理计算机等装备的进步，三维地震勘探技术得到了迅速发展。三维地震勘探已成为勘探复杂构造、预测复杂储层和描述复杂油气藏的有效方法，被公认为是一种最有应用前景的油气勘探方法。

三维地震勘探技术快速发展的动力在于其良好的勘探效益，而良好效益之根本得益于其信息量大且成分丰富。所以，三维地震勘探技术始终朝着不断增加地震信息量的方向发展，其途径有二：一是通过提高采样密度来增加空间信息量；二是提高频率域的地震信息量，即提高地震资料的纵、横向分辨率。因此，三维地震勘探技术的发展历程可以归结为从常规三维到高分辨率三维，从高分辨率三维到高精度三维，再从高精度三维发展到单点高密度三维。

（一）高精度三维地震技术

国内根据现有技术条件和装备水平，因地制宜地发展了采用模拟检波器组合（或少量数字检波器）接收、以小面元和高覆盖为特征的高精度三维采集技术（多用于二次三维采集）。为了区别于国外采用全数字采集系统＋数字检波器进行单点高密度全波场采集的"高密度三维地震技术"，一般把这项实用新技术称为"高精度三维地震技术"。高精度三维地震技术主要致力于在现有条件下提高空间采样密度，加大覆盖次数、降低面元大小，从而提高资料质量，加强分辨能力，以发现更细小的断层、更薄的储层夹层和更隐蔽的圈闭，显著改善复杂储层精细描述和含油气性预测的效果。

（二）单点高密度三维地震技术

单点高密度三维地震技术采用单点超多道接收、大动态范围、全方位信息、小面元网格、高覆盖次数的高密度三维地震采集，确保对目标的均匀照明和全方位波场密集采样，完整记录散射、绕射波场，消除噪声，改善分辨力；高密度采集的资料使得数据处理的每一步都能保持很宽的频带，不受假频干扰，极大地提高地震资料的纵、横向分辨率和有效信息的精确度；高密度三维地震技术给地震资料处理解释带来了一系列新的技术进展，包括室内组合、Radon 保真去多次波、地表相关多次波消除（SRME）、高品质成像、方位数据规则化、方位偏移、方位各向异性分析、精确的 AVO–AVA 分析、精细的油藏描述与 4D 地震监测等。高密度三维地震技术促进油气勘探开发步入高精度阶段，对推动石油工业的发展和地球物理技术进步具有重要意义。

三 地震勘探新方法

为了区别于常规使用的二维和三维地震勘探方法，这里把多波多分量地震、时移（四维）地震等方法归入地震勘探新方法中介绍。

（一）多波多分量地震勘探

多波多分量地震勘探方法是采用多种震源激发或纵波震源激发，多分量检波器同时接收，综合利用纵波、横波及转换波（P-SV、P-SH 等）对含油气盆地进行精细勘探的方法。多波多分量地震勘探又称矢量法地震勘探，简称多波勘探。根据所用震源的特点，多波多分量勘探方法可分为（纯）横波勘探和转换波勘探；根据所用检波器的特点，多波多分量勘探方法又可分为三分量地震勘探和四分量地震勘探。三分量地震勘探是指纵波震源激发、三分量检波器接收，主要记录纵波和转换横波的陆上多波勘探方法；四分量地震勘探是指在海上利用纵波震源激发、在海底用三分量检波器和一条晶体检波电缆（接收 P-P 波）同时接收纵波和转换波的勘探方法（4C-OBC）。同时采用纵波、SV 横波及 SH 横波三种震源激发，三分量检波器同时接收的所谓九分量地震勘探方法。

（二）时移（四维）地震

时移（四维）地震是通过在不同时间对同一工区按相同观测方式进行重复性地震观测所获取的差异地震信息监测油气藏动态变化的一种地震探测新方法。由于此方法常以三维观测方式进行，即对一个三维勘探区块在不同时间采用相同的地震观测系统和观测参数进行两次以上的重复性三维观测，因此又被称为四维（4D）地震。由于时移地震响应可以表征油藏性质的变化，所以此方法属于"油藏地球物理"技术范畴的一种油藏监测技术。时移地震按观测方式分为时移三维地震（四维地震）、时移二维地震、时移垂直地震剖面（VSP，Vertical Seimic Profiel）和时移井间地震等，其中四维地震的应用最多。

第三节 主要设备与工具

一 地震仪器

（一）发展简介

最早的地震仪器是 1914 年 Mintrop 的机械式地震仪器。一个多世纪以来，随着电子技术、计算机技术、通信技术和地震勘探技术的迅速发展，石油地震勘探仪器也在不断地发展、完善和提高。从地震仪器的记录内容和方式来看，大致分为五代。

1. 模拟光点记录仪

发展时间从 20 世纪 30 年代到 50 年代，经历了 30 多年。我国从 50 年代初到 60 年代末，应用光点记录地震仪，如 51 型地震仪。

2. 模拟磁带记录地震仪

发展时间从 50 年代初到 60 年代末，经历了十几年的时间。

3. 数字磁带记录地震仪

在 70 年代初，基于瞬时浮点增益控制技术、模数转换技术、数字磁带记录技术、通信技术，而开发出来的数字地震仪为第三代地震仪，如美国的得克萨斯公司 1970 年研制的 DFS-V 型，法国 SERCEL 公司研制的 SN338B 型等。

4. 遥测数字地震仪

为了适应三维地震勘探、高分辨率地震勘探、多波地震勘探和地层地震学的发展需要，并随着数字通信、遥控遥测、计算机控制处理、磁记录等新技术的发展，产生了第四代遥测地震仪。遥测地震仪可分为常规遥测地震仪和采用数字检波器的全数字地震仪。

5. 节点仪器

近几年随着地震勘探向大道数、高密度方向发展，各种先进的无线通信技术也应用于地震仪器，发展了节点仪器，节点仪器充分利用各种无线通信技术，例如 ZIGBEE（蜂窝）、Wi-Fi、WLMAX、mesh、5G 等，并且利用了网络技术、存储技术、GPS 同步技术等，节点仪器与传统有线仪器相比具有以下优势：节点仪器的布设更加灵活，可以实现更大规模、更灵活观测系统的全时段数据采集，由于节点仪器省去了有线仪器采集站线缆连接部分，生产中减少了因连接造成的故障，减少了设备数量，从而减少了运载设备需求，提高了生产效率，节约了生产成本。

（二）发展趋势

从地震仪器发展历史可以看出，仪器发展随着地震勘探的发展不断发展，新技术也不断应用于地震勘探仪器的设计制造过程中，总的来看，仪器发展具有以下几个方面的趋势。

1. 更大的道能力和传输速率

万道地震仪器在 24 位模数转换的基础上，既满足了高保真、大动态范围的要求，又实现了管理数万道，轻便、稳定、高效的优点，使得高密度采集实现高效率、低成本的作业模式。

2. 真实性和可靠性

低畸变，保证地震数据的真实性。道数越多可靠性就会越差，采用更高配置的主机和更完善的软件系统。

3. 兼容性

兼容配接不同的传感器、传统的检波器组合、多分量检波器、单检波器、数字检波器和水听器。能够兼容各种震源系统，包括炸药震源、可控震源和气枪震源。

4. 小型化

地震仪地面设备小型化，包括重量、体积、功耗越小越好，便于电源管理和降低大规模勘探的施工难度。

5. 网络技术应用

数据传输协议采用 TCP/IP 协议，实现网络存储远程质量监控，远程操作访问等功能的开发。

6. "全域化"地震仪器系统

地震勘探系统同一主机采用不同的地面设备，能完成陆地、沼泽、滩涂、过渡带、浅海、深海等的勘探，大大增加了地震队的应变能力，克服因地形变化给生产组织所带来的困难。

（三）428XL 地震仪器

428XL 地震采集系统是法国 SERCEL 公司在 408UL 仪器成熟技术、可靠性等基础上进行改进升级的新系统。具有为野外作业中最可靠和最高效系统而设计的领先技术，秉承了408UL 丰富的野外操作经验，保持了与 408UL 野外设备的兼容性，具有实时处理 10 万道的能力。同时，专门为满足地球物理行业对大道数、高性能数字地震检波器和灵活部署排列方面越来越高的需求而设计。

1. 主要特点

①拥有处理最高分辨率数据能力，带地震道数更多；

②功耗更低，可延长电池寿命；

③更强更灵活的排列布局能力，穿越障碍物能力大大提高；

④利用最少的野外仪器车和人员，在最短时间内轻松采集最准确的数据；

⑤集成度更高，网络化管理更方便。

2. 中央单元

（1）e-428 系统软件

e-428 软件全面控制排列和施工，它还负责在数据记录到磁带或磁盘之前进行所有必要的运算（叠加、相关）。e-428 系统所支持的软件平台包括 Windows 和 Linux。利用其客户机/服务器结构的优点，e-428 可通过互联网连接而实现安全的远程访问。

（2）LCI-428

作为排列于 e-428 客户机/服务器结构之间的接口，LCI-428 能以 2ms 采样率实时支持多达 10000 道。这一小巧紧凑的设备可作为野外采集的地震数据与 e-428 软件高速以太网网络之间的一个路由器。LCI-428 还提供了与遥爆控制器等外围设备的接口。用户可将多达 10 个 LCI-428 连接起来，2ms 采样率实时处理多达 100000 个地震道。

3. 外围设备

（1）磁带机

盒式磁带可用作以多路解编格式进行记录的磁性介质。3490 或 3590、3592 盒式磁带机能在野外直接记录标准格式的磁带。对于双磁带机记录，标准软件无须加装任何额外设备即可实现交替或同时记录。

（2）可移动磁盘

可使用大容量可移动磁盘而非磁带机对 SEGD 文件进行记录，从而实现无等待放炮。SERCEL 网络存储系统（NAS）采用独立磁盘冗余阵列（RAID）技术，可实现高安全系统所需的数据冗余。

（3）绘图仪

在网络上连接一台外部绘图仪，按照写后读模式或回放模式生成所采集地震数据的纸面记录。

4. 地面设备

（1）FDU

428XL 采集链与 408 采集链结构相似，428 采集链是野外数字化单元（FDU）（图 2-3-1）和电缆的集成，可作为一个独立的轻便单元使用。电缆长度和类型以及 FDU 数目及其道间距由用户自行定义。检波器直接连接到 FDU 上，省去记录系统中任何对地震数据有较大影响的模拟通路。

（2）LAUL-428 和 LAUX-428

LAUL-428 电源站通过采集链的电缆为 FDU 或数字传感单元（DSU）提供电源电压，它不具备地震道数据采集功能。LAUX-428 交叉站用来将三维排列中每一条线连接到高速交叉线，再连接到记录系统。电源是常规的 12V 电池，典型容量为 80AH。

图 2-3-1　428FDU

LAUL-428 和 LAUX-428（图 2-3-2）还可确保以下功能：

①对 FDU 或 DSU 数据进行整合，以便传输给记录系统；

②本地数据缓存；

③仪器测试处理。

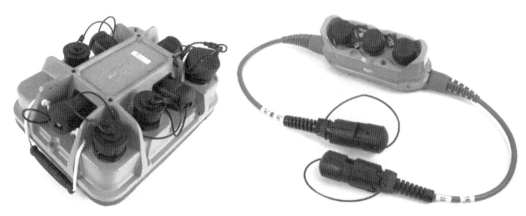

图 2-3-2　LAUX-428 和 LAUL-428

（3）428XL 交叉线

基于 100Mbps 或 1000Mbps 以太网协议，428XL 交叉电缆能以 2ms 采样率实时处理 1万道，每条测线只需一个交叉站（LAUX）。交叉线可使用常规电缆或光纤（TFOI）电缆。

（四）508XT 仪器

SERCEL 公司最新推出的全新 508XT 采集系统，将无线节点仪器中 GPS 同步、数据存储等技术应用于有线系统，强大的网络功能提高数据传输速度和不间断采集能力。508XT 系统能有效解决在复杂地形地貌下的施工难点；508XT 系统针对现有的排列常见问题提供了多种排列冗余方式，使施工不间断进行。新的系统采用计算机网络化设计，野外地面电子设备的设计也采用全新的设计理念，不再与 408UL 及 428XL 的地面电子设备兼容；除 FDU 外，不再出现电源站（LAUL）与交叉站（LAUX）的概念，取而代之的是 CX-508。每个 CX-508 都是地震采集网络中的一个节点，不但能大量存取数据，而且会提供更多实际有效的服务。508XT 软件系统设计了更符合 VE464 的专用接口，采集能力将达到 2ms 百万道。

1. 508XT 系统的基本硬件

（1）SCI-508

SCI-508（SYSTEM CONTROL INTERFACE）是野外排列和 508XT 服务器的一个连接接口。SCI-508 承担着千兆以太网路由器的功能，管理野外的 CX-508，不直接接收地震数据。不管什么样的道数配置，一套 508XT 系统只需配备一个 SCI-508。

（2）CX-508

CX-508（图 2-3-3）兼有电源站以及交叉站的功能，并且由 CX-508 通过 GPS 授时对排列进行同步。每个 CX-508 都有一个 IP 地址，是整个地震数据传输网络中的一个节点，所有对野外电子设备的测试、唤醒、采集等功能都由它进行管理，其主要作用就是 T_0 时刻同步以及地震数据的采集、回收；CX-508 内嵌超大容量的内存、存储采样数据，并可提供多种工作模式（有线模式、无线模式、QC 模式、自动采集模式等）以适应不同工作环境下的采集需求。

图 2-3-3　CX-508

（3）FDU-508、DSU-508 及其 LINK

FDU-508 采用 24 位 A/D 转换器，CRC 循环冗余码校验控制数据传输，内嵌高速缓存和电子标签。在不断电的情况下，即便排列出现故障也能完成采集，把数据存储在缓存中，有效解决了采集过程瞬间中断造成废炮的问题；FDU-508LINK 采用双侧咬合型外壳设计（图 2-3-4），使野外更换故障电缆变得十分简便。

图 2-3-4　FDU-508LINK

DSU-508 采用新一代的 MEMS 系统，这使 DSU 内部噪声大大降低，对于进一步提高信噪比起到了帮助作用，DSU-508 的 LINK 设计与 FDU-508 相似。

508XT 系统由中央单元、电缆、野外地面设备组成，支持无线广播功能以及数据的单独回收，由 CX-508 内置 GPS 时钟对时间进行同步，不用依靠中央系统。采集站的扩展存储让数据更安全，是一个更大道数、更轻便、更低功耗的混合系统。

2. 冗余技术

在复杂地形地貌以及人为因素干扰下，野外排列故障多样，很容易造成生产数据丢失及停产。为了保障地震数据不丢失、提高连续作业能力，508XT 提供了三种冗余方式以确保排列能稳定工作，它们分别是电源冗余、数传冗余以及同步冗余。

（1）电源冗余

Concentrator 为双向供电单元，在一个排列段（segment）范围内，假如排列两端都连接有 CX-508，那么它们都提供供电服务，如果排列段中间出现电缆故障，只要排列任意一端还保持与 CX-508 的正常连接，那么设备都能正常工作，当然，前提是排列段所连接的站单元不能超过 CX-508 的最大带道能力。

（2）数传冗余

508XT 系统工作时，地震数据先储存到 FDU 的缓存中，再由 FDU 将数据传输到 Concentrator 中，为了保证数据的完整性，Concentrator 会在收到数据后给 FDU 一个确认信号。FDU 如果没收到确认信号，那么数据会重新传送直至收到确认信号为止。每个 Concentrator 有超大容量的内存用来存储数据，在排列遇到故障不能及时回收数据时，支持系统在重新建立连接后重新回收数据。所有 Concentrator 之间都建立连接，如果中间有排列断掉时，排列会主动寻找另外的数传路径将数据最终传送到中央记录系统；CX-508 会自动把数据储存起来，一旦与中央记录系统恢复通信，数据会被重新传送；只有在排列完全掉电失去与 CX-508 的联系时，数据才会丢失。

（3）同步冗余

508XT 系统同步是通过 Concentrator 内嵌的 GPS 时钟，发送特定的时钟脉冲对所有 FDU-508 进行同步，而不再通过中央记录系统统一对设备进行同步。即便有一个或者多个 Concentrator 不能取得 GPS 授时，排列上的站单元还是可以通过最近的 Concentrator 得到时钟脉冲进行同步，保证系统的正常工作，这就是 508XT 的同步冗余技术。

3. 508XT 网络系统

基于现代网络技术的飞速发展，地震勘探仪器引入了网络传输技术使得地震仪器网络系统日趋完善。508XT 地震仪器网络系统把 CX-508 定为网络节点，通过这些节点控制和管理野外排列，接收和传输野外数据。

（1）网络传输协议

为了保证网络中信息的顺利交换和安全可靠，网络中的设备都必须遵循相应的通信规则，即网络协议。508XT 网络系统基于开放式系统互联参考模型（OSI），采用框架性设计方法，解决不同网络互联时遇到的兼容性问题，从而实现数据整体传输，其最大的优点是将协议、接口和服务这几个概念明确区分，通过整体结构模型实现不同系统、网络之间的可靠通信。OSI 模型分为七层：物理层、数据链路层、网络层、传输层、会话层、表示层及应用层。

508XT 网络中用到的几个重要协议有 LP 协议、TCP/IP 协议以及 UDP 协议。其中 LP 协议（大线传输协议）是 SERCEL 公司的专有技术，涉及地震数据、信息传输及"鬼对"电源控制等，属于网络层及以下的低层协议；TCP/IP 协议由网络层的 IP 协议和传输层的 TCP 协议组成，定义电子设备如何连入网络，以及数据在它们之间的传输标准；UDP 协议则是一种无连接协议，处于 OSI 模型中的传输层，同 TCP 协议一样也是 IP 协议的上层，UDP 协议较 TCP 协议安全性要差，但是能保证传输速度。

（2）508XT 网络构成及数传方式

参照 OSI 的七层模型，508XT 的网络分为五层，分别是物理层、数据链路层、网络层、传输层和应用层。举例来说，物理层主要是定义地震设备接口类型、大线传输速率（8MB/s、16MB/s）等来确定传输数据的比特流；数据链路层则提供 CRC 检查确保数据安全可靠地传输；网络层则提供 IP 管理，决定数据由哪个 CX-508 传输到另一个 CX-508；传输层则通过 TCP 或者 UDP 传输协议将接收到的地震数据传送到指定目的地后再进行重组；应用层则指对应用程序提供网络服务，包括野外设备的测试，地震数据监视等。采集站把接收到的模拟信号转换为数字信号后，通过大线传输协议传送到 CX-508，CX-508 之间通过 TCP/IP 协议实现数据包的互传，再由离中央记录系统最近的 CX-508 选择最佳路径把数据传送到目的地。

（五）I-Nodal 节点仪器

I-Nodal 节点地震采集系统的硬件包括节点单元、一体式充电柜、数据回收底座、排列助手（按照功能分为布线手簿、巡线手簿）、接触式开关、中继单元、转接缆等。

1. 节点单元

节点单元是 I-Nodal 节点地震采集系统的核心，内置高精度检波器、高精度 GPS 定位与授时系统、Zigbee 与 Wi-Fi 双模通信系统及大容量存储系统等，主要负责地震信号的采集与存储。其外部主要由两组触点、状态指示灯和尾椎组成，如图 2-3-5 所示。

①外接检波器触点。

②开关、充电及数据回收触点。

③状态指示灯。

绿灯：绿灯常亮代表一切状态正常，可以开始采集；绿灯闪烁代表 GPS 正在搜星中，需要待 GPS 搜星结束后开始采集。

蓝灯：蓝灯闪烁代表正在采集，其闪烁速率与采样率呈负相关关系，即闪烁越快，采样率越小，闪烁越慢，采样率越大。

红灯：状态异常，需检查仪器。

④节点单元的底部有尾椎插孔，需要时可以拧上尾椎以增加节点单元与地面的耦合。

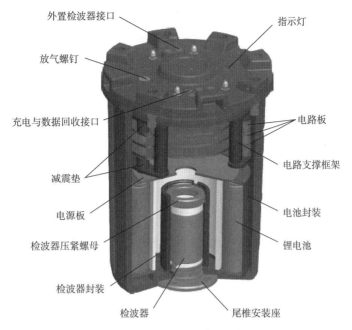

图 2-3-5 I-Nodal 节点仪器结构图

2. 手持终端

手持终端即搭载 Windows 操作系统的平板电脑，在安装相应的节点应用程序后，通过平板的无线功能，实现对节点单元采集参数设置、线桩号设置、节点状态查看等功能，能够运行节点线桩号设置软件、节点巡线软件等各类工具软件。

3. 数据回收与合成主机

I-Nodal 节点地震采集系统采用集成分布式数据下载和合成方式。数据下载电脑为普通台式电脑和笔记本电脑即可。配置相应的辅助设备如千兆网卡、千兆交换机、万兆交换机，将下载的数据上传到 NAS 阵列以备数据合成使用。NAS 阵列一般要求数据空间较大，根据工区需要配置。数据合成主机需要配置 Windows 10 操作系统，8G 以上内存，按施工需求搭载相应的固态硬盘作为单炮数据存储介质。

（六）地震检波器

1. 地震检波器概念

地震检波器即传感器，就是用于地质勘探和工程测量的专用传感器，其实质就是将地面震动转变为电信号的装置，或者说是将机械能转化为电能的能量转换装置。以输出电压的形式来模拟地面质点震动或水压力的变化。陆地勘探一般都采用动圈式地震检波器，压电晶体式检波器主要用于水中勘探。

2. 地震检波器分类

目前，由于地震检波器的种类繁多，特别是用于不同勘探目的的地震检波器，其外形、规格、型号等各不相同，因此检波器的分类方法很多。

按工作原理分：动圈式检波器、涡流式检波器和压电式检波器；

按使用环境分：陆用检波器、沼泽检波器和海上检波器；

按输出信号的类型分：模拟检波器和数字检波器；

按输出信号所跟踪的物理量分：速度检波器和加速度检波器。

陆地用量最大的是电磁式检波器，主要包括常规动圈式检波器和涡流式动圈检波器，深水域以压电式检波器为代表，沼泽检波器通常只是对陆上检波器做了特殊的防水处理，检波器工作状态的好坏由检波器性能决定。检波器的性能包括检波器的阻值、灵敏度、频率、阻尼和失真度。使用和搬运过程中要轻拿轻放，严防撞击。不要轻易拆卸外壳，不要放置在潮湿的地方保存。

3. 动圈式检波器

（1）检波器的内部结构

动圈式地震检波器主要由磁钢、线圈、弹簧片、外壳等部件构成。动圈式地震检波器是陆地勘探的主要检波器。

磁钢：是圆柱形的，具有很强的磁性，它与上下磁靴和软铁外壳组成具有两个磁隙的闭合回路。

线圈：由漆包铜线绕在铝制框架上构成，有两个输出端，线圈通过弹簧片与外壳相连，组成可动部分，在磁隙中运动。

弹簧片：由青铜片做成，具有一定形状和线性弹性系数，它使线圈与外壳连在一起，使线圈与磁钢形成相对运动的惯性体。

外壳：由软铁制成，多为圆筒形，使磁钢与外壳构成闭合磁回路。

（2）检波器的外部结构

检波器的外部结构主要由外壳、顶盖、防水胶套、尾椎等组成。

外壳：一般用 ABS 塑料组成。其特点是强度高，并适应野外温差变化。

顶盖：与外壳材料相同，用螺栓与外壳相连，以便压紧防水胶套，起到防水和方便拆装检波器的作用。

防水胶套：用橡胶制成，它使检波器在顶盖和外壳中配合紧密，防水防尘，同时还使芯线不易折断。

尾椎：一般由铁或铝合金制成，工作时将其插在地面上，可使检波器与地面耦合紧密。

（3）检波器工作原理

线圈通过弹簧片与软铁外壳相连，构成了与磁钢、软铁外壳做相对运动的惯性体，线圈又处于磁钢与软铁外壳的缝隙磁场中。软铁外壳受到地震波的作用而运动时，线圈则对磁钢做相对运动。根据电磁感应原理，线圈和磁钢做相对运动切割磁力线，线圈中将产生感应电势，且感应电势大小与相对运动速度成正比。此感应电势即为地震检波器的输出信号。

（4）检波器线圈绕组

动圈式检波器采用双线圈绕组的结构。为了提高检波器的机电转换效率，使磁钢的两个磁极都起作用，即在两个磁场中都有线圈在工作。并使两个线圈在产生感应线圈时，一个线圈正绕而另一个线圈反绕，把上线圈的起端与下线圈的起端连在一起（反向连接），把上下线圈的另外两头作为输出端。当线圈相对磁钢运动时由于两线圈的磁场方向相反，所以感应电动势是同向相加的。对于外界磁场干扰，反向连接的两线圈的感应电势是抵消的，这样就提高了抗干扰能力。

（5）检波器芯体检测

用万用表的电阻挡可以快速检测芯体的电阻值是否正常；用模拟万用表的最小电流挡可以快速检测芯体的极性；用检波器测试仪检测芯体的各项参数最为精确。

4. 涡流式检波器

涡流式检波器一般由磁钢、线圈、弹簧片、紫铜环和软铁外壳等组成。它的磁钢固定在检波器中心，线圈固定在软铁外壳上，紫铜环用弹簧片支撑，作为惯性体位于磁钢和线圈之间。当惯性体（紫铜环）与磁钢做相对运动时，根据电磁感应原理，在紫铜环内形成闭合涡流的线圈感应出电势，就是检波器的输出信号。

5. 压电式检波器

压电式检波器主要用于水中勘探，是由压电元件制成的。压电式检波器就是利用压电元件具有压电效应这一特征而制成的。所谓压电效应就是压电元件机电转换性能，当沿着一定方向对压电元件施加作用力使它变形时，它的内部就产生极化现象，同时在它的两个表面上便产生极性相反的电荷（作用力改变方向时，电荷的极性也随之改变），当去掉外力后又恢复不带电状态，这种现象称为压电效应。水中勘探时，将压电式检波器置入水中，人为激发地震波引起水压变化，压电元件所产生的电压与水压变化成正比。

二 震源及同步系统

在地震勘探的野外工作中，陆地与海上的表层激发条件不同，陆地勘探主要使用炸药震源、可控震源，有时也使用重锤气爆震源以及适用于做浅层高分辨率勘探的小型机械震源。海上勘探的主要震源有空气枪、蒸汽枪、电火花等。

（一）地震爆炸机

1. 编、译码器的分类

地震爆炸机又称为编、译码器，是地震勘探震源激发的同步装置。一个世纪以来，随着地震仪器的不断更新发展以及计算机技术和地震勘探新技术、新方法的发展，与地震仪器配套的编、译码器也在不断推陈出新，得到不断的发展、完善和提高。编、译码器的型号在不断地增加，功能上也在不断地增强。从传输方式来看，大致分两种：一种是有线传输方式；另一种是有线/无线传输方式。从电路上分为模拟型和数字型。

2. 编、译码器同步系统

（1）激发准备工作

爆破员连接好炮线后对雷管、井口进行测试，向仪器报告炮点参数，通过无线电台与仪器操作员取得联系，在得到通知后，译码器的电台由发射转为接收状态。

（2）预备信号发送

仪器收到译码器发送的参数后，仪器操作员通过地震仪发送启动指令给编码器，编码器通过电台发出一定频率（可选）的预备信号。译码器收到此信号，爆破员一直保持充电起爆状态，高压起爆电路形成高压等待起爆。

（3）同步码发送

编码器发出"起爆"指令后，编码器开始发射同步码。译码器接收并对它进行相关译码。若识别正确，则在200ms结束时刻产生"同步零"指令。

（4）放炮延迟时间计时

在同步码结束时刻，编码器电台由发射自动转为接收，译码器电台由接收转为发射。两者均以"同步零"为起点各自进行放炮延迟计时。延迟时间结束的瞬间，编码器发出时钟TB启动地震仪开始记录。译码器发出"起爆"指令，激发雷管、炸药爆炸。

（5）信号传送

"起爆"指令后一秒时间内，译码器先后把真实的爆炸信号（验证TB）、井口初至信号、井口时间值（τ值）和数字化的井口信号波形依次发送到编码器。编码器则对这些信号进行相关译码解调和恢复，送到地震仪进行记录和显示。

数据记录完成后，编、译码器又恢复到初始状态，准备下一次的采集工作。

3. Boom Box 系统

Boom Box 遥控爆炸机，是由美国 Seismic Source 公司生产的遥爆系统，由编码器、译码器、掌上电脑、电台、系统连线等组成，具有计时精度高的优势，工作时将一个 Boom Box 单元设置为编码器，其余的可设置为译码器。它的参数设置由专用掌上电脑红外线接口或微机串口通信来设置，如图2-3-6所示。

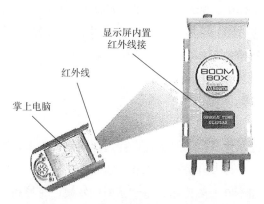

图 2-3-6　Boom Box 红外连接

（1）Boom Box 遥爆系统主要特点

①小巧、轻便；

②低功耗互补金属氧化物半导体（CMOS，Complementary Metal Oxide Semiconductor）设计，显示屏幕30s后自动关闭；

③点火精度 ±20μs；

④提供井口检波器和雷管线电阻测试；

⑤高压输出最高 400V，点火电流大于 200A；

⑥高压充电时间短，小于 1s；

⑦ ARM 键未被按下高压输出端一直处于短路状态，只有 ARM 键被按下高压才作用到高压输出端；

⑧参数由掌上电脑或微机置入，参数不会被随意更改。

（2）Boom Box 工作时序

记录仪器发送启动码给编码器，编码器开始工作并向译码器发送"起爆"指令，译码器接收这个起爆指令，如果译码器处于充电和预备状态，则点火雷管，引爆炸药。在译码器点火雷管的同时，编码器向记录仪器发送 TB 信号，启动仪器开始记录。译码器在点火雷管后，开始记录井口数据，并将数据与其他的 QC 数据回传给编码器，在编码器屏幕上可看到译码器 ID、CTB、UPHOLE 时间。

（二）可控震源

1. 可控震源的分类

可控震源通常按照其输出力大小分为：

超大吨位可控震源：＞ 75000LB，如 NOMAD90；

大吨位可控震源：51000~75000LB，如 NOMAD65；

中等量级可控震源：26000~51000LB；

小吨位可控震源：＜ 26000LB。

2. 结构及功能

可控震源的典型结构包括：

①液压伺服振动器：一般振动器主体由反作用重锤、平板、活塞杆、隔振空气气囊、定心空气气囊、平衡拉杆、框架等组成。可控震源勘探用的连续振动扫描信号就是由电子箱体控制、由振动器发出并传入大地的。

②同步振动电子控制系统：包括安装在每台可控震源上的电控箱体及各种传感器，还包括安装在数据采集系统上的编码器。

数字信号扫描发生器 DPG（编码器）通过以太网与地震数据采集系统相连，完成可控震源和数据采集系统的同步控制与数据通信，并产生与记录在数据采集系统数据道的信号进行相关处理的真参考信号源；数字伺服控制器 DSD 配置在可控震源上，完成对可控震源输出信号的控制，并将控制结果传回到 DPG。

③调频无线通信系统：可控震源与地震仪器之间通过无线电台进行通信联系，包括语音和数据传输。早期使用 Motorola GM338 型模拟电台，现在主要使用 TDMA、RAVEON 等数字电台进行数据传输。

④车载系统（越野底盘）：可控震源的运载形式主要有低速大功率专用底盘、通用越野

底盘、拖拉机底盘。

⑤辅助气、液控制系统：主要有平板挂钩控制、绞车控制、升降系统控制等。

3. NOMAD 65 可控震源

NOMAD 65 可控震源（图 2-3-7）是一种大吨位、全地形可控震源。液压系统优化设计，整个系统非常简洁，极大减少液压油管及接头数量。电路采用集成复合模块技术，有完善故障显示、报警和保护功能以及维护保养提示。VE464 电子控制系统与 VE432 相比具有以下优势：同步精度更高，与地震采集系统联机简便、QC 完善、同步性好，能够应用先进可控震源采集技术（如滑动扫描，HFVS 高保真可控震源地震），实现无桩号施工等。NOMAD 65 设计工作环境温度范围为 −12 ～ 53℃，工作于寒冷地区时，要求加装冷启动和保温装置。

图 2-3-7　NOMAD 65 可控震源

（三）气枪震源

气枪震源是海洋地震勘探常用的激发方法，激发条件对空气枪产生的脉冲频率的影响有如下规律：空气枪容量的大小决定了激发瞬间喷入水中的高压空气数量，大容积气枪比小容积气枪产生的气泡大、产生的频率较低；高压空气的气压越大，产生的气泡就越大，同样容积气枪产生的脉冲频率也就越低；气枪放置在水下越深，受到的静水压力也越大，产生的泡就越小，脉冲的频率也就越高。

胜利 703 气枪震源船（图 2-3-8），于 1998 年建造。船舶总长 25m，最大宽度 10m，吃水 0.745m，航速 9 节。该船配备气枪震源系统，气枪工作容积为 2070in³，工作压力为 2000psi，气枪阵列峰值为 84.5bar，有卫星导航和定位系统，是沿海 2~30m 水深水域勘探的主要震源设备。

图 2-3-8　胜利 703 气枪震源船

三　地震钻机

地震钻机是地震勘探施工中的钻孔设备，具有在不同地表条件下完成设计深度和直径的炮井的功能，满足将震源药柱埋置到地下设计位置的目的。

（一）基本要求

①旋转钻进的能力：给钻具提供一定扭矩和转速，并维持一定钻压；

②起下钻具的能力：有一定的起重量及起升速度；

③洗井的能力：能提供一定泵压，使定量流体通过钻杆、钻头到达井底，将岩屑清洗并携带到井外；

④适应不同地区钻井需要：地震钻机迁移性大，地表地质变化复杂，要求钻机尽可能易拆装搬运，且易损件维修简便快捷。

（二）地震钻机分类

随着石油工业的不断发展，钻井工作得到了相应的发展，地震钻机的使用条件越来越多样化，相应地出现了各种不同类型的地震钻机。

①按承载方式分：车载钻机、人抬钻机；

②按循环介质分：空气钻机、泥浆钻机；

③按作业区域分：平原钻机、山地钻机、沙漠钻机、沼泽钻机等。

（三）WTJ5122TZ 型钻机

WTJ5122TZ 型钻机是为适应松软地层条件而设计的一种车装钻机。钻机安装在 4×4 沙漠越野汽车底盘上，直接从汽车底盘取力作为钻机驱动动力。该钻机主要采用了机械和液压相结合的传动系统。循环介质采用钻井液或压缩空气。采用钻井液作为循环介质时，钻井深度为 150m；采用压缩空气作为循环介质时，钻井深度为 30m。

（四）HY-40G 型山地钻机

HY-40G 型山地钻机是人抬化地震钻机，框架组合形式。适合车辆无法进入的山地、黄土塬及地形复杂多变地区的勘探钻井，钻井方式为空气冲击钻井、空气震击钻井，钻井深度 40m。最佳工作环境温度 −10~40℃、海拔高度 2500m 以下。钻机使用的主机发动机及空压机发动机共有两种配置：35hp 先锋发动机及 38hp 科勒发动机，两种配置均满足钻机使用要求。

四　物探测量设备

物探测量作业的主要仪器有卫星定位仪、全站仪，辅助设备主要有声学定位系统。石油物探测量的仪器设备，应按国家计量行政部门规定进行检定并取得检定机构出具的有效合格证书。

（一）全站仪

全站仪（图2-3-9）是全站型电子速测仪的简称，是电子经纬仪、光电测距仪及微处理器相结合的光电仪器，是既能测角又能测距的常规测量仪器。使用全站仪能够进行测距、测角、测高差及坐标放样导线测量。

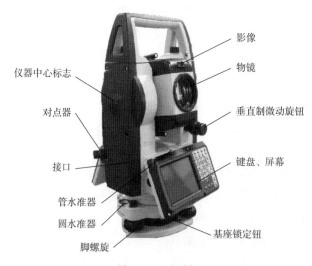

图2-3-9 全站仪

1. 全站仪的安置

全站仪的安置主要包括对中、整平、调焦工作。全站仪安置的目的是使仪器的旋转轴与测站点铅垂线一致。在全站仪安置中，一般先对中后整平，当调节仪器脚螺旋整平水准器时，光学对点器的对中状态将随之变化。

2. 全站仪的分类

全站仪按测量功能分类，可分成四类：

（1）经典型全站仪（Classical total station）

经典型全站仪也称为常规全站仪，它具备全站仪电子测角、电子测距和数据自动记录等基本功能，有的还可以运行厂家或用户自主开发的机载测量程序。

（2）机动型全站仪（Motorized total station）

在经典型全站仪的基础上安装轴系步进电机，可自动驱动全站仪照准部和望远镜的旋转。在计算机的在线控制下，机动型系列全站仪可按计算机给定的方向值自动照准目标，并可实现自动正、倒镜测量。

（3）无合作目标型全站仪（Reflectorless total station）

无合作目标型全站仪是指在无反射棱镜的条件下，可对一般的目标直接测距的全站仪。因此，对不便安置反射棱镜的目标进行测量，无合作目标型全站仪具有明显优势。

（4）智能型全站仪（Robotic total station）

在自动化全站仪的基础上，仪器安装自动目标识别与照准的新功能，因此在自动化的进程中，全站仪进一步克服了需要人工照准目标的重大缺陷，实现了全站仪的智能化。

（二）卫星定位仪

卫星定位仪（图2-3-10）是一种电子测量仪器，通过观测分布在地球周围的人造卫星导航信号来确定仪器所在的位置坐标，具有速度快、精度高、不受气候条件限制的优点。卫星定位仪由接收机主机、卫星信号天线和手簿控制器组成。

图2-3-10　卫星定位仪

卫星定位仪作为物探测量施工的主要设备，对其精度、稳定性、环境适应性要求较高，目前在用的卫星定位仪主要有天宝R12卫星定位仪和华测I90卫星定位仪。

（三）声学定位系统

声学定位系统的定位精度可达亚米级，可同时实施群目标定位，主要用于浅海地震勘探施工中的海底检波器准确定位，目前已广泛应用于浅海地震勘探施工中。

声学定位系统一般包括定位主机、换能器、应答器、RFID采集器、GNSS定位仪及定位主控软件系统以及应答器编码系统器等组成，如图2-3-11所示。

主机是核心部分，主机产生一种声呐信号，通过换能器发出并激发应答器，应答器接收到激发信号后迅速发出应答信号并通过应答器传给主机。主机接收到应答信号记录下每个信号的旅行时间通过接口电源单元传给计算机。

五　海洋勘探装备

全球海洋油气资源丰富，海洋领域约占60%，世界新增储量的70%来自海洋，海洋油气勘探开发技术还处于初级阶段。海洋油气勘探技术主要有海洋地球化学勘探、海洋地球物理勘探等。

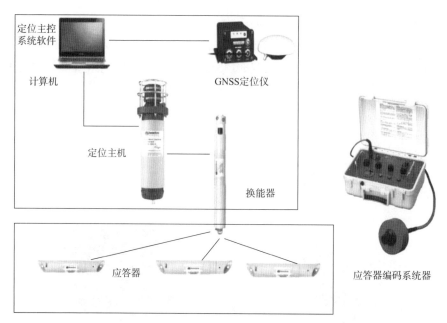

图 2-3-11　声学定位系统设备

　　主要装备包括：海洋科学考察船、地质调查船、物探船、海洋地震作业船等。

　　物探船（图 2-3-12）是一种调查船，主要用于海洋地球物理勘探。

图 2-3-12　物探船

　　海洋地震船（图 2-3-13）能够进行海上三维地震采集作业，直接关系到海上地震勘探的作业精度，对后期的地震数据处理以及钻井定位有着极其重要的作用。

图 2-3-13　海洋地震船

第四节 施工工序

地震采集项目的实施一般分为地震勘探施工准备阶段、施工作业阶段和竣工验收阶段。

一 施工准备

（一）测线布置

（1）测线布置原则

根据物探施工方法的区别，物探测线又分二维测线和三维测线。二维测线为提供详查二维剖面勘探成果服务，三维测线为提供精查三维立体勘探成果服务。二维测线线间距离比较大，一般为 2~4km，测线之间相互垂直交叉，垂直于构造走向，布设比较密集的测线为主测线，与之垂直的测线为联络测线。二维激发点一般与检波点在一条直线上，或偏离检波线一侧 3~5m。三维测线相对于二维测线比较密集，线间距离一般为 100~200m，测线之间相互平行，炮线平行于检波线。

（2）分类

根据不同勘探阶段的地质任务要求，分下列几种情况：线路普查，面积普查，面积详查，构造细测。

（二）工区踏勘

根据《工程技术设计》和施工方的总体部署，项目组接到任务后，要组织相关人员对工区进行详细的踏勘工作，踏勘内容及目的如下。

①掌握工区内的行政区的划分、当地的政治和经济环境、HSE 的要求、有关法规及管理条例，建立初步的公共关系网。

②了解当地的民族构成、宗教信仰、风俗习惯及居民的文明程度。选取合适的营地，建立良好的公共关系。

③掌握当地的季节变化、气候条件、疫情等自然环境特点，了解工区的通行条件，确定主要运载机具，预测交通安全控制点。

④掌握工区的地表条件，调查允许的施工范围，确定攻关对象，探讨赔偿价格，预测施工装备。必须了解或掌握以下内容：居民点、工业商业区、国防工程、道路、经济作物区、鱼池、电网、通信网、自然保护区、易受惊吓的动物、农田、水域、草地、河流、水库、树木、地形变化等。

⑤确定施工方法、资源配置及合理的各工序作业方法。

⑥分析野外各环节的施工难点和技术难点，并有针对性地提出相应的技术攻关方法。

（三）施工设计

对工区进行详细踏勘后，地震队技术人员及相关人员要根据《工程技术设计》和甲方及公司的要求，收集相关资料，积极配合地球物理师做好施工设计、试验计划的编写工作。

（四）野外试验

地震勘探的野外工作，在方法技术的选择上较为复杂，因为地震记录质量受到多种因素的影响，需要进行试验来选取本区内最合适的野外施工参数。具体的试验内容根据地质任务、工区的地质构造特点、干扰波情况、地震地质条件以及以往的勘探程度来拟定。在试验工作开始前，应对地震仪器及采集设备做年度、月度检查，做地震检波器一致性检查和爆炸机的爆炸时间（TB时间）检验。各种检验、检查记录验收合格后方可试验生产。

二　施工作业

当野外试验工作完成后，选择的最佳野外施工因素经过审定后，方可正式开始野外资料采集工作。施工中认真做好各道工序之间的信息传递、信息反馈及衔接工作，各工序的采集工作严格按标准化程序进行施工作业，严格坚持下道工序检查上道工序，严格执行有关标准和要求，确保质量管理体系和HSE管理体系的正常运行。

（一）测量

测量的任务是依据设计，将测线的物理点采用一定的测量方法放样到实地，为物探野外施工、资料处理及解释提供符合要求的测量成果和图件。测量施工应按照设计要求和SY/T 5171—2020《陆上石油物探测量规范》的规定执行。

放样的接收点和激发点应设立明显、牢靠的标志。

遇到障碍时，应采取就近偏移实测的原则，物理点的偏移量沿测线方向应不大于1/10道距，垂直于测线方向应不大于1个道距。

水域施工时，测量标志的设置应明显可靠，陆地与静止水域标志设置位置与所提供的实测坐标位置偏差不大于1m，流动水域部分标志设置根据潮汐变化和水深变化适当调整。

（二）表层调查

1. 浅层折射法

浅层折射法是指利用直达波和近地表界面传播的折射波初至测定风化层（低降速带）速度和厚度及高速层速度的方法。由于调查深度浅、排列长度短，所以此法又被称为小折射法。浅层折射法的排列形式，可根据试验获得的低速层厚度和速度的不同而变化，其排列形式一般有2种，可分别适用于单边激发或双向激发。

浅层折射法适合于地形平坦、速度从浅到深增加的层状介质地区。浅层折射采集中要注意的主要事项：

石油工程基础

①排列直，高差小；

②偏移距、道距准确；

③炮点或排列中心对准桩号；

④炮坑宁浅勿深；

⑤排列走向平行于测线方向。

2. 微测井法

采用打穿低降速带的钻孔，进行井中激发（接收）地面接收（激发），利用透射波初至时间研究低降速带的方法称为微地震测井法，简称微测井法。

通过获取不同观测深度的初至时间，拟合深度曲线得到分层速度和厚度。通常微地震测井资料作为较精确的数据，起到控制作用。微测井一般要求井深钻至高速层 10~15m，以在高速层中的控制点不少于 3 个为佳。

将激点布设在井中不同深度，用炸药震源（井深较浅时只用雷管）激发，井中激发点距随着深度的增加而逐渐增大。

（三）地震钻井

地震勘探中的钻井是在地震测量布设的炮点上依据施工设计的井深、井数的要求，利用机械设备或人力将地层钻成孔眼。

1. 钻井

井位准确，钻井前要核准桩号，井位水平、垂直偏移距要符合技术要求，井深足够，一个探区设计井深是对激发岩性的选择，常常在潜水面以下 3~5m 的黏土和泥岩中。井深不能随意改变。完钻后如实填写班报，记录井深下药情况。

2. 药包制作

根据勘探目的层设计选择药量，不应任意增减。包药现场宜选择地势平坦、无障碍物、通视良好的区域；包药点应与道路、高压线等场所和设施保持足够安全距离，警戒区范围半径符合安全要求。

药包制作前，应先确保炮线短路，取用爆破物品要随时释放静电；严禁提前包药，同一个炮点不准同时包和存放两个及以上的药包。在工地制作炸药包时，应高度注意雷管箱和炸药的安全，避免民爆物品被偷窃。

3. 下药

下药是指将成型炸药包或包好的炸药包，使用专用的爆炸杆直接放置井底的过程。下药过程中经常会遇到一些异常情况，为了避免这些情况出现，下药前首先用爆炸杆通井，测定钻井深度，然后用爆炸杆匀速将药包推入井中，边下药边观察炮线是否随着移动，如果移动，证明下药正常；如果不移动，可能是爆炸杆与药包脱离或炮线折断，应重新下药。在下药过程受阻时，不要强行下药，待提出药包通井或重新钻井后再下药。

药包下到井底后，下药工要轻提炮线检查炸药包是否上浮，用专用雷管表测试井下药包的通断情况，确认都正常后，用软土、细沙封井。

（四）震源激发

1.炸药震源激发

在地震勘探中使用炸药震源，突出的优点是具有较强的能量，产生的脉冲尖锐，频率范围较宽，同时施工效率较高。现在用炸药激发最流行的方式是井中爆炸。

激发作业时爆炸作业站应设在视野宽阔、通视良好的炮井上风位置。沙土、黏土层、岩石、冻土层、井深小于等于5m的浅井等距炮点的安全距离应符合本单位安全规范，特殊情况另据爆炸方式、药量计算确定。

爆炸作业站，其周围20m范围内，无关人员不应进入，站内不准堆放与爆破作业无关的物品，周围无闲杂人员。

2.可控震源激发的注意事项

①每天施工前，对可控震源进行日检。

②可控震源组合基距应准确，组合中心对准桩号，可控震源组内相对高差大于2m时，应调整组合图形。

③每台可控震源生产时，每次振动扫描都应有相应的自动质量监控记录。可控震源的标准信号与扫描信号之间的相位差应小于2°。

④可控震源振动器平板与地面耦合良好。

（五）采集接收

①进行组合接收时，检波器组合中心应对准桩号，应按技术设计或试验所确定的组合图形埋置检波器。特殊地形应将组合图形等比缩小或沿地形等高线摆放，同道检波器埋置条件一致，与地表耦合良好，达到平、稳、正、直、紧的要求，不应使用外壳破损和无尾锥的检波器施工。

②因障碍不能布设检波器的道，应核对准确桩号，并在仪器班报上注明空道及原因。当连续道达到3道以上时，应采取整道距横向偏移的方法。

③大风和封冻季节，应做好对检波器埋置情况的检查工作。

④检波器电缆线不应悬挂在高秆作物等之上。

⑤排列上的特殊地形、地物及时报告当班仪器操作员，并在班报上备注。

⑥同一道检波器组合埋置高差应符合规范和设计要求。

⑦在大型障碍区内，应评估布设检波器道的难度，在满足设计要求范围内可灵活采用特殊观测系统。

（六）地震资料分析与评价

对当天的记录，首先要进行认真分析并提出问题，然后在仔细分析的基础上，根据记录评价标准进行严格评价，以便有针对性地指导野外生产工作。监视记录质量按合格、不合格两级评价；监视记录按设计要求用宽档回放，回放因素固定、记录清晰。

三　竣工验收

完成野外采集作业后，施工单位应向公司提出申请，公司组织相关单位进行自我验收，然后向甲方提出申请。甲方接到申请后组织验收，现场验收结束后，验收组对验收情况进行全面评价，并出具采集项目验收意见书。甲方验收合格后方可结束野外施工。

本章要点

1. 地球物理勘探是石油天然气勘探主要工作方法之一，地球物理勘探主要有地震勘探、重力勘探、电法勘探、磁法勘探、放射性勘探等方法，其中地震勘探是地球物理勘探的主要勘探方法。

扫一扫
获取更多资源

2. 当前全球地震勘探技术的发展趋势：由单纯的纵波勘探向多波勘探，由简单地表和浅水区向复杂地表和深水区，常规地震采集向全数字精细地震采集，由二维、三维勘探向四维勘探，从探查构造圈闭向寻找隐蔽圈闭发展。

3. 二维地震反射波法一直是石油地球物理勘探最重要的方法，先后经历了光点记录、磁带记录和数字记录三个发展阶段，为地震勘探技术的发展奠定了坚实基础；三维地震技术的发展历程从常规三维到高分辨率三维，从高分辨率三维到高精度三维，再从高精度三维发展到单点高密度三维；多波多分量地震、时移（四维）地震勘探是发展趋势。

4. 地震勘探的主要设备包括地震仪器、震源及同步系统、地震钻机、测量设备等。地震仪器经历了五代的发展历程，主流有线地震仪器是SERCEL公司生产的428XL、508XT系统。508XT仪器强大的网络功能，冗余技术确保了地震采集数据的安全性、时效性，CX-508全新理念设计，能大量存取数据，提供更多实际有效的服务。节点仪是下一阶段的发展趋势，I-Nodal节点是集地震信号的采集与存储于一体的独立采集系统。地震勘探的震源包括炸药震源、可控震源、气枪震源、电火花震源、机械震源等，根据不同的施工环境使用不同的激发震源；地震钻机是地震勘探施工中的钻孔设备，它具有完成钻进、洗井、起下钻具及处理井下事故等综合功用。物探测量仪器主要有卫星定位仪、全站仪，辅助设备主要有声学定位系统。

5. 地震采集项目施工工序分为施工准备、施工作业和竣工验收三个阶段。准备阶段包括地震测线的布置、工区踏勘、施工设计、野外试验等工作；施工作业环节包括测量、表层调查、地震钻井、震源激发、采集接收、地震资料分析与评价工作；竣工验收合格后项目结束。

第三章

钻井工程

PART

石油钻井工程是利用钻井设备从地面开始沿设计轨道钻穿多套底层到达预定目的层（油气层或可疑油气层），形成油气采出或注入所需流体（水、气、汽）的稳定通道（油气井），并在钻进过程中和完钻后，完成取心、录井、测井和测试工作，取得勘探、开发等各种信息的系统工程。

油气井按照钻井目的，可以分为探井和开发井两大类，其中，探井包括地质探井、预探井、详探井等，开发井包括生产井、注水井、滚动开发井等；按照井眼轨道形状，可分为直井和定向井两种类型，定向井按照井斜角的大小分为常规定向井（最大井斜角在60°以内）、大斜度定向井（井斜角在60°~86°）、水平井（井斜角大于等于86°）；按照钻井深度可分为浅井（钻井完钻井深小于2500m）、中深井（钻井完钻井深2500~4500m）、深井（钻井完钻井深4500~6000m）、超深井（钻井完钻井深6000~9000m）和特深井（钻井完钻井深超过9000m）。

第一节　专业概况

钻井作为石油勘探开发的"龙头"，投资占整个勘探开发投资的50%以上，具有资金和技术密集，高投入、高风险的特点。钻井工程技术水平也直接关系到石油勘探开发的成败，决定着石油上游业务的发展潜力和竞争能力。

一　钻井方法的发展

钻井方法大致经历了人工掘井、顿钻钻井和旋转钻井3个阶段。

①人工掘井阶段。这是最早的钻井方法，主要用于开采浅层的石油和天然气。人们用工具挖掘井眼，然后用桶或皮囊提取地下的油气。

②顿钻钻井阶段。人们用绳索或竹竿将钻头提升到一定高度，然后释放，利用重力使钻头冲击井底的岩石，破碎后的岩屑用水冲出或用捞筒捞出，后来使用机械装置代替人力，将钻头连续地提升和冲击，同时循环注入钻井液，将岩屑带出并保护井壁。

③旋转钻井阶段。这是目前最常用的钻井方法，旋转钻井就是靠动力带动钻头旋转，在旋转的过程中对井底岩石进行破碎，同时循环钻井液以清洁井底的钻井方法，这种方法效率最高，适应性最强，可以钻凿各种复杂的井型。

二 钻井设备的发展

21世纪以来，全球钻井装备可谓经历了一场翻天覆地的变化，尤其以电驱动替代传统柴油机驱动的直流电驱动钻机及交流变频电驱动钻机兴起并日趋成熟，迅速成为主流产品，在各大油田得到了广泛应用，特别是近年来，在电驱动钻机研究的基础上，大型钻机的移运设备、全液压驱动钻机、自动化智能化钻机得到了不断推广。

我国在先进钻井装备研发方面，通过不断努力追赶，先后在管柱自动化装备、钻机移运装备、司钻集成控制系统、超深井钻机、适用于特殊地域和气候条件的钻机技术研究方面有了长足的进步，我国已先后研制成功了8000m、9000m超深井四单根立柱自动化石油钻机、超长单根和双单根立柱自动化钻机以及12000m特超深井钻机；满足喷射钻井、水平钻井、海洋钻井和复杂难钻井等钻井工艺的1600hp、2200hp和3000hp系列高压大排量钻井泵；可实现井架主体直立移运和弯折的轮式拖挂钻机等先进钻井设备，满足了高压喷射钻井、深井超深井以及特殊环境施工的需要。

三 钻井发展的趋势

作为石油工程的"龙头"，钻井工程发展的总目标就是满足勘探开发不断发展的需要。近年来，钻井已经由传统的建立油气通道发展到采用钻井手段，从而实现勘探开发地质目标，提高单井产量和最终采收率。未来，钻井工程将会向深层领域以及海洋领域发展，大位移水平井、深层水平井技术将逐渐走向成熟；欠平衡钻井技术的应用范围会继续扩大；旋转导向、地质导向以及自动导向技术将成为钻井领域的重要工具；套管钻井技术、膨胀管技术、连续油管技术也会不断地完善和发展。同时，石油钻井设备也将迎来一场新的革命：第一，为解决经济快速增长和陆地已勘探开发油气资源不足的矛盾，石油装备会朝超深井特深井方向发展，以满足更深层次的地域勘探开发作业需要；第二，随着常规地层油气当量的不断减少，钻井会逐渐向高原、高山、沼泽等特殊地貌和高温、高压、复杂地质构造区域发展延伸，这必然需要与其运输条件和特殊地层钻探要求相匹配的钻井装备，所以，研究和开发适应不同区域和地层钻探要求的钻井装备，也将成为今后装备发展的一个新目标、新方向；第三，随着技术进步和减少人工劳动的需要，智能化作为自动化的下一发展阶段，相比于自动化结构，智能化钻井装备的灵活性更强，今后必然成为各大装备企业追求的重要目标。

第二节 技术简介

石油钻井技术的出现可以追溯到19世纪中期，当时美国的德雷克在宾夕法尼亚州的泰特斯维尔钻出了世界上第一口商业性石油井。从那时起，石油钻井技术如钻井平台、钻具、钻井液、完井、增产等方面经历了多次革新和发展，出现了常规定向井、水平井、分支井、超深井等新型钻井方式，以及旋转导向、地质导向、激光导航等先进技术。同时，石油钻井的范围也扩展到海洋、极地等极端环境。石油钻井技术不仅提高了石油的开采效率和质量，也拓展了石油勘探和利用的范围和深度，为人类社会的经济发展和能源需求提供了重要支撑。下面对旋转钻井技术、喷射钻井技术、导向钻井技术等进行介绍。

一　旋转钻井技术

旋转钻井技术是继机械顿钻钻井技术之后的一次巨大钻井技术革命，它的发展主要经历了概念时期（1901—1920年）、发展时期（1920—1948年）、科学钻井时期（1948—1968年）、自动化钻井时期（1968至今）4个时期。

旋转钻井技术分为转盘旋转钻井技术、动力钻具旋转钻井技术、顶部驱动旋转钻井技术三类，其技术特点是旋转动力大，转速高，破碎岩石效率高，破岩与清理岩屑同时进行。随着现代科学技术的发展，旋转钻井工艺技术也得到迅速发展，到目前为止旋转钻井方法仍是石油钻井的主要方法。

1. 转盘旋转钻井

转盘旋转钻井技术通过转盘驱动钻杆带动钻头旋转，连续破碎井底岩石，同时通过钻柱循环钻井液，连续不断地把钻屑携带到地面。整个钻进过程可以连续进行，仅在接钻杆时需要停顿，极大提高了钻进效率。

2. 动力钻具旋转钻井

动力钻具是指能把钻井液的能量转化为钻头破岩动力的井底钻具，如涡轮钻具、螺杆钻具等。动力钻具钻井就是把动力钻具接到钻头上面，使钻头具有更高的转速，可以显著提高机械钻速，同时也减少了钻柱与套管及井口之间的磨损。

3. 顶部驱动旋转钻井

顶部驱动旋转钻井（以下简称顶驱）是通过使用顶部驱动旋转装置，从井架空间上部直接旋转钻柱，并沿井架内专用导轨向下送进，完成钻柱旋转钻进、循环钻井液、接单根、上卸扣和倒划眼等多种钻井操作。与常规转盘旋转钻井方式不同，采用顶驱钻进一次可接入和钻进一个立柱，上卸扣时间减少了三分之二，省去了转盘钻井时接单根的常规操作，并且具有下钻划眼、立柱倒划眼、立柱取心、立柱定向以及可在任意高度实现钻具与顶驱对接建立循环或关闭内防喷器的能力，大大提高了工作效率，并保证了人员安全、设备安全和井下安全。

二　喷射钻井技术

喷射钻井是利用钻井液通过喷射式钻头所形成的高速射流的水力作用，切削地层、清洗井底，以提高机械钻速的一种钻井方法。

在钻井过程中，随着井眼的形成，会产生大量的岩屑，要及时地把岩屑从井底携带出来，这是保证安全快速钻进的重要条件。携带岩屑出井主要有两个过程，一是岩石在破碎后离开井底，二是依靠钻井液上返将岩屑带出。在钻进过程中发现，破碎的岩屑如果不能及时离开井底，会造成重复切削，而采用高速射流后，这种现象大大减少，这就是常说的喷射钻井。

喷射钻井依靠高效能钻头喷嘴将大部分泵输出水功率转化为射流水功率，在钻头喷嘴处形成高速射流，可以大大提高钻井速度，射流的主要作用大致有以下两个方面：

1. 射流对井底清洗作用

①射流对井底的冲击压力作用。射流作用的中心压力最高，以外的压力低，这种冲击压力的不均匀性使岩屑产生翻转，从而使岩屑离开井底。

②漫流的横推作用。射流冲击井底后形成高速横向漫流，对井底的岩屑产生横向推力，离开井底随钻井液一起上升。

2. 射流对井底的破岩作用

当射流水力功率足够大时，射流不但有清洁井底的作用，而且还有直接或辅助破碎岩石的作用。在岩石强度较低的地层中，射流冲击力直接破碎岩石作用较为明显。在岩石强度较高的地层中，射流冲击力不能够直接破碎岩石，而是使岩石产生裂缝，高压射流挤入裂缝，使裂缝或裂纹增大，岩石强度降低，辅助钻头破碎岩石，提高机械钻速。

三　导向钻井技术

导向钻井技术按方式及目的，形成了系列导向钻井技术。从导向方式分，主要有滑动导向钻井与旋转导向钻井。

1. 滑动导向钻井技术

滑动导向钻井技术是指在导向钻进作业时，只有钻头旋转而上部钻具不转动。它是通过井下动力钻具来带动钻头旋转进行破岩，利用导向工具的弯度来实现滑动钻井过程中改变井眼轨迹的钻井技术。当通过滑动钻进来改变井眼轨迹满足要求后，可以改为转盘（顶驱）与井下动力联合带动钻头旋转的复合钻进模式来提高机械钻速。但是滑动钻进时钻柱存在较大的扭矩和摩阻，井眼清洗不净，钻井速率慢。摩阻过大使得在滑动方式下很难控制钻头上的钻压，并随着水平位移的增加越来越明显，在极限情况下，钻柱发生屈曲，从而限制了钻定向井、水平井的深度。

2. 旋转导向钻井技术

旋转导向钻井技术是钻柱保持旋转状态下就能实现造斜、增斜、稳斜、降斜、扭方位等定向钻井目的的一种新型钻井技术。旋转导向钻井过程中，由于钻柱跟钻头一起转动，不仅钻井速度快，井眼清洁全面，还拥有更长水平位移及延伸能力和较少卡钻，提高了钻井的效率、降低了钻井成本。旋转导向钻井系统的核心是井下旋转导向钻井工具系统，根据其导向方式可以分为推靠式和指向式两种。推靠式是在钻头附近直接给钻头提供侧向力，指向式是通过近钻头处钻柱的弯曲使钻头指向井眼轨迹控制方向。

导向钻井技术按导向目的分，主要有几何导向钻井与地质导向钻井。

1. 几何导向钻井技术

根据井下测量工具（MWD）测量的井眼几何参数（井斜角、方位角和工具面角）来控制井眼轨迹，使钻头沿着设计的经验轨道钻进。

2. 地质导向钻井技术

地质导向是指利用地层评价无线测量系统 FEWD（LWD）的实时测井曲线并配合定向参数，准确划分已钻地层并及时预测待钻地层，适时地调整井眼轨迹，使实钻井眼轨迹准确钻达目的层，并始终处于油层的最佳位置。地质导向钻井技术实质是把钻井技术、测井技术及油藏工程技术融为一体，形成可测量近钻头地质参数（伽马、电阻率）、近钻头轨迹参数（井斜角等）及其他辅助参数的短节，用无线信号（电磁波）短传方式传至 MWD/LWD，再传至地面控制系统；用地面软件系统（含地层构造模型、参数解释和钻井设计控制 3 个主要模块）适时作出解释与决策，实施随钻控制。它以井下实际地质特征来确定和控制井眼轨迹，而不是按照预先设计的井眼轨道进行钻井。地质导向技术主要应用于水平井钻井，该技术根据钻头处的实时地质数据和储层数据调整水平段井眼轨迹，引导钻头在油层中水平前进，是水平井钻井技术的一项重大发展，它标志着水平井钻井技术上升到一个更高的层次。

四　其他钻井技术

1. 控压钻井技术

控压钻井技术是一种用于控制整个井眼环空压力剖面的自适应钻井技术，其目的是确定井下压力环境界限，并以此控制井眼环空液柱压力剖面。它具备对钻井过程中井筒压力控制的能力，能够显著增加钻井过程的可控性，降低复杂情况发生的概率，克服窄密度窗口钻井等难题。

控压钻井是为了适应当代油气层保护和合理开发需求而发展起来的一种钻井技术，其优势是：降低污染，提高产能；减少压差卡钻，提高机械钻速；解决井漏，尤其是漏、喷并存等井下复杂问题；实时进行地质评价，及时发现油气层。

2. 气体钻井技术

气体钻井指用空气、氮气、天然气、废气等非凝析气体作为钻井循环介质的钻井，根据所使用的气体不同分别称为空气钻井、氮气钻井、天然气钻井、柴油机尾气钻井。在实际施工中，由于地层出水，气体钻井往往需要转换为雾化钻井或泡沫钻井。因此，气体、雾化和泡沫钻井是系列技术，气体钻井技术通常包含纯气体钻井、雾化钻井和泡沫钻井。气体钻井的优势是：钻井效率高，可有效保护油气层，并有效防止井漏和粘吸卡钻等事故的发生。

3. 欠平衡钻井技术

欠平衡钻井分为自然法和人工诱导法两种类型。自然法欠平衡钻井又叫边喷边钻，一般是在地层压力系数大于 1.10 时，采用常规钻井液，通过降低钻井液密度来实现欠平衡钻井；人工诱导法欠平衡钻井，一般是在地层压力系数小于 1.10 时，当采用常规钻井液无法实现欠平衡钻井时，直接使用低密度流体（气雾、泡沫、空气、天然气、氮气等）作为循环介质，或往钻井液基液中注气等方法，实现欠平衡钻井。

欠平衡钻井具有的优点：减少储层损害，有效地保护油气层；实时评价地层，及时发现产层；防止或减少井漏、卡钻等复杂事故；显著提高机械钻速；延长钻头使用寿命。欠平衡钻井是解决低压、低渗、低产能油气资源等问题的一种有效技术，也是提高产量，降低成本，提高勘探开发综合效益的钻井技术。

4. 套管开窗侧钻技术

套管开窗侧钻技术是在普通定向钻井技术的基础上发展起来的，套管开窗是在已下套管的某一位置，下入专用工具，采用铣削方法，在套管上定向铣出一个窗口（其孔为椭圆形）或铣去一段套管，使原始地层重新裸露后进行定向钻井的技术。常用的套管开窗侧钻技术有两种：磨铣（斜向器）开窗和段铣开窗。套管开窗侧钻可实现"死井复活"，降低成本，同时提高采收率。

5. 分支井钻井技术

分支井工艺技术是在定向井、大斜度井和水平井技术基础上发展起来的一项钻井技术。分支井是指在一口主井眼的底部钻出两口或多口进入油气藏的分支井眼（二级井眼），甚至再从二级井眼中钻出三级子井眼，并将其回接在一个主井眼中。主井眼可以是直井、定向井，也可以是水平井。分支井眼可以是定向井、水平井或波浪式分支井眼。多分支井是在一个主井筒内开采多个油气层，实现一井多靶和立体开采。分支井既可从老井也可从新井再钻几个分支井筒或再钻水平井。

分支井钻井技术可以增加井眼在油藏中的长度，扩大泄油面积，提高采收率；改善油流动态剖面，减缓锥进速度；提高裂缝油气藏裂缝钻遇率；可重复利用上部井段，降低钻井成本，提高经济效益。

6. 连续油管技术

连续油管又称挠性管或软管，是一种高强度连续制造的钢管。用连续油管作业机取代钻机、修井机，用连续油管取代常规钻杆和油管，进行修井、钻井、完井及各种油井作业，统称为连续油管技术。

现在，连续油管技术已成功地用于修井、完井和各种油井作业，如冲洗、人工举升、测井和射孔、挤水泥、井下扩孔、防砂及酸化增产。就钻井而言，连续油管技术已成功地用于在老井眼内钻直井、侧钻水平井及小井眼钻井。随着连续油管材质和制造工艺的改进与完善，大直径高强度连续油管的问世，配套的井下马达、定向工具、传输系统和钻头的研制，连续油管钻井技术的应用越来越广泛。

7. 套管钻井技术

套管钻井技术是指在钻进过程中，直接采用套管向井下传递机械能量和水力能量，井下钻具组合接在套管柱下面，边钻进边下套管，完钻后做钻柱用的套管留在井内做完井用。

套管钻井以套管代替了常规钻柱将钻进和下套管合并成一个作业过程，更换钻头和井下工具的施工作业在套管内能进行起下，避免了常规起下钻作业裸眼井段复杂情况的发生，节约了更换工具的时间和费用；由于可以直接进行完井作业，减少了钻井液对储层的浸泡时间，降低了对储层的伤害，有效地保护油气层。

套管钻井以套管作为钻井液输送载体，套管内径比钻杆大，降低了管内循环压耗，有利于钻井水力能量的优化利用；套管与井壁之间的环空面积减小，提高了环空钻井液上返速度，改善了钻屑的携出状况，有利于井眼环空清洁；更换工具时能保持钻井液连续循环，可防止环空钻屑聚集，防止卡套管故障发生。

套管钻井是基于单根套管进行的，整个钻井过程不再使用钻杆，从而可节省钻杆采购、检验、存放、运输、修复等过程的大量人力物力与费用；井架不再需要传统的形式和高度，因此井架、底座的结构和重量比传统钻机轻便、简单，更易于搬迁和操作，人工劳动量、人工成本以及钻机费用都将减少。

8. 可膨胀管技术

在传统的油气井钻井作业中，随着井深的增加，下入井眼中的套管层次也在增加，从而使可利用的井眼直径越来越小。在深井，超深井钻井中，井眼直径的不断缩小有可能导致无法最终钻达目的层，可膨胀管技术正是主要针对这一问题而产生的。

在钻井或修井施工过程中应用可膨胀管技术时，首先将金属管柱与膨胀工具一起下入井眼中，然后利用机械力或液压力，拉动或推动膨胀工具在管柱内部沿管柱轴向运动，对整个管柱进行径向膨胀，使其发生永久塑性变形，整体达到所要求的直径尺寸。几种不同的膨胀工艺如图 3-2-1 所示。

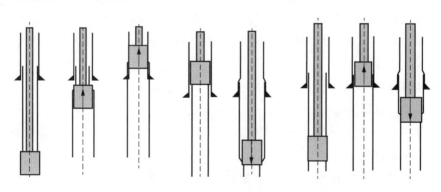

(a)一次性自下向上膨胀工艺　　(b)一次性自上向下膨胀工艺　　(c)分两步完成膨胀的工艺

图 3-2-1　膨胀芯头运动方向不同的几种膨胀工艺

可膨胀管技术减少了建井工程的管材用量，小的井眼也减少了钻井液的使用量，这些也使得钻井设备更加小型化，所以采用可膨胀管技术可以极大地降低钻井成本。以前一些因为埋藏太深而无法经济开采的油气层，现在可以采用可膨胀管技术进行经济开采。同时下入井眼中的管柱总长度减小，也大大节省了建井周期。

钻井时用来清洗井底并把岩屑携带到地面，维持钻井操作正常进行的流体称为钻井液或洗井液。钻井液主要由液相、固相和化学处理剂组成。液相可以是水（淡水、盐水）、油（原油、柴油）或乳状液（混油乳化液和反相乳化液）。固相包括有用固相（膨润土、加重材料）和无用固相（岩石）。化学处理剂包括无机、有机及高分子化合物。钻井液在钻井工程中占据重要地位，因此也被称为钻井的血液。

随着钻井液工艺技术的不断发展，钻井液的种类越来越多，较简单的分类方法是根据流体介质的不同，总体上分为水基钻井液、油基钻井液和气体型钻井流体等三种类型。

（一）钻井液的功用

在钻井现场，钻井液一般具有以下功能：

①清洁井底，携带和悬浮岩屑。钻井液首要和最基本的功用，就是通过其本身的循环将井底被钻头破碎的岩屑冲离井底，保持井底清洁，并保证钻头在井底始终接触和破碎新地层，不造成重复切削，保证安全、快速钻进；悬浮岩屑在钻井液具有一定上返速度时被携带至地面，以保持井眼清洁，使起下钻畅通无阻；在接单根、起下钻或因故停止循环时，钻井液又将井内的钻屑悬浮在钻井液中，使钻屑不会很快下沉，防止沉砂卡钻等情况的发生。

②冷却和润滑钻头及钻具。在钻进中，钻头一直在高温下旋转并破碎岩层，钻井液的循环作用可以将这些热量及时吸收，然后带到大气中，起到了冷却钻头、钻具的作用。钻头、钻具在液体内旋转，降低了摩擦阻力，起到了很好的润滑作用，延长钻具的使用寿命。

③平衡井壁岩石侧压力，稳定井壁。依靠钻井液柱压力平衡地层岩石侧压力，同时在井壁形成薄而韧的滤饼减少滤失量，防止井壁坍塌。

④平衡（控制）地层压力。通过调节钻井液密度，使液柱压力能够平衡地层压力，防止井喷、井漏。

⑤有效传递水力功率，水力破碎岩石。传递井下动力钻具所需动力和钻头水力功率。钻井液通过喷嘴所形成的高速射流能够直接破碎或辅助破碎岩石。

⑥钻井液录井。利用钻井液可进行电法测井、岩屑录井，录取所钻地层资料。

⑦形成浮力减轻钻机载荷。钻井液对钻具和套管的浮力，可减小钻井施工时提升系统的载荷。

⑧随钻测量与测井。钻井施工中，使用无线随钻测控仪器，由钻井液作为传导介质传递指令信号，随钻测量井眼轨迹与地质信息。

⑨减少地层损害。自然油层的多孔性和渗透性的损害和减少都可称为油层损害，特别设计的钻井液，可以有效地减少油层损害。

（二）钻井液的常规性能

钻井液的常规性能主要包括钻井液的密度、黏度、切力、滤失量、固相含量、pH 值、含砂量等。

1. 密度

钻井液的密度是指单位体积钻井液的质量。单位是 g/cm^3，常用符号 ρ 表示。

2. 黏度

钻井液黏度是指钻井液的黏滞性。它是钻井液内在的、阻碍其相对流动的一种特性。其包括漏斗黏度、表观黏度（视黏度）、塑性黏度。通常用漏斗（马氏漏斗）黏度计或六速旋转黏度计测量。

3. 切力

钻井液的切力是指静切应力。反映钻井液流体在静止状态时内部凝胶网状结构的强度。按 API 标准规定是测量静止 10s 和 10min 的静切力，分别称为初切力和终切力。

4. 滤失量

钻井液的滤失是指钻井液在压力差作用下，钻井液中的液体（水基钻井液是水分）从井壁的孔隙、裂缝渗透到地层的现象。钻井液滤液进入地层的多少称为钻井液的滤失量（由于过去所使用的钻井液都是水基钻井液，滤液主要是水溶液，故曾叫失水量）。

5. 固相含量

固相含量一般是指钻井液中全部固相的体积占钻井液总体积的百分数。其中包括加重材料、黏土及钻屑。前两者属于有用固相，后者为无用固相。

6. pH 值

钻井液的 pH 值表示钻井液的酸碱度（酸碱性的强弱）。pH 值等于钻井液中氢离子浓度的负对数值。一般钻井液的 pH 值控制为 8~11。

pH 值小于 7，钻井液呈酸性；pH 值等于 7，钻井液呈中性；pH 值大于 7，钻井液呈碱性。现场常用比色法测定钻井液的 pH 值。

7. 含砂量

钻井液含砂量是指钻井液中不能通过 200 目筛孔（直径大于 0.074mm）的砂子体积占钻井液体积的百分数（%）。通常用符号 N 表示。现场测定含砂量常用筛析法含砂仪来测定。一般要求含砂量控制在 0.5% 以下。

（三）常用的几种钻井液体系

1. 不分散聚合物钻井液体系

不分散聚合物钻井液体系指的是经过具有絮凝及包被作用的合成聚合物处理的水基钻井液。常用的合成聚合物钻井液类型大体有三种，即阴离子型聚合物体系、两性离子型聚合物体系、阳离子型聚合物体系。不分散聚合物钻井液体系对地层具有较强的抑制性；黏土微粒含量较低，可减轻对油气层的损害；较强的悬砂、携砂功能；通过使用磺化沥青、超细碳酸钙等降低泥饼渗透率，能够获得良好的泥饼质量；低密度、低固相有利于实现近平衡压力钻井。

2. 聚合物磺化钻井液体系

聚合物磺化钻井液体系是在聚合物钻井液的基础上加入磺化酚醛树脂、磺化褐煤、磺化沥青等处理剂而形成的钻井液。

具有良好的高温稳定性，抗温可高达180℃以上，适用于深井段、超深井段钻井；具有一定防塌能力；在使用磺化沥青及超细碳酸钙改造后，具有良好的保护储层功能；可容纳较多的固相，适合配制高密度的钻井液；护壁能力强，可形成较致密的高质量泥饼。但因含有大量的分散剂，对机械钻速有一定的影响。

3. 聚合物氯化钾钻井液体系

该体系是在聚合物钻井液基础上加入5%~7%（m/V）的氯化钾配制而成的钻井液。它主要是用来对付含有水敏性黏土矿物的易坍塌地层，对水敏性泥岩、页岩具有较好的防塌效果；抑制泥页岩造浆能力比较强；对储层中的黏土矿物具有稳定作用。

4. 盐水钻井液体系

（1）欠饱和、海水、复合盐钻井液

欠饱和、海水、复合盐钻井液体系是指用氯化钠、氯化钾、海水或咸水配制而成的含盐钻井液。具有抑制能力强，造浆速度慢，可保持较低固相的特点；抗盐、钙、镁离子的能力强，但腐蚀性较大；滤液性质接近地层水，对油气层有一定的保护作用；海水钻井液可就地取材，降低钻井成本；复合盐钻井液体系中加有氯化钾，可有效提供 K^+，对泥页岩有较好的防塌作用。可用于海洋钻井、近海或缺乏淡水地区的钻井、易塌的泥页岩地层钻井、石膏层钻井。

（2）饱和盐水钻井液

饱和盐水钻井液体系是指采用 NaCl 配制达到饱和，即常温下（加上 NaCl）浓度为 31.5×10^5 mg/L 左右的钻井液。可用饱和盐水配制，也可先配制好钻井液，再加盐达到饱和。与欠饱和钻井液相比，具有较好的抗无机盐污染的能力并可抑制岩盐溶解，避免造成"大肚子"井眼。主要用于厚岩盐层和复杂盐膏层钻井。

5. 油基钻井液体系

油基钻井液体系是以油或油包水乳液为连续相，并添加适量的乳化剂、润湿剂、亲油胶体等组成，其用途很多，可增加润滑度、增加页岩抑制力等，主要优点是可用于水化性能极强和水化性能差但容易破碎、垮塌的页岩中钻进，使用时需要考虑成本、环境影响等，同时该体系钻井液的荧光与油层的荧光会混淆，会造成岩屑、岩心、井壁岩心的污染。

6. 合成基钻井液体系

合成基钻井液体系是用合成或改性非水溶性的有机物作为基液调配的钻井液，合成基钻井液具有普通油基钻井液的优点，主要用于替代油基钻井液，被应用到深井、超深井、大位移水平井和其他各种复杂井，由于它的安全、环保和有利于保护油气层的特性，更适合于非常规油气藏，尤其是页岩油气的钻井施工，同时也适合在深海钻井推广应用。

7.气体型钻井液体系

这类体系包括4种基本类型：

①干气体。以一定速率将空气、已开采天然气或人工制备的氮气、二氧化碳注入井眼内，并根据有效清除岩屑所需环空流速来确定注入速率的大小。

②雾化钻井流体。就是向空气流中注入发泡剂及防腐剂，与少量水混合，具有一定的携水能力，能防止因地层出水而产生钻头泥包、泥饼环、卡钻等复杂事故，解决了纯气体钻井遇水即转的难题。

③泡沫钻井流体。由气体、液体、发泡剂和稳定剂组成，形成具有高输送能力的泡沫。

④充气钻井流体。用注入空气或氮气的钻井液来清除井眼内钻屑。

气体型钻井液适用于低压易漏地层钻进，能防止井漏，提高机械钻速并减轻对油气层的损害，较好地保护产层，但不能用于高压层及水层。

第三节 主要设备与工具

一 钻机

钻机是石油钻井地面配套设备的总称，是多台设备组成的一套联合工作机组，如图3-3-1所示。常用的石油钻机一般包括：提升系统、旋转系统、循环系统、动力系统、传动系统、底座及支撑装置、控制系统、辅助设备、钻井自动化设备等。根据钻井工艺的要求，要具备起下钻具、旋转钻进及循环洗井等功能。

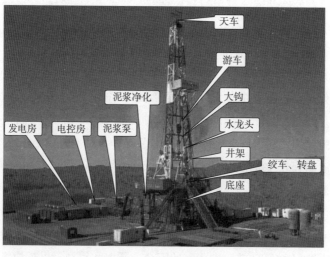

图 3-3-1 石油钻机的组成

石油工程基础

（一）分类

根据适用地区可分为陆地钻机和海洋钻机；根据驱动形式可分为机械驱动、电驱动、液压驱动和复合驱动；根据移运形式可分为橇装式、自走式和拖挂式。

我国钻机标准规定，名义钻井深度为主参数，它影响和决定其他参数的大小，符合我国以钻机钻井深度定型名和井队编号的习惯用法。我国钻机分为11级，名义钻井深度按114mm钻杆柱（30kg/m）确定。钻机型号级别最大钩载两项参数见表3-3-1。钻机每个级别代号用双参数表示，如10/600，前者乘以100为钻机名义钻深范围上限数值，后者是以kN为单位计的最大钩载数值。

表 3-3-1　钻机部分基本参数

钻机级别	最大钩载	名义钻深范围 /m	
		114 mm 钻杆	127 mm 钻杆
ZJ10/600	600	500~1000	500~800
ZJ15/900	900	800~1500	700~1400
ZJ20/1350	350	1200~2000	1100~1800
ZJ30/1800	800	1600~3000	1500~2500
ZJ40/2250	2250	2500~4000	2000~3200
ZJ50/3150	3150	3500~5000	2800~4500
ZJ70/4500	4500	4500~7000	4000~6000
ZJ80/5850ᵇ	5850	5000~8000	4500~7000
ZJ90/6750	6750	6000~9000	5000~8000
ZJ120/9000	9000	7500~12000	7000~10000
ZJ150/11250	11250	10000~15000	8500~12500

（二）钻机的组成

1. 提升系统

提升系统由绞车、井架、天车、游动滑车、大钩及钢丝绳等组成。其中天车、游动滑车、钢丝绳组成的系统称为游动系统。提升系统的主要作用是起下钻具、控制钻压、下套管以及处理井下复杂情况和辅助起升重物。

（1）绞车

绞车是钻机的三大工作机之一，如图 3-3-2 所示，是一种集电、气、液控制于一体的机械传动设备。其功用是起下钻具和下套管；控制钻压；上卸钻具螺纹；起吊重物和进行其他辅助工作。

绞车是钻机的核心部件，其工作性能的好坏直接影响钻机的钻井质量、钻井效率和成本。按动力机驱动形式，可分为机械驱动绞车、电驱动绞车、液压驱动绞车。

图 3-3-2　绞车

（2）天车

天车是钻机提升系统的主要设备之一，其主要功用是与游动滑车及钢丝绳组成游动系统，如图 3-3-3 所示。

（3）游车

游车是钻机游动系统的主要设备之一，如图 3-3-4 所示。其主要功用是与天车及钢丝绳组成游动系统。

（4）大钩

大钩如图 3-3-5 所示。其主要功用是悬挂水龙头和钻具；悬挂吊环、吊卡等辅助工具，可起下钻具和下套管；起吊重物，安装设备或起放井架等。

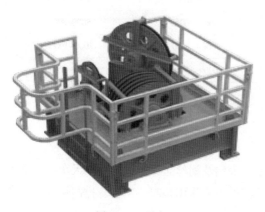

图 3-3-3　天车　　　　　　　　　　图 3-3-4　游车　　　　图 3-3-5　大钩

（5）井架

井架是一种具有一定高度和空间的金属支撑结构，用于石油作业的井架种类繁多，按其主要结构形式可分为塔型井架、A 型井架、K 型井架（前开口）、桅型井架等基本类型，如图 3-3-6 所示。井架必须具有足够的承载能力、足够的强度和刚度、整体稳定性。

（a）塔型井架

（b）A型井架

（c）K型井架

（d）桅型井架

图 3-3-6　井架

2. 旋转系统

旋转系统是由转盘、水龙头、顶部驱动钻井装置等组成。其主要作用是带动井内钻具、钻头等旋转，连接提升系统和循环系统。

（1）转盘

转盘是一台把动力机传来的水平旋转运动转化为垂直旋转运动的减速增扭装置，如图 3-3-7 所示。

不同型号的转盘结构组成差别较大。其功用是在转盘钻井中，传递扭矩、带动钻具旋转；在井下动力钻井中，承受反扭矩；在起下钻过程中，悬持钻具及辅助上卸钻具螺纹；在固井中协助下套管，承受套管串的重力；协助处理井下故障，如倒螺纹、套铣、造螺纹等。

图 3-3-7　转盘

（2）水龙头

水龙头是钻机旋转系统的主要设备，是旋转系统与循环系统连接的纽带。水龙头类型不同，结构不同，但都由固定部分、旋转部分、密封部分组成，如图 3-3-8 所示。其主要

73

功用是悬挂钻具，承受井内钻具的大部分重力；改变运动形式；循环钻井液。

（3）顶部驱动钻井装置

顶部驱动钻井装置（以下简称顶驱）是通过电动机从钻杆顶部驱动钻具，取代了柴油机带动钻机转盘旋转驱动钻具的一种新装置。它具有上下启动灵活、操作安全方便、生产效率高、便于处理突发事件等优点。

顶驱结构如图 3-3-9 所示。

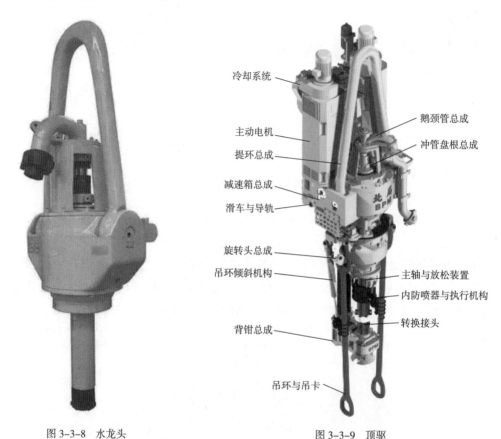

图 3-3-8　水龙头　　　　　　　　　　　图 3-3-9　顶驱

3. 循环系统

循环系统是由钻井泵、地面管汇、立管、水龙带、钻井液固相控制设备、井下钻具及钻头喷嘴等组成。其主要作用是冲洗净化井底、携带岩屑、传递动力。

（1）钻井泵

钻井泵是循环系统的心脏，是钻井施工中的关键设备，一般用以向井底输送钻井液，以便冷却钻头和携带出岩屑，同时也是井底动力钻具的动力源。现场使用的钻井泵主要是三缸泵，五缸泵一般在深井、超深井、高压喷射钻井、大位移水平井、丛式井、海洋平台钻井中应用较多。

钻井泵主要由液力端和动力端两大部分组成，其结构如图 3-3-10 所示。

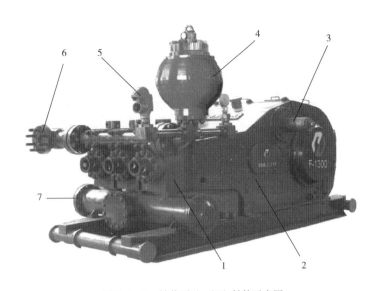

图 3-3-10 钻井泵(三缸)结构示意图

1—液力端;2—动力端;3—主动轴;4—排出空气包;5—安全阀;6—排出口;7—吸入口

（2）钻井液净化设备

随着石油勘探开发工作的发展，钻井深度不断增加，钻遇地层日益复杂，特别是国内外新型钻井技术的发展（如深井、超深井、水平井、控压钻井等），对钻井液净化与固相控制提出了更严格的要求。

目前，国内外钻井队普遍配备振动筛、除砂器、除泥器、离心机等组成的三级或四级钻井液固相控制设备，如图 3-3-11 所示。

图 3-3-11 振动筛、除砂器、除泥器

4. 动力系统

动力系统主要有柴油机［图 3-3-12（a）］、柴油机发电机组［图 3-3-12（b）］、燃气机及燃气发电机组、工业电网接入设备或储能装置。动力系统主要是为工作机组及其他辅助机组提供动力。

5. 传动系统

传动系统将动力设备提供的动力传递和分配给各工作机组，以满足各工作机组对动力的不同需求。为解决发动机和工作机组二者之间在运动特性上的矛盾，要求传动系统应具

（a）柴油机   （b）发电机组

图 3-3-12　柴油机与发电机组

有并车、分动等功能。传动形式可分为链条传动、皮带传动、齿轮传动和液力传动等。

6.控制系统

钻机控制系统主要包括司钻操作控制台/房、监视系统、通信系统、油、气、水、电、液压等各种控制装置以及钻井仪器、仪表测量显示设备和各种记录仪器等。其主要作用是通过控制元件从而控制相对应的设备的动作。

7.底座及支撑装置

底座及支撑装置主要包括钻机底座、钻杆盒、猫道、排管架、电缆槽等，以及自行或拖挂钻机（修井机）中的主载车或拖挂车底盘及支撑腿等。

8.钻机辅助设备系统

辅助设备主要包括供气、供水、供电、供油设备，钻鼠洞设备，吊装运输设备，井场活动用房（材料房、录井房、维修房、值班房等），安全设备（如井控设备等），钻机平移系统及适应不同地域和环境的设备、设施等。其作用是协助主系统工作，保证钻井安全和钻井施工的正常进行。

9.钻井自动化设备

钻井自动化设备主要包括二层台机械化排管装置、铁钻工、动力猫道、管柱输送机械手、动力吊卡、动力卡瓦和控制系统等，如图 3-3-13 所示。

（三）井口工具

钻井工作的正常进行离不开井口工具，正确地使用、维护和保养井口工具，将有利于安全、优质、快速地完成钻井任务。

1.吊卡

吊卡是用以悬挂、提升和下放钻杆、套管或油管的工具，如图 3-3-14 所示。

2.卡瓦

卡瓦（图 3-3-15）是在钻井过程中用来卡住并悬持井中钻柱的工具，根据用途可分为钻铤卡瓦、钻杆卡瓦、安全卡瓦，按操作方式可分为手动卡瓦和动力卡瓦。安全卡瓦是防

（a）钻台机械手　　　　　　　　　　（b）二层台机械化排管装置

（c）铁钻工　　　　　　　　　　　（d）控制系统

图 3-3-13　钻井自动化设备

（a）牛头吊卡　　　　　　　　　　（b）液压吊卡

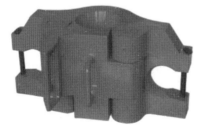

（c）对开式吊卡　　　　　　　　　　（d）套管吊卡

图 3-3-14　吊卡

止无台肩或无接头的钻柱或工具发生滑位的保险卡紧工具，是用于防止钻铤从钻铤卡瓦中滑脱的重要辅助工具。

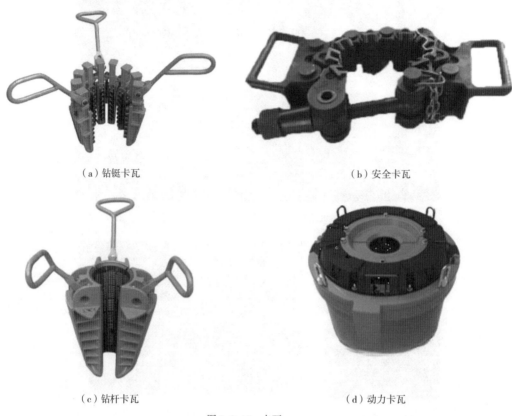

（a）钻铤卡瓦   （b）安全卡瓦

（c）钻杆卡瓦   （d）动力卡瓦

图 3-3-15 卡瓦

3. 吊环

吊环是钻井作业时起下管柱悬挂吊卡的专用井口工具，如图 3-3-16 所示，要求承载能力强，耐冲击，重量轻，安全可靠。

（a）单臂吊环   （b）双臂吊环

图 3-3-16 吊环

4. 液压动力钳

液压动力钳是利用液压动力驱动机械进行上卸螺纹的工具，如图 3-3-17 所示。钻井现场使用最多的是钻杆动力钳、套管动力钳以及铁钻工。

5. B 型吊钳

B 型吊钳是石油钻井作业中上卸钻具、套管接头、接箍螺纹的工具，如图 3-3-18 所示。随着液气大钳的普及使用，现阶段钻井现场的 B 型吊钳多用于大尺寸钻具的上卸扣以及需要大扭矩松扣的作业。

（a）钻杆动力钳

（b）套管动力钳

（c）铁钻工

图 3-3-17　液压动力钳

6. 滚子方补心

滚子方补心是转盘旋转钻井中传递转盘功率、驱动方钻杆旋转的工具，如图 3-3-19 所示。

图 3-3-18　B 型吊钳

图 3-3-19　两种不同结构的滚子方补心

7. 液压猫头

液压猫头是与吊钳配套使用，用于配合对钻具、套管等进行上卸扣作业，如图 3-3-20 所示。

（a）旋转式液压猫头

（b）伸缩式液压猫头

图 3-3-20　液压猫头

（一）钻头

钻头是石油钻井中用来破碎岩石以形成井眼的工具。钻头工作性能的好坏直接影响钻井速度、钻井质量和钻井成本。

我国常用钻头按钻头结构和工作原理的不同分为刮刀钻头、牙轮钻头、金刚石钻头等；按钻井目的不同分为全面钻进钻头、取心钻头和特殊工艺用钻头（如扩眼钻头、定向造斜钻头等）。钻井中根据所钻地层岩性和钻井工艺要求合理选择和使用钻头，对提高钻井时效具有重要的实际意义。

1. 刮刀钻头

刮刀钻头是旋转钻井中使用最早的一种钻头，如图3-3-21所示，从19世纪开始采用旋转钻井方法的时候就开始使用这种钻头，现在已经退出历史舞台。

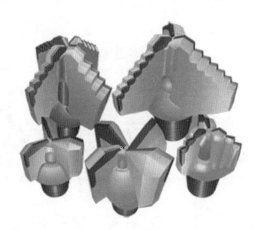

图3-3-21 刮刀钻头

2. 牙轮钻头

从1909年第一支牙轮钻头问世后，牙轮钻头便在全世界范围内得到了广泛应用，目前牙轮钻头仍是旋转钻井作业中最普遍使用的钻头。

牙轮钻头旋转时可以冲击、压碎和剪切破碎岩石，具有切削齿与井底接触面积小，比压高，工作时切削齿交替接触井底，破岩扭矩小，易于吃入地层，工作刃总长度大，相对减少磨损等特点，因此牙轮钻头能适用于多种性质的岩石。

牙轮钻头按牙齿的固定方式分为镶齿和铣齿钻头，按轴承类型分为滚动轴承钻头和滑动轴承钻头，按密封类型分为橡胶密封钻头和金属密封钻头，按牙轮数量分为单牙轮钻头、双牙轮钻头和三牙轮钻头（图3-3-22）。不同类型的钻头具有不同的牙齿设计和轴承结构以及牙轮钻头类型，因此能够满足各种钻井技术要求和适应从软到硬的各种地层。在钻井作业中，根据所钻地层性质正确选用合适结构的牙轮钻头，可有效提高钻进速度和钻头进尺。

（a）钢齿三牙轮钻头　　　　（b）镶齿三牙轮钻头

图 3-3-22　三牙轮钻头

三牙轮钻头结构如图 3-3-23 所示，可分为以下主要部分：

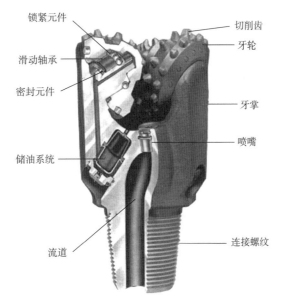

图 3-3-23　三牙轮钻头结构

①连接螺纹：钻头上部车有螺纹，供与钻柱连接用。

②牙掌（也称牙爪、巴掌）：上接壳体，下带牙轮轴（轴颈）。

③牙轮与切削齿（牙齿）。

④轴承系统（滑动轴承、密封元件、锁紧元件）。

⑤储油密封补偿系统。

⑥水力结构：喷嘴数量、尺寸形状、空间结构参数。

3. 金刚石钻头

金刚石钻头是以金刚石作为工作刃的固定齿钻头。早期金刚石钻头价格昂贵，随着以碳化钨作为钻头体的胎体式金刚石钻头的出现以及人造聚晶金刚石的研制成功，使金刚石钻头的使用效果大大提升，对石油钻井业的发展产生了巨大的影响。与牙轮钻头相比，金刚石钻头具有在井下工作时间长、钻头进尺多、起下钻次数少、井下安全性高等优点，因此金刚石钻头的应用越来越广泛。

金刚石钻头按切削齿材料分，可分为天然金刚石钻头（ND）、聚晶金刚石（PDC）钻头、热稳定聚晶金刚石钻头（TSP），如图 3-3-24 所示。

（a）ND 钻头　　　　　　　　（b）PDC 钻头　　　　　　　　（c）TSP 钻头

图 3-3-24　金刚石钻头

金刚石钻头主要由钻头上体和钻头体两部分组成，钻头体又分为：冠部、水力结构[包括水眼、水槽（亦称流道）、排屑槽]、保径、切削刃（齿）四部分。

（1）PDC 钻头

PDC 钻头采用聚晶金刚石复合片（PDC 片）作为切削刃，以钎焊方式将其固定到碳化钨胎体上的预留齿穴中。

PDC 钻头所采用的 PDC 切削齿具有高强度、高耐磨性和抗冲击能力，且切削刃口和刃面都具有良好的自锐性，在钻进过程中切削刃能始终保持锋利。在软到中等硬度地层中钻头以剪切方式破碎岩石，采用较小钻压即可获得较高的机械钻速，是一种高效钻井钻头。

现在钻井现场所使用的 PDC 钻头冠部多为刀翼式。所有的 PDC 切削齿都布置在刀翼上，如果刀翼数量较少，则排屑槽较大，钻头在钻进时就不容易发生泥包现象，但钻头的稳定性较差，容易导致钻头先期损坏；如果刀翼数量较多，则钻头的稳定性比较高，但排屑槽较小，岩屑的排出阻力较大，因此钻头在钻进时容易发生泥包现象。在上部地层多选用四刀翼钻头，如图 3-3-25 所示，该钻头能获得较高的机械转速，并能很好地避免泥包的发生，但定向钻进时，钻头稳定性较差。在下部地层、硬地层或对定向效果要求高的情况下，多选用五、六刀翼等以便提高钻头的稳定性和切削齿的使用寿命。

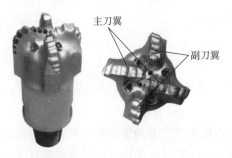

图 3-3-25　四刀翼 PDC 钻头

（2）取心钻头

取心钻头的功用是环状破碎井底岩石，形成岩心柱。取心钻头如图 3-3-26 所示。

图 3-3-26　取心钻头

根据破岩方式，取心钻头可分为切削型、微切削型和研磨型三类取心钻头。

切削型取心钻头以切削方式破碎地层，适用于软至中硬地层取心，钻进速度快。目前主要包括刮刀和 PDC 钻头。

微切削型取心钻头以切削、研磨的方式破碎地层，适用于中硬、硬地层取心，多为各种聚晶金刚石烧结成胎体结构的金刚石钻头。

研磨型取心钻头主要以研磨方式破碎地层，有表镶或孕镶天然金刚石与聚晶金刚石两种，适用于各种高研磨性的硬地层取心。

4. 复合钻头

复合型钻头是一种把牙轮钻头和固定切削齿钻头特征相结合，能同时发挥两种不同类型钻头功效的新型钻头，如图 3-3-27 所示。对于有难度的大尺寸井眼定向钻井施工，具有与牙轮钻头类似的工具面控制能力及 PDC 钻头的高机械钻速特性，同时还可改善大尺寸井眼的振动情况，性能可靠稳定。

图 3-3-27　复合型钻头

（二）钻柱

钻柱是指钻头以上、水龙头以下部分，是各种钻具、接头、工具连接起来的入井管串，包括方钻杆、钻杆、加重钻杆、钻铤、转换接头、稳定器等井下工具。钻柱是钻井的重要工具，在转盘钻井时，靠它来传递破碎岩石所需的能量，给井底施加钻压，以及循环钻井液等；在井下动力钻井时，井下动力钻具要用钻柱送到井底并靠钻柱来承受反扭矩，同时钻头和动力钻具所需的液体能量也要通过钻柱输送到井底。

1. 钻铤

钻铤位于钻柱的最下部，是下部钻柱组合的重要组成部分。与钻杆相比，钻铤的主要特点是壁厚大（一般为 38~53mm，相当于钻杆壁厚的 4~6 倍），具有较大的重量和刚度，可承受较大的轴向压力而不发生弯曲。钻铤在钻井过程中的主要作用：给钻头施加钻压；保证压缩条件下的必要强度；减轻钻头的振动、摆动和跳动等，使钻头工作平稳；控制井身轨迹。

钻铤可分为普通圆钻铤、螺旋钻铤、方钻铤、无磁钻铤等。

2. 加重钻杆

加重钻杆是一种与钻杆类似的中等重量钻具，其管壁比钻杆厚，比钻铤薄。管体两端和中部有超长的外加厚接头或外加厚段，兼有钻铤和钻杆的功能。加重钻杆结构如图 3-3-28 所示。

图 3-3-28　加重钻杆

3. 钻杆

钻杆为两端带接头的无缝钢管，长度一般为 9.45m 左右，壁厚一般在 10mm 左右，如图 3-3-29 所示。钻杆是组成钻柱的基本部件，其主要作用是承受拉伸载荷、传递扭矩和输送钻井液，并靠增加钻杆数量使井眼不断加深。

（a）18° 锥形台肩式

（b）直角台肩式

图 3-3-29　钻杆示意图

4. 方钻杆

在转盘钻井中，方钻杆位于钻柱的最上端，常见的有六方形和四方形两种，如图 3-3-30 所示。

主要作用是传递扭矩并承受钻柱悬重；在动力钻井中，方钻杆承受钻柱悬重和反扭矩。标准方钻杆全长 12m 左右。为了适应钻柱配合的需要，方钻杆也有多种尺寸和接头类型。方钻杆的壁厚一般比钻杆大 3 倍左右，并用高强度合金钢制造，故具有较大的抗拉屈服强度及抗扭屈服强度。方钻杆上接头为左旋螺纹（反扣），以防止方钻杆转动时卸扣。方钻杆下接头为右旋螺纹（正扣）。

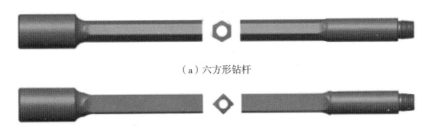

（a）六方形钻杆

（b）四方形钻杆

图 3-3-30　方钻杆

（三）井下工具

1.动力钻具

（1）螺杆钻具

螺杆钻具是一种以钻井液为动力，把液体压力能转为机械能的容积式井下动力钻具，如图 3-3-31 所示。螺杆钻具可以分为常规直螺杆钻具和导向螺杆钻具两大类。直螺杆钻具主要用于直井钻井提速，导向螺杆钻具主要用于定向井、水平井的造斜、稳斜或复合钻提速等，目前为了解决滑动定向时出现的托压问题还研制出了具有振荡功能的高扭矩振荡螺杆钻具。

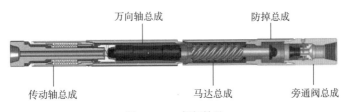

图 3-3-31　螺杆钻具

马达转子的螺旋线有单头和多头之分（定子的螺旋线头数比转子螺旋线多 1），转子的头数越少，转速越高，扭矩越小；头数越多，转速越低，扭矩越大。通常所说螺杆钻具的头数，是指转子的螺旋线头数。常用螺杆钻具截面轮廓如图 3-3-32 所示。

1:2　　3:4　　5:6　　7:8　　9:10

图 3-3-32　常用螺杆钻具截面轮廓

（2）涡轮钻具（图 3-3-33）

涡轮钻具是一种通过使用特殊结构的水力涡轮将钻井液的动能转化成机械能的井下动力钻具，转子的旋转靠高速液流来驱动，与螺杆钻具相比，具有转速高、耐高温性能突出、对油基钻井液不敏感以及稳定性好等特点，这使其在超深井、地热开采等高温环境和坚硬难钻地层钻进中具有独特优势。

图 3-3-33　涡轮钻具结构示意图

1—钻头；2—扶正轴承；3—壳体；4—止推轴承；5—挠性轴；6—扶正器；7—涡轮主体；8—涡轮叶片；9—涡轮轴

2. 打捞工具

发生井下落物、钻具落井、卡钻等故障时，需要利用专用打捞工具进行处理。打捞工具的品种、规格较多，按井内落物类型分类，可分成管类打捞工具、杆类打捞工具、绳缆类打捞工具、测井仪器类打捞工具、小物件类打捞工具等五大类；若按工具结构特点分类，则可分为锥类、矛类、筒类、钩类、篮类、其他类等六大类。常用打捞工具主要包括公锥、母锥、卡瓦打捞筒、卡瓦打捞矛、磨鞋、震击器等，见图 3-3-34。

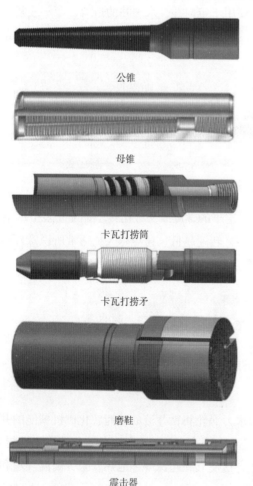

公锥

公锥是使用在管柱水眼部位造扣的方法进行打捞作业的一种常用工具；

母锥

母锥是使用在管柱顶部外径造扣的方法打捞落鱼的一种常用工具；

卡瓦打捞筒

卡瓦打捞筒是从外部抓捞光滑落鱼的一种常用工具，井内落鱼被卡时，可释放落鱼，提出工具；

卡瓦打捞矛

卡瓦打捞矛是从落鱼内孔抓捞落鱼的一种常用工具，井内落鱼被卡时，可释放落鱼，提出工具；

磨鞋

磨鞋用来磨铣井下落物。硬质合金或硬质合金柱堆焊（镶嵌）在磨鞋底部端面；

震击器

震击器是通过储存钻柱发生弹性伸长（或压缩）时的弹性能量，以瞬间释放的方式产生震击作用的工具，可用于处理卡钻事故。

图 3-3-34　几种常见打捞工具

3. 钻井辅助提速工具

（1）减震器

减振器是一种用以减轻井下钻具振动的工具。可大大降低钻具振动的幅度和冲击载荷，提高井下钻具（包括钻头）的工作寿命，减少钻具事故。

（2）扭冲工具

扭冲工具在钻井中能给钻头施加均匀稳定的高频周向冲击力，大幅度提高机械钻速、延长 PDC 钻头使用寿命，能够有效提高深部硬地层钻井速度。

（3）水力振荡器

水力振荡器是一种通过产生轴向振动减少钻具与井壁之间的摩擦并给钻头传递钻压的工具。普遍使用在定向滑动钻进中，可以有效缓解托压，实现降摩减阻，提高定向效率。

（4）水力加压器

水力加压器是一种能量转换装置，改变了常规钻井靠下部钻铤的重量施加钻压的方式，将钻铤或其他工具给予钻头的刚度加压变为液力柔性加压，克服了刚度加压的种种弊端，从而达到高速度、高质量、低成本钻井的目的。

三　海洋钻井设备

按作业区域分，石油钻机可以分为陆地钻机和海洋钻机两大类，携带海洋钻机的装备称为海洋钻井装备，包含钻采、动力、通信、导航等设备以及安全救生和人员生活设施，是海上油气勘探开发必要的设备。目前，世界各国在海上寻找石油、天然气的活动正在向深水、超深水发展。

（一）海洋钻井平台

海洋钻井平台按运移性分为固定式钻井平台和移动式钻井平台；按钻井方式可分为浮动式钻井平台（半潜式钻井平台、浮式钻井船、张力腿式平台）和稳定式钻井平台（固定式钻井平台、自升式钻井平台、坐底式钻井平台）。

1. 导管架平台

导管架平台（图 3-3-35）又称桩式平台，是由打入海底的桩柱来支承整个平台，能经受风、浪、流等外力作用，可分为群桩式、桩基式（导管架式）和腿柱式。导管架平台主要由导管架、桩、导管架帽和甲板四部分组成，具有适应性强、安全可靠、结构简单、造价低的优点。

2. 自升式平台

自升式钻井平台是一种可沿桩腿升降的移动式平台，如图 3-3-36 所示。平台就位时，先将桩腿放下并插入海底，然后将工作平台沿桩腿升起到一定高度即可进行钻井作业。钻完井后，工作平台降至海面，提起桩腿即可进行搬迁。自升式钻井平台对水深适应性强、稳定性好，但是工作水深受桩腿的限制，不适合于深水，在拖航时易受风暴袭击而受到破坏。

图 3-3-35　导管架平台　　　　　　　　　　图 3-3-36　自升式钻井平台

3. 半潜式平台

半潜式钻井平台又称立柱稳定式平台，如图 3-3-37 所示，是浮动式海洋平台的一种常见类型。半潜式平台由平台主体、立柱、下体或浮箱组成，当工作水深较浅时，半潜式平台的沉垫（浮箱）直接坐于海底，将它用作坐底式钻井平台；当工作水深较深时，平台漂浮于海水中，相当于钻井浮船。

半潜式平台具有极强的抗风浪能力、优良的运动性能、巨大的甲板面积和装载容量、高效的作业效率，易于改造并具备钻井、修井、生产等多种工作功能，具有无须海上安装、全球全天候的工作能力和自存能力等优点，目前是应用最多的浮式钻井装备。

图 3-3-37　半潜式钻井平台

（二）其他设备

1. 钻井隔水管

隔水管（图 3-3-38）是连接海底防喷器组和浮动式海上钻探装置的钢管，主要是用来隔绝海水，支撑各种控制管线，导入钻具和套管，以及构成钻井液循环的通道。

石油工程基础

图 3-3-38 隔水管

2. 水下防喷装置

在海上使用钻井浮船和半潜式钻井平台钻进时，因钻井浮船和平台是在漂浮状态下工作的，钻井井口和海底井口之间会发生相对运动，必须装有可伸缩和弯曲的特殊部件，但这些部件因不能承受井喷关井或反循环作业时的高压，因此要将钻井防喷器安装在可伸缩和弯曲的部件之下，即要装在几十米至几百米深的海底，我们称为水下防喷装置（图 3-3-39）。

3. 海底井口基盘

海底井口基盘（图 3-3-40）是安放在海床上、有两个以上的井口槽、具有导向功能且在其上能安装海底井口系统和防喷系统或海底生产系统的钢质框架结构物。海底井口基盘用于钻井作业井口定位、钻具导向及夹持稳定、井口监视，并可根据需要搭载静力触探、取心、测井等其他附属仪器装置。

图 3-3-39 水下防喷装置

图 3-3-40 海底井口基盘

4. 升沉补偿装置

升沉补偿装置（图3-3-41）是对浮动式钻井平台和钻柱系统在海浪等自然载荷作用下做升沉运动时进行适当补偿的关键设备，在深海石油钻井开发过程中，该装置能在浮动式平台遇到大风等恶劣环境影响时，有效减小上下振荡运动对钻井作业带来的一系列影响，保证井底钻压的稳定和钻井系统整体工作过程的高效进行。该装置能够保持井底钻压稳定，减少大钩动载荷，防止井下器具的位置变动，防止钻具和设备发生疲劳破坏。

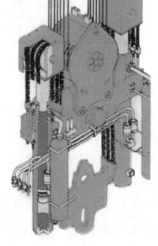

（a）天车升沉补偿装置　　　　　　　（b）游车升沉补偿装置

图3-3-41　升沉补偿装置

四　自动化钻机

随着网络、计算机、自动控制、钻探等技术的不断发展，钻井自动化技术得到了越来越多的应用。自动化钻机的出现加快了钻井速度，缩短了钻井周期，在保证安全的同时减轻了工人的劳动强度。

（一）双井架自动钻机

挪威WEST公司研制的双井架自动钻机（CMR）（图3-3-42）具有2套起升系统配合连续循环系统，打破了传统理念，能够完成常规钻杆的连续、快速起下钻、独立建立根作业以及常规套管的连续、快速下套管作业，并实现连续循环和连续钻进。开创了连续钻井和连续循环的可能性，自动化技术与CMR技术结合后将节省30%~40%的钻井周期。

（二）高效自动化钻机

荷兰豪氏威马（Huisman）公司先后研制了LOC400和HM150两种高效自动化钻机，如图3-3-43所示。其中LOC400钻机具有结构紧凑、体积小和搬迁速度快等显著优点，整

石油工程基础

图 3-3-42　双井架自动钻机（CMR）

套钻机全部采用模块化设计，可拆分成 19 个可用标准 ISO 集装箱装运的模块，整套钻机运输单元少，运输快捷方便；HM150 钻机属于一款移动性很强的拖车式钻机，可在不同地点及多口井场之间实现快速移动，整套钻机配备有区域管理系统和安全联锁装置，可将反弹撞击的风险降至最低。

（a）LOC400 自动化钻机　　　　　　　（b）HM150 自动化钻机

图 3-3-43　Huisman 公司的自动化钻机

（三）AHEAD375 自动化钻机

意大利 Drillmec 公司研制的 AHEAD375 自动化钻机（图 3-3-44），整套钻机采用液压控制驱动，钻机设计配套有独立建立根系统，可实现管柱全流程自动化操作，具有管柱运送平稳，各操作设备动作衔接准确、快捷等特点。

（四）FUTURE RIG 未来智能型钻机

美国斯伦贝谢公司近年来最新研制了一款名为 FUTURE RIG 的未来智能型石油钻机，如图 3-3-45 所示。该钻机功率设计为 1103kN，钻井深度为 5000m，其操控系统设置有两个前后错位排放、高低位分别布局的主、辅司钻操作台，钻机二层台配备有多部机械手，司钻系统内置各种传感器超过 1000 个，主要对钻机安全状态、设备健康状态、设备运行状态和作业流程等进行全方位监测，并研制出了"Drill Plan"平台，以实现整套钻机的虚拟数字化控制，设计理念超前。

图 3-3-44　AHEAD375 自动化钻机　　　　图 3-3-45　FUTURE RIG（未来智能型钻机）

（五）宝石机械自动化钻机

宝鸡石油机械有限公司（以下简称宝石机械）率先完成了第一代 ZJ50DB、ZJ70DB、ZJ80DB 和 ZJ90DB 系列自动化钻机的研制，钻机配备有自动化的动力猫道、钻台机械手、铁钻工及电动二层台机械手等各种自动化设备，基本替代了繁重的人力作业，实现了二层台高位无人值守，减人增效，确保了现场操作的安全性。

（1）超长单根自动化钻机

宝石机械 ZJ30DB 交流变频超长单根自动化钻机，如图 3-3-46（a）所示。该钻机设计钻深能力 3000m，无二层台装置，无立根排放系统，超长钻杆的输送通过旋转机械臂从低位直接抓举输送至钻台面，交给顶驱后由铁钻工来完成上卸扣作业。

（2）ZJ70DB 自动化钻机

ZJ70DB 自动化钻机［图 3-3-46（b）］配套管柱自动化处理系统，实现了钻机管柱（钻杆、钻铤、套管等）从地面到钻台面再到二层台之间的输送、接立根、建立根和钻井过程中管柱的提升、下放等全过程自动化作业，具有远程监测与故障诊断、钻机智能送钻功能的智能化控制系统，彻底改变了传统石油钻机依靠人力和经验识别为主的操作和故障诊断模式。

（a）超长单根自动化钻机　　　　　　　（b）ZJ70DB 自动化钻机

图 3-3-46　宝石机械自动化钻机

第四节　固井工艺与装备

在一口井的钻井过程中，由于各种原因，当钻头钻到某一深度时，需要从井内起出钻头，向井内下入称为套管的中空钢质管柱，然后向井眼和套管之间的环形空间内注入水泥浆（干水泥与水及外加剂的混合物，有时也常将水泥浆简称为水泥），并让其凝固，之后再换用直径小一点的钻头继续钻进。一口井视其所钻穿的地层的复杂程度，要经历一次到几次这样的过程，才能钻达目的油气层。

向井内下入套管，并向井眼和套管之间的环形空间注入水泥的施工作业称为固井。固井工程的内容包括下套管和注水泥两大部分。下套管就是将单根套管及固井所需附件逐一连接下入井内的作业。注水泥就是将水泥浆通过套管柱注入井眼与套管柱之间的环形空间中的过程。固井工程的主要目的是封隔地层、加固井眼、建立密封性良好的井内流动通道，以保证继续安全钻进，保证后期作业（试油、增产措施作业等）和生产的正常进行。

一　固井工艺技术简介

（一）井身结构

井身结构（图 3-4-1）是指套管层次和每层套管的下入深度、水泥浆的返高及套管和井眼尺寸的配合。井身结构不但关系到钻井工程的整体效益，还直接影响油井的质量和寿命。各层套管的具体作用为：

①导管：在钻表层井眼时，将钻井液从地表引导到钻井装置平面。

②表层套管：用于封隔上部不稳定的松软地层和水层，安装井口装置，控制井喷和支撑技术套管与生产套管的重量。

③技术套管／尾管：用以分隔难以控制的复杂地层，保证钻井工作顺利。技术套管／尾管不是一定要下的，争取不下或少下技术套管／尾管。

④生产套管／尾管：用以把生产层和其他地层封隔开，把不同压力的油、气、水层封隔起来，在井内建立一条油、气通路。保证长期生产，并能满足合理开采油、气和增产措施的要求。

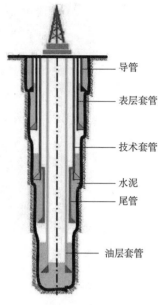

导管

表层套管

技术套管

水泥

尾管

油层套管

图 3-4-1　井身结构示意图

（二）固井方法及工艺流程

1. 内插法固井

内插法固井一般用于大直径套管固井，将带有插头的钻杆插入套管串底部的插座式浮箍，与环空建立循环，通过钻杆向套管外环空注水泥的一种固井工艺。

此工艺能够减少水泥浆在套管内与钻井液的掺混，缩短顶替钻井液的时间，减少因附加水泥量过大而造成的浪费和环境污染。

2. 单级固井

单级固井是全井下套管，水泥浆从井口套管内注入，从井底返至环空预定井段的一次性固井作业，可分为两种形式，一种为单级单塞，一种为单级双塞，单级双塞固井流程如图 3-4-2 所示。

3. 分级固井

分级固井工艺是指注水泥作业分两次或多次完成的一种特殊工艺，该工艺关键工具为分级注水泥器，简称分级箍。分级固井工艺适用于一次性注水泥量过大的井、封固段过长的井、地层破裂压力系数低的井、地层渗透漏失严重的井。

4. 尾管固井

尾管固井是指在已完成部分套管固井的井眼内，只对裸眼段下套管注水泥的工艺。套管顶点未延伸到井口的套管柱称尾管。尾管通常使用钻杆输送到预定位置，一般与上一级套管有一定的重叠段。根据尾管固定方式的不同主要可以分为：尾管坐于井底法、水泥环悬挂法、尾管悬挂器悬挂法。

5. 筛管顶部注水泥固井

筛管顶部固井工艺是在下入筛管的井内，只对筛管上部套管注水泥的固井工艺。筛管顶部注水泥的关键工具是分级注水泥器（分级箍）、管外封隔器、盲管（盲板）、免钻塞。

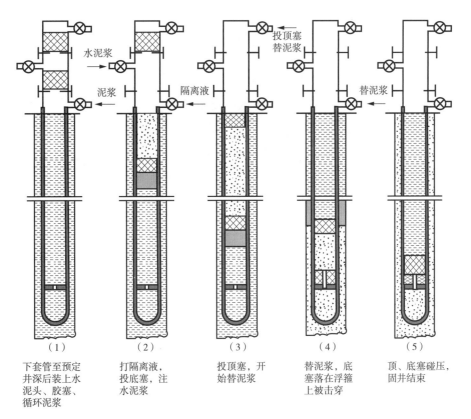

（1）	（2）	（3）	（4）	（5）
下套管至预定井深后装上水泥头、胶塞、循环泥浆	打隔离液，投底塞，注水泥浆	投顶塞，开始替泥浆	替泥浆，底塞落在浮箍上被击穿	顶、底塞碰压，固井结束

图 3-4-2　单级双塞固井流程示意图

二　固井设备

（一）注水泥设备

注水泥设备就是在固井施工中按照施工要求完成水泥浆配制和泵送的设备。可分为移动式（固井车如图 3-4-3 所示）和不可移动式（固井橇如图 3-4-4 所示）。不仅可以泵送水泥浆还可以完成顶替循环钻井液作业、顶压和试压作业、测试地层破裂压力作业等。

图 3-4-3　SGJ600-30 全自动固井车

图 3-4-4　SGJQ600-21 固井橇

（二）供灰设备

供灰设备主要包括下灰罐车（图 3-4-5）和下灰罐（图 3-4-6）。主要用于现场水泥储备和施工时为注水泥供应水泥。下灰罐车也可作为散装运灰车使用。

图 3-4-5　下灰罐车　　　　　　　　　　　　　　图 3-4-6　（立式）下灰罐

（三）供液设备

固井供水设备包括储水罐或储水池、离心泵、供液车（图 3-4-7）。在固井作业中持续不断地向固井车或固井橇提供均匀充足的固井用水或药品水。海上钻井平台依靠储水罐和离心泵为固井橇供水。

图 3-4-7　TAG5311TGY 固井供液车

（四）固井水泥干混设备

在石油固井作业中，为了满足井下不同情况对水泥浆性能的需要，需要在油井水泥里加多种不同的添加剂。混拌作业以压缩空气为动力，将油井水泥和添加剂按照比例输送至混合罐进行混合，完成一级混拌，然后再从混合罐输送至二级混拌罐进行二次混合，经过多次反复操作，使油井水泥和添加剂混合均匀。水泥混拌站见图3-4-8。

图 3-4-8　水泥混拌站

三　常用固井工具与附件

固井工具通常包括固井水泥头、循环头等，套管附件通常包括浮鞋、浮箍、扶正器等。固井管串结构如图3-4-9所示。

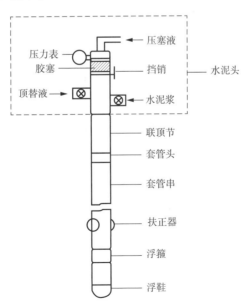

图 3-4-9　固井管串结构示意图

97

（一）固井工具

1. 固井水泥头

固井水泥头是注水泥施工过程的井口连接装置，如图 3-4-10 所示，用于连接套管（或钻杆）和注水泥管汇；固井水泥头还用来安装胶塞，通过胶塞释放挡销机构控制胶塞的释放，并根据胶塞释放指示销判断胶塞是否释放入井。

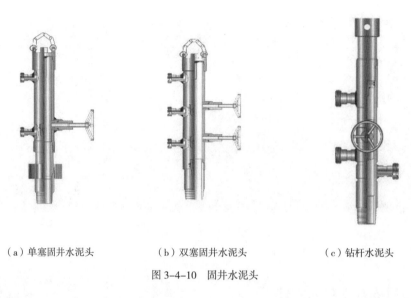

（a）单塞固井水泥头　　　（b）双塞固井水泥头　　　（c）钻杆水泥头

图 3-4-10　固井水泥头

2. 循环头

循环头是在下套管或尾管中途连接于下入套管或尾管柱上建立循环的井口工具，如图 3-4-11 所示，当套管下入过程中遇阻时，将循环头下端的套管扣或分体短节连接于套管顶部，循环头上端的接头连接于循环钻井液的管线上，建立循环。

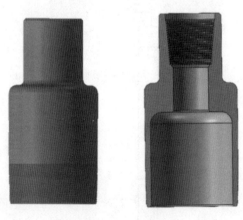

图 3-4-11　循环头

3. 内管注水泥插入头

内管注水泥插入头是主要用于钻井过程中大尺寸表层套管固井作业的工具。内管注水泥插入头主要由插入头、密封圈和钻杆连接扣等部分组成。当表层套管下到设计井深后，在钻柱底部连接内管注水泥插入头，下钻并插入与之配合的插入式浮箍或浮鞋的密封插座内，与环空建立循环，便可准备固井。

4. 分级箍

分级箍（图3-4-12）连接于套管串设计位置，是完成两级或多级注水泥作业的机械装置。它通过打开和关闭注水泥孔，来进行注水泥作业和候凝水泥浆。

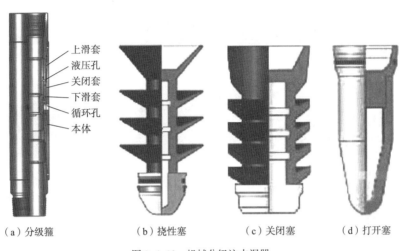

（a）分级箍　　　（b）挠性塞　　　（c）关闭塞　　　（d）打开塞

图3-4-12　机械分级注水泥器

5. 尾管悬挂器

尾管悬挂器简称悬挂器，是尾管固井专用工具，如图3-4-13所示。尾管悬挂器种类很多，按照坐挂形式分为：机械式、液压式、膨胀式。按功能分为：旋转悬挂器、带封隔器悬挂器、自丢手悬挂器、多功能悬挂器。按液压缸数分为：单缸式、双缸式。尾管固井可以节约钻井成本，满足特殊工艺需要。

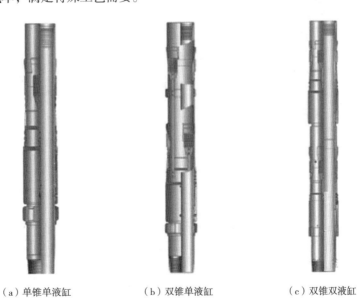

（a）单锥单液缸　　　（b）双锥单液缸　　　（c）双锥双液缸

图3-4-13　尾管悬挂器

6. 套管外封隔器

套管外封隔器是用来封隔套管外环空的工具，如图3-4-14所示。主要用于封隔器完井和套管固井中，实现封隔油气层和防止固井候凝期间的油、气、水上窜。目前使用的套管外封隔器有水力扩张式、压缩扩张式、遇油遇水膨胀式。

图3-4-14　套管外封隔器

（二）套管附件

1. 套管浮鞋

浮鞋是将引鞋、套管鞋和阀体制成一体的装置。使用时接于套管最下部，在下套管过程主要起到引导作用，如图3-4-15所示。材质有水泥、铁和铝，一般带有底和侧循环孔。

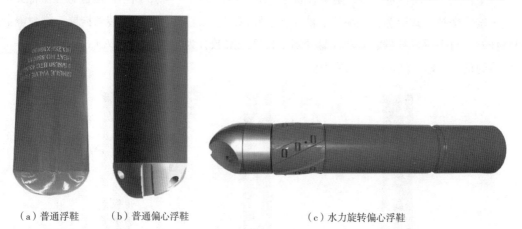

（a）普通浮鞋　　（b）普通偏心浮鞋　　　　　　（c）水力旋转偏心浮鞋

图3-4-15　套管浮鞋

2. 套管浮箍

套管浮箍是下套管时能产生浮力的套管短节，它安装于浮鞋上部，带有回压装置，具有固井时承托胶塞碰压和固井后防止水泥浆回流的作用，如图3-4-16所示。

在下套管过程中，实现环空钻井液单向流动，防止注水泥过程发生水泥浆倒流；实现固井碰压后放压候凝，有助于提高水泥环与套管的胶结质量。同时，通过向套管柱内灌入钻井液调整其浮力，使套管悬重达到下套管作业的设计要求。

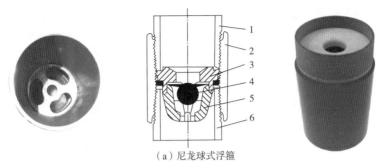

（a）尼龙球式浮箍

1—套管；2—浮箍本体；3—承托（阻流）环；4—尼龙球；5—承托支架；6—套管

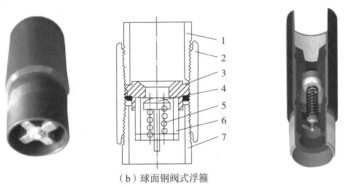

（b）球面钢阀式浮箍

1—套管；2—浮箍本体；3—承托（阻流）环；4—球面钢阀；5—弹簧；6—承托支架；7—套管

图 3-4-16　套管浮箍

3. 套管扶正器

套管扶正器是在套管下入井内时用来扶正套管以保证套管居中的装置，如图 3-4-17 所

（a）编制弹性扶正器　　　（b）焊接半钢扶正器　　　（c）整体弹性扶正器　　　（d）冲压半刚性扶正器

（e）普通刚性扶正器　　　（f）树脂导流扶正器　　　（g）滚珠刚性扶正器　　　（h）滚珠扶正器

图 3-4-17　套管扶正器

示。扶正器的作用是提高套管在井内的居中度，使套管周围环空间隙均匀，水泥浆上返时速度四周对称，提高顶替效率，保证固井质量。同时，下套管时使用扶正器也能减少下套管过程中的粘卡现象。

4. 套管漂浮接箍

漂浮接箍通常用于大位移井尤其是大位移水平井，如图 3-4-18 所示。

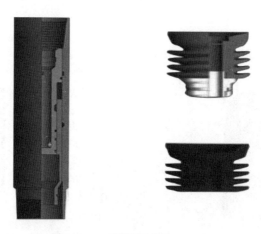

图 3-4-18　套管漂浮接箍

通过在套管串结构中加入漂浮接箍，利用漂浮接箍与套管鞋中间套管内封闭的空气或低密度钻井液的浮力作用，来减小套管下入过程中井壁对套管的摩阻，以达到套管安全下入的目的。

四　固井材料

（一）水泥

固井中使用最多的水泥为硅酸盐水泥，与建筑用水泥类似，但其性能有特殊之处，要求具有较高的早期强度、较短的候凝时间和较强的耐腐蚀能力。

最开始我国参照美国石油协会把硅酸盐水泥分为 A 级、B 级、C 级、D 级、E 级、F级、G 级、H 级和 J 级，随着应用的不断发展和淘汰，目前简化为 A 级、B 级、C 级、D级、G 级和 H 级六个类别，类型包括普通型（O）、中抗硫酸盐型（MSR）和高抗硫酸盐型（HSR）。

（二）添加剂

由于井下环境比地面条件恶劣得多，为了使水泥浆能广泛地用于油田钻井、完井、修井等作业中，对水泥浆密度、稠度、稠化时间和抗压强度等都具有更高的要求，采用纯水泥已远远不能满足工艺技术要求，必须依靠添加剂来调节其使用性能。

目前常用添加剂的种类主要有：缓凝剂、促凝剂、降失水剂、减轻剂、分散剂、消泡剂、抗高温强度稳定剂、弹性剂、膨胀剂等，其主要作用如下：

缓凝剂：主要是延长水泥浆稠化时间或凝结时间。

促凝剂：主要是缩短水泥浆稠化时间以及增大水泥石的早期抗压强度。

降失水剂：主要用以防止水泥浆急剧失水，保护油气层。

减轻剂：主要是降低水泥浆密度，防止水泥浆在低压漏失层发生漏失。

分散剂：用以改善水泥浆的流动性能，有利于水泥浆在低泵速泵压下进入紊流状态。

消泡剂：防止和避免某些添加剂溶解水起泡，稳定水泥浆密度。

抗高温强度稳定剂：在深井、高温情况下，加入硅粉，防止水泥石抗压强度出现热衰退现象。

弹性剂：用以改善水泥石的脆性，提高其形变能力及弹韧性。

膨胀剂：用以弥补水泥浆硬化体的收缩，避免水泥环与套管、地层之间产生微间隙引发环空窜流。

五 固井施工作业程序与要求

（一）固井施工作业程序

①套管下至预定井深后，装上循环头，循环钻井液，大排量循环两周以上，泵压稳定，钻井液性能达到固井设计要求，各项固井准备工作达标，进入固井作业。

②接水泥头，装入顶替胶塞，并接好各台水泥车注水泥的地面管汇。

③对注水泥管线进行冲洗、试压。

④注前置液，注水泥。倒好阀门，用水泥车注入冲洗液和隔离液。注完隔离液后，开始注水泥。

⑤压胶塞。注完水泥后，打开水泥头的挡销，压胶塞。

⑥替浆。确保胶塞下行至管串内，开始替钻井液。

⑦碰压。替钻井液后期，泵压逐渐升高，适当降低顶替排量。当胶塞坐在承托环上时，泵压突然升高，替浆结束。

⑧放回水，检查浮鞋、浮箍密封情况。

⑨候凝。

（二）固井施工作业要求

①固井监督组织召开固井交底会，固井队对施工过程的各个环节交底并明确注意事项。

②钻井队在注水泥前也应召开固井施工会议，对各个配合作业岗位人员做好安排部署。

③注水泥作业应连续施工，指定有经验的工程师任施工指挥，各配合方应及时将注水泥施工参数汇总到固井指挥。

④注水泥前，注水泥管线试压值应大于预计最高施工压力的 1.2 倍。

⑤注水泥过程中应连续监控施工情况（包括排量、压力、水泥浆密度及井口返浆等），并做好记录。

⑥替顶替液时，应准确计量顶替量，并安排专人观察井口返出情况。

⑦替顶替液后期，应降低顶替排量，密切注意泵入量、泵压变化及井口返浆情况。

⑧应采用小排量碰压，碰压附加值宜控制在3~5MPa。

⑨正常情况下，应开井敞压候凝。若浮鞋、浮箍失灵，应关井憋压候凝，管内压力宜高于管外静压力2~3MPa，并派专人按要求放压。

⑩替浆结束后，如需对环空水泥浆进行加压，应根据水泥浆失重、气层压力、破漏压力和环空液柱压力计算加压值，加压时间应不少于水泥浆顶部静胶凝强度达到48Pa的时间。

⑪候凝时间：浅井不少于24h，深井不少于48h，超深井不少于72h。

⑫固井施工作业过程中，高压管汇区域应有明显安全警示，高压区附近不允许有人员逗留。

⑬现场出现异常复杂情况时，按应急预案处置。

第五节　完井

完井是指裸眼井钻达设计井深后，使井底和油层以一定结构连通起来的工艺。它是钻井工程的最后一个重要环节，又是采油工程的开端，与以后采油、注水及整个油气田的开发是紧密联系的。主要内容包括钻开生产层，确定井底完井方法，安装井口装置和诱导油气流。完井质量直接影响到油、气井的生产能力和寿命，甚至影响到整个油、气田的合理开发。

一　钻开生产层

油气层一般由孔隙性砂岩或裂缝性灰岩组成。在钻开油气层的过程中，当井内钻井液液柱压力小于油气层的压力时会发生油气侵，如果处理不当或不及时，则可能导致井喷；当井内液柱压力大于油气层压力时，钻井液会侵入油气层，堵塞地层通道，使其渗透率下降，降低油气井的生产能力，严重时会堵死油气层，使油气井丧失生产能力。因此在打开油气层的过程中，保护好油气层，使其不受侵污，保持良好的生产能力是尤其重要的。

钻开生产层时防止储层污染的有效方法是采用合理的钻井液体系，采用近平衡或欠平衡压力钻井技术，减少储集层浸泡时间。

（一）合理的钻井液体系

钻开储集层时应选用合理的钻井液类型及相应的处理剂，应根据储集层岩石的化学性质、储集层内流体的化学性质决定钻井液的化学体系，防止两种化学体系不配伍所造成的沉淀、溶解等不良反应；使钻井液具有较低的失水量、较高的矿化度以及较低的表面张力，并具有合适的密度，使液柱压力尽可能小，以减轻钻井液对油气层的侵污。

（二）采用合理的钻井液密度

由于钻井液的密度高于地层压力，这一压力差是造成储集层污染的主要原因。适当降低钻井液与地层压力之间的差值，进行平衡压力钻井是防止储集层污染的有效方法。在特殊的储集层可采用负压钻井，如空气钻井、雾化钻井、泡沫钻井等。

（三）减少储集层浸泡时间

储集层在钻井液中浸泡的时间越久，污染就越严重，固相、液相侵入储集层的深度也就越大。因此一般采用加快储集层的钻井速度的方法，或把已钻开的储集层下入一层套管封固起来，防止上部储集层被钻井液浸泡。也可在钻开储集层之前，将上部地层用套管封固起来，在钻开储集层时可以采用优质的钻井液，减少对储集层的破坏。

二　完井方法

油气井的完井方法是指为满足各种不同性质油气层的开采需要而采用的油气层与井筒的连通方式、井筒结构和完井工艺。目前国内外常见的完井方式有 4 种，即裸眼完井、射孔完井、衬管完井和砾石充填完井。

（一）裸眼完井

裸眼完井是指在钻开的生产层位不下入套管的工艺方法。裸眼完井法的最大特点是整个油层完全裸露，油层与井筒没有任何障碍，油气流入井筒的阻力小。但是使用裸眼完井有一定的局限性，由于油气层完全裸露，对井壁来讲，没有保护装置，不能解决井壁坍塌和产层出砂的问题，不适用于疏松地层，并且当油层间差异大时，不能实现分采、分注和分层改造。

裸眼井完井分为先期裸眼完井法和后期裸眼完井法。

①先期裸眼完井就是钻头钻至储层顶界附近后，下技术套管注水泥固井，再从技术套管中下入直径较小的钻头，钻开储层至设计井深完井，如图 3-5-1（a）所示。

②后期裸眼完井就是不更换钻头，直接钻穿储层至设计井深，然后下技术套管至储层顶界附近，注水泥固井，如图 3-5-1（b）所示。

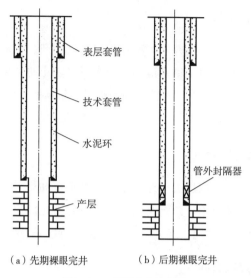

（a）先期裸眼完井　　　　　　（b）后期裸眼完井

图 3-5-1　裸眼完井示意图

（二）射孔完井

射孔完井几乎可用于所有类型的储层岩石，是目前应用最多和适应性最广的完井方法。射孔完井包括套管射孔完井和尾管射孔完井。

①套管射孔完井法就是先钻开油气层，然后下入油层套管至油气层底部后用水泥浆固井，再用射孔器对准油气层部位射孔，射穿套管和水泥环并进入地层一定深度，为油气流入井筒打开通道，如图 3-5-2（a）所示。

②尾管射孔完井法钻至油层顶界后，下入技术套管注水泥固井，然后用小一级的钻头钻穿油气层至设计井深，下入尾管悬挂在技术套管上，再对尾管用水泥浆固井，然后再射开油气层；尾管与技术套管重合部分的长度应大于 50m，如图 3-5-2（b）所示。

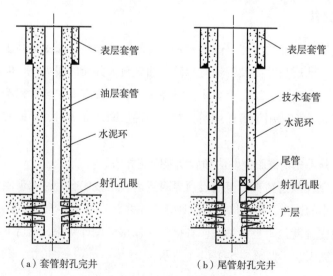

（a）套管射孔完井　　　　　　（b）尾管射孔完井

图 3-5-2　射孔完井示意图

（三）衬管完井

裸眼产层的岩石有可能经不起开采时的井底压差的存在，在开采中有井壁坍塌的可能。为使裸眼井能正常生产，可在井底的产层段下一个衬管（割缝衬管或筛管）来支撑产层岩石，这种完井方法称为衬管完井。

衬管完井方法有以下三种。

①衬管顶部注水泥完井。钻穿油层后，把套管柱下端直接与衬管相连，下入油层部位，通过套管外封隔器和分级箍对上部进行固井作业，以封隔油层顶界以上的环形空间，如图3-5-3（a）所示。

②悬挂式衬管完井。钻头钻至油层顶界后，先下技术套管注水泥固井，然后用直径小一级的钻头钻穿油层至设计井深，最后在油层部位下入预先割缝的衬管，使用悬挂器将衬管挂在裸眼层上的套管上，并密封衬管和套管的环形空间，如图3-5-3（b）所示。

③衬管封隔器完井。在衬管的适当位置加裸眼封隔器将产层上部易坍塌的地层或产层下部的底水进行封隔，这种完井方式也称为封隔器完井，如图3-5-3（c）所示。

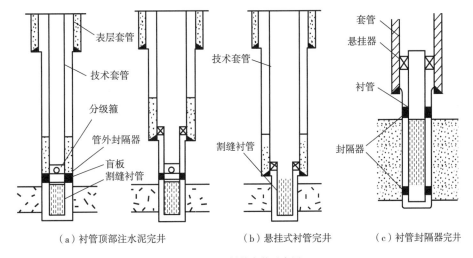

（a）衬管顶部注水泥完井　　（b）悬挂式衬管完井　　（c）衬管封隔器完井

图3-5-3　衬管完井示意图

（四）砾石充填完井

对于胶结疏松、出砂严重的地层一般采用砾石充填完井方式。在衬管与井壁之间充填砾石，构成一个砾石充填层，以阻挡储层砂流入井筒，起到防砂和保护油气层的作用。砾石充填完井分为裸眼砾石充填、管内砾石充填和砾石预充填衬管完井三种方式。

①裸眼砾石充填是先钻至储层以上，下技术套管固井，再钻开储层进行砾石充填，一般砾石层的环形厚度不小于50mm，如图3-5-4（a）所示。

②管内砾石充填是先钻穿储层至设计深度，下油层套管固井，然后对储层进行高孔密射孔，再进行砾石充填的施工方法，管内砾石充填完井属于二次完井方式。可以在射孔后就进行砾石充填，也可以在生产一段时间发现出砂后再进行砾石充填，如图3-5-4（b）

所示。

③砾石预充填衬管是在两层筛管间预充填砾石后再下入井内，如图 3-5-4（c）所示。此充填方式不但可以省去了较为复杂的井下砾石充填工序，而且可以保证砾石充填质量。

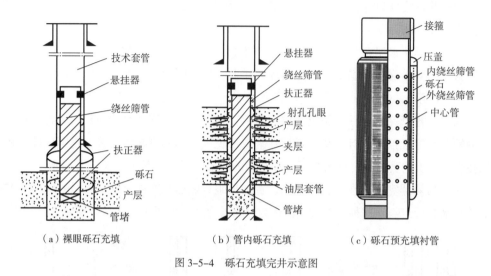

（a）裸眼砾石充填　　　　（b）管内砾石充填　　　　（c）砾石预充填衬管

图 3-5-4　砾石充填完井示意图

三　井口装置

在油、气井进行测试及生产过程中，都必须有一套安全可靠的井口装置，以便有控制、有计划地进行井内作业和生产。完井井口装置通常由套管头、油管头和采油（气）树三大部分组成。

①套管头（图 3-5-5）。钻井时为了支撑、固定下入井内的套管柱，安装防喷器组和其他装置，而以螺纹或法兰盘与套管柱顶端连接并坐落于外层套管的一种特殊短接头就是套管头。套管头内设置有套管挂，用以悬挂相应规格的套管柱。

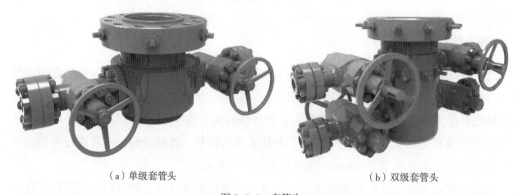

（a）单级套管头　　　　　　　　　　（b）双级套管头

图 3-5-5　套管头

②油管头（图 3-5-6）是一个两端带法兰的装置或短节。在射孔之前，将它安装在最

上层套管头的顶部。用以支承油管，并密封油管和生产套管之间的环形空间。它还通过侧面出口为套管、油管环形空间提供两个入口。

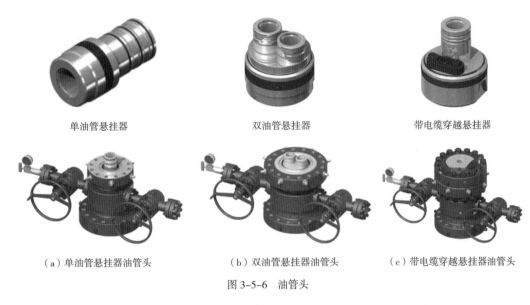

单油管悬挂器　　　　　　　双油管悬挂器　　　　　带电缆穿越悬挂器

（a）单油管悬挂器油管头　　　（b）双油管悬挂器油管头　　　（c）带电缆穿越悬挂器油管头

图 3-5-6　油管头

③采油（气）树（图 3-5-7）。采油（气）树是用于控制油气井生产装置的总成，包括油管头异径接头、阀、三通、小四通、顶部连接装置和装于油管头最上部的节流阀。

图 3-5-7　采油（气）树

四　诱导油气流

由于储存油气的地层中的能量不同，在油气层被打开以后，可能会出现两种情况：一种是在一定的液柱压力下，油气井能自喷；另一种是在一定的液柱压力下，油气井不能自喷。对于能自喷的井，可进行放喷测试；对于不能自喷的井，则必须进行诱导油气流的工作。

诱导油气流的具体措施一般从降低井内液柱高度和钻井液密度两方面入手。

①替喷法。用密度较小的液体将井内密度较高的钻井液用循环的方法替出，达到降低井内液柱压力的目的，从而使油气畅流入井。

②抽汲和提捞诱喷。如果替喷后油气仍不能自喷，则可进一步采用抽汲法或提捞法降低井内液面高度，完成诱喷。

③气举法。如果用清水替喷后油气仍不能畅流入井，则可采用气举法诱喷。其原理类似于替喷法，由于气体的密度很小，气体取代井中的液体后可使井内液柱压力大大降低，可获得较大的诱喷强度，使地层中的油气在地层压力的作用下喷出。

第六节　井控技术与设备

油气井压力控制简称井控。井控技术是保证石油天然气钻井作业安全的关键技术，井控设备是为有效实施井控所配备的一系列设备、仪表、工具和管汇等的统称。

一　井控技术

油气井压力控制技术简称井控技术。就是采取一定的方法控制住地层孔隙压力，基本上保持井内压力平衡，保证钻井作业顺利进行。

（一）基本概念

1. 井侵

当地层孔隙压力大于井底压力时，地层孔隙中的流体（油、气、水）侵入井内的现象，通常称为井侵。

2. 溢流

当地层孔隙压力大于井底压力时，地层孔隙中的流体侵入井内，使返出钻井液量大于泵入井内的钻井液量或停泵后钻井液自动外溢的现象称为溢流。

3. 井涌

溢流的进一步发展，钻井液涌出井口的现象称为井涌（返出高度低于转盘面）。它是井喷的先兆。

4. 井喷

在国内，井喷是指井涌的进一步发展，地层流体（油、气、水）无法控制地流入井内并喷出地面的现象称为井喷（井口返出流体高度超过转盘面）。若井喷流体经井筒流入其他低压地层称为地下井喷。

5. 井喷失控

井喷发生后，无法用常规方法控制井口而出现敞喷的现象称为井喷失控。这是钻井过程中最恶性的事故之一。从井喷到井喷失控，是地层压力和井底压力不同程度的不平衡关系在井口的表现。

6. 井控工作的"三早"原则

（1）早发现

溢流被发现得越早，越便于关井控制，因此也越安全。国内现场要求溢流量在 1m³ 内被发现称为早发现，这是安全、顺利关井的前提。

（2）早关井

在发现溢流或预兆不明显、怀疑有溢流时，应停止作业，立即按关井程序关井。即发现溢流立即关井，疑似溢流关井观察。

（3）早处理

在准确录取溢流数据和填写压井施工单后，尽快进行压井作业。

（二）井控的分级

根据井控内容和控制地层压力程度的不同，井控作业通常分为三级，即一级井控、二级井控和三级井控。

一级控制：在钻井过程中保持井内钻井液静液压力稍大于地层压力，防止地层流体流入井内。一级井控工作是钻井过程中井控工作的基础。

二级控制：是指溢流或井喷发生后，通过实施关井与压井，重新建立井内压力平衡的井控技术。二级井控是钻井井控工作的关键。

三级控制：当井喷失控后，重新恢复对井口控制的井控技术。

（三）关井方法

发现溢流后迅速正确关井，是防止发生井喷的必要措施。迅速实现对井口的控制，有利于阻止地层流体继续进入井内，使井内有更多的钻井液来保持环空液柱压力，有利于防止关井套压值过高和准确计算地层压力与压井液密度。

发生溢流后有两种关井方法：一是硬关井；二是软关井。

1. 硬关井

硬关井是指关防喷器时，节流管汇处于关闭状态的关井方法。其优点就是动作少，关井速度快，但硬关井时，由于液流通道突然关闭，井内流体会在惯性作用下冲击井口产生

"水击效应"。特别是井内流体流速较快时，若突然关井，井口装置、套管和地层所承受的压力将明显增加，甚至有可能超过最大允许压力，导致事故进一步复杂化。

2. 软关井

软关井是指先开通节流管汇，再关防喷器，最后关节流管汇的关井方法。虽然软关井的操作动作多、速度慢，会有更多的地层流体进入井内，但在实施过程中可以最大限度地减少流体对井口产生的"水击效应"，还可在关井过程中实现试关井，所以我国石油企业普遍认可采用软关井方法关井。

（四）压井方法

发生溢流迅速关井是井控的第一步，也是最重要的一步。但即使把井安全地关住了，其控制也是暂时的。在受污染钻井液没有循环出去，未平衡地层压力之前，一级井控是不可能达到对井的控制的。所以要排出受污染钻井液，实施二次井控。压井就是溢流发生后在井内重新建立一个钻井液柱来平衡地层压力的工艺。

最常用的压井方法有司钻法、工程师法、边循环边加重法。

1. 常规压井法

常规压井法是以 U 形管原理为依据，利用地面节流阀产生的阻力和井内钻井液液柱压力来平衡地层压力。在整个压井过程中，始终保持井内压力等于或略大于地层的压力。

（1）司钻法

司钻法（二次循环法）是发生溢流关井后，先用原密度钻井液循环排出溢流，再用加重钻井液压井的方法，用 2 个循环周期完成。该方法往往在边远井及加重剂供应不及时的情况下采用。

（2）工程师法

工程师法（一次循环法）是发生溢流关井后，将配制的压井液直接泵入井内，在一个循环周内将溢流排出井口并压稳的方法。此方法压井时间短，井口装置承压小，对地层施加的压力小。但是，在压井时要求现场加重材料必须充足。具备快速加重能力，从关井到恢复井内循环的时间长。

（3）边循环边加重法

边循环边加重法又称同步法或循环加重法。是指在不关井情况下边加重钻井液、边进行循环的压井方法，需要较快的加重速度，使溢流逐步减轻。

2. 非常规压井方法

由于油气井及井涌流体的特殊性，有些井喷问题不能用常规的压井方法解决，例如，钻头不在井底、井漏、钻具堵塞或空井等。当出现这些比较特殊的问题时，就需要采用非常规的井控技术。

（1）体积控制法

体积控制法是在不能读取立管压力或不能建立循环的情况下，通过调节关井套压实现井控的方法。

（2）平推法压井

从地面管汇向井内注入钻井液，将进入井内的地层流体压回地层的压井方法叫作平推法，也叫压回地层法、挤压法或顶回法。

（3）低节流法压井

循环排出溢流时，尽管井底压力小于地层压力，但通过调节套压使井底压力尽可能地接近地层压力的压井方法，叫低节流法压井。

（4）置换法压井

井喷关井后，若天然气已上升至井口或者整个井眼被喷空充满天然气，在不能用平推法压井时就需要用置换法压井。

二 井控设备

井控设备是指在钻井过程中监测、控制和处理井涌及井喷的装置，主要包括井口装置、控制系统、井控管汇、钻具内防喷工具以及其他辅助设备，如图 3-6-1 所示。

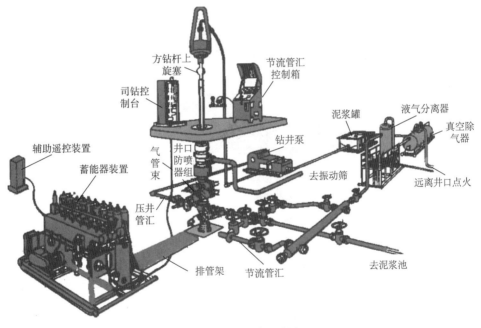

图 3-6-1　井控设备示意图

（一）功用

为了满足油气井压力控制的要求，井控设备应具有以下功用：

①监测、报警。通过对油气井检测和报警，及时发现井喷预兆，尽快采取控制措施。

②防止井喷。保持井底压力始终略大于地层压力，防止溢流及井喷条件的形成。

③迅速控制井喷。溢流或井喷发生后，迅速关井控制井口并排除溢流，重新建立压力平衡。

④处理复杂情况。在油气井失控的情况下，进行灭火抢险等处理作业。

显然，井控设备是对油气井实施压力控制的关键手段，是实现安全钻井的可靠保证，是钻井设备中必不可少的组成部分。

（二）组成

1. 井口装置

井口装置又称井口防喷器组，如图3-6-2所示，主要包括防喷器组、钻井四通、占位法兰、套管头、旋转防喷器等。防喷器组一般由三到六个防喷器组成，防喷器通常使用液压遥控。防喷器组要依据井的深度和地层压力选择不同的尺寸和压力等级。防喷器的通径与套管尺寸配套，从7in（1in = 2.54cm）到30in。压力等级有14MPa、21MPa、35MPa、70MPa、105MPa和140MPa。

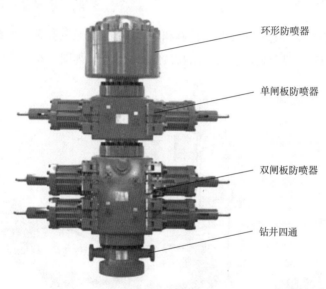

环形防喷器

单闸板防喷器

双闸板防喷器

钻井四通

图3-6-2　井口防喷器组

2. 防喷器控制系统

主要包括远程控制台和司钻控制台（图3-6-3）、辅助遥控装置等。

图3-6-3　远程控制台（左）与司钻控制台（右）

3. 井控管汇

主要包括节流管汇［图3-6-4（a）］、压井管汇［图3-6-4（b）］、防喷管线、放喷管线、反循环压井管线等。

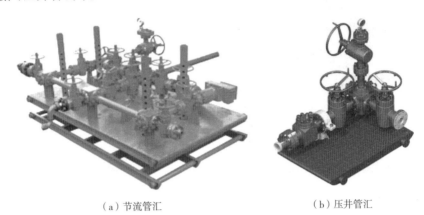

（a）节流管汇　　　　　　　　　　（b）压井管汇

图3-6-4　节流管汇与压井管汇

4. 钻具内防喷工具

主要包括旋塞阀、钻具止回阀、钻具旁通阀等，如图3-6-5所示。

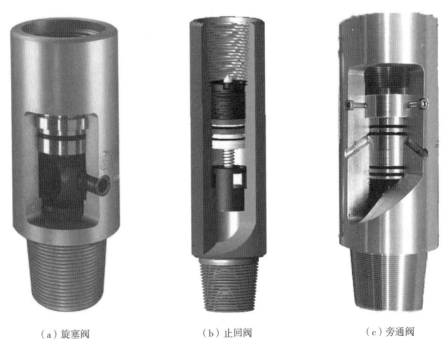

（a）旋塞阀　　　　　　　（b）止回阀　　　　　　　（c）旁通阀

图3-6-5　钻具内防喷工具（彩印）

5. 井控辅助设备

主要包括钻井液气体分离器［图3-6-6（a）］、加重钻井液装置、液面监测报警仪、自动灌浆装置、放喷管线点火装置［图3-6-6（b）］等。

（a）液气分离器　　　　　　　　　　（b）放喷管线点火装置

图 3-6-6　井控辅助设备

第七节　施工工序

　　石油钻井是一项复杂的系统工程，是利用各项设备、工具、材料进行的联合作业。为保证工作的顺利进行，要求各工序紧密衔接、环环相扣。一口井的施工过程从确定井位到最后完井，要完成许多作业，一般分为钻前准备、钻井施工和完井作业三个阶段。

一　陆上钻井施工工序

（一）钻前准备

1. 定井位

就是确定油、气井的位置，主要考虑的是地理、地质特点、水源、盛行风方向、周边人口和永久性设施等因素，确保满足标准和应急需要。

2. 道路勘测

实地调查井队搬迁所经过的道路情况，确保搬迁安全顺利。

3. 基础施工

钻井现场基础一般采用"混凝土灌浆浇筑"基础、混凝土预制基础和钢木基础。基础是钻井设备的重要载体，应具有足够的承载能力，能够传导和分散钻机设备的载荷。

4. 搬迁

将钻井设备、设施及附属装备、井场野营房等搬运至目的地的施工过程。搬迁施工内容主要包括：搬迁前准备、搬迁组织、吊装、道路运输、部分设备及设施的就位安装。

5. 设备安装

将钻井施工所需设备、设施等在新井场重新组装，形成完整的钻井设备系统。

6. 井口准备

包括挖圆井（或不用）、下导管并封固、钻鼠洞及小鼠洞等。

（二）钻井施工

1. 一次开钻

设备安装完成后，为下表层套管而进行的钻井施工。特殊要求的井，在一次开钻前还需要先进行导管施工作业。

2. 安装防喷器组

表层套管固井完成后，按照钻井设计要求，安装整套井控设备的施工过程。

3. 二次开钻

表层套管固井完成并遵照钻井设计要求安装井控设备试压合格后，再次开始的钻进施工作业。

4. 起钻

将井内钻具从井眼中起出的过程。起钻一般以立柱为单位起出井口，按先后顺序排放至立根盒，并进行编号标记。

5. 换钻头

起钻完成后把钻柱底端的旧钻头卸下，换上新钻头的过程。

6. 下钻

换好新钻头后，将钻具重新下入井内的过程。

7. 中间完钻作业

主要包括中间完钻测井、下技术套管并固井等作业。

8. 三次开钻（多次开钻）

根据钻井工程设计，对于下入技术套管的井，在下完技术套管并固井后，为继续加深井眼所进行的钻井施工过程。对于下入多层技术套管井还会有四次开钻、五次开钻等多次开钻等。

（三）完井作业

1. 完钻电测

在已完成钻井施工设计要求的井深后，使用专门的仪器设备，沿井身测量地球物理特性的工艺。测井的主要任务是为后续施工提供数据并查明地下构造及含油气情况，为计算油气储量提供基本数据。

2. 下生产套管

完钻电测后，为后续油气开采建立油气输送通道，根据钻井设计对完井方式的要求，向井内下入一定数量生产套管的过程。

3. 生产套管固井

生产套管下到设计井深后，在井眼与生产套管之间环空注入水泥浆，利用水泥浆的固化作用，封固环形空间，有效封隔油、气、水层，满足分层开采及油气生产的需要而进行的注水泥作业。

4. 井口坐封套管

为封闭套管间的环形空间，防止压力互窜，需要安装套管悬挂器并坐于套管头内，完成坐封。候凝完成后，根据钻井设计继续进行下步的施工作业。坐封与固井的先后顺序根据设计要求而不同。

5. 测声幅

主要测量套管与地层间水泥胶结的质量、套管串的质量、短套管位置、水泥返高及人工井底等数据。

6. 甩钻具

将立根盒内立根螺纹卸开，形成单根移送到场地的过程。

7. 设备检修

对井队各设备进行全面的检查，对不符合使用要求的设备进行相应的维修，以保障下口井的顺利施工。

8. 设备拆卸

钻井现场施工工序全部完成后，所用钻机设备拆解运输前的一项准备工作。设备拆卸一般是按照设备安装的相反顺序进行，将钻井现场的设备、设施在拆除其连接管路、线缆后进行进一步分解，目的是使钻井设备的运输搬迁符合相关交通要求和规定。

（四）其他

根据设计要求在钻井过程中可能需要进行钻井取心、中途测试和原钻机试油等其他作业。

1. 钻井取心

为了掌握地下地质情况，直接获得真实可靠的地下岩层的有关资料，在钻井过程中用取心工具从地下取出一定长度岩样的作业。

2. 中途测试

亦称钻杆地层测试，是在钻井过程中钻遇油气层以后，为及时了解有关生产层性能及其所含油、气、水等具体情况并取得有关资料所采取的一种措施。

3. 原钻机试油

由钻井队人员用其原有设备，按试油施工设计，钻井队负责起下油、气管柱，其他工序由试油队完成。

（一）钻前准备

1. 井位地质调查

查明平台场址的水深、地形和海底面状况；查明平台基础影响范围内的岩、土层分布及其物理力学性质；查明影响地层稳定和钻进施工安全等的地质灾害因素；进行工程地质条件评价等。

2. 插桩分析

对目标井位地质结构排水强度、不排水强度、底层剪切强度等进行分析，对平台入泥深度进行计算，并完成海水冲刷分析等工作。

3. 就位

到达新井位后，平台准备就位。就位应选择白天且能见度良好的平潮期。就位前，动平台作业小组应制定施工方案，采取卫星定位辅助就位，并指定承拖方专人负责指挥。平台方和承拖方应掌握作业区域海底地形地貌和管线分布。就位结束后，平台所属单位应向作业海区海事部门报告平台位置情况。

4. 插桩

插桩，目的就是把钻井平台升起来，桩腿插到一定的深度并且有足够大的阻力保证桩腿不再继续下陷，插桩阻力越大，说明海底硬度越高，软质淤泥越少，这样能够保证平台的稳定。一般情况下，插桩过程中插桩阻力越大越好，这样平台就位后在其后续作业过程中，桩腿刺破地层导致平台突然下降的概率就会大大降低。

5. 预压载

预压载是预先施加垂直载荷，使平台桩靴的对地压力预先达到设计预压值，然后恢复正常载荷的过程。预压荷载的确定应该包括桩靴对地的最大垂直载荷、水平载荷和作用力矩三者共同作用的结果。一般情况下，预压时间应尽量长，目的是使桩靴下的地基土尽量地固结，通常预压加载保持在 12h 以上。

6. 压载

使船舶达到需要的浮态、稳性和操纵性而在船上增加重量的措施，称为压载。增加的重量可以来自水压载或固定压载。在压载时，要注意重量左右对称，在纵向适当分布，以保证船舶具有正常浮态和稳性。

7. 升平台

升平台前必须由平台统一组织，将压载舱的舱底阀打开，排放压载水。待压载水排完后，及时关闭所有的舱底阀阀门。确认升降负荷满足要求，依据潮位、波浪和作业特点确定平台主体距离海面的高度。

8. 对井位

平台升至合适高度后，解除平台活动载荷固定，移悬臂梁、井架对准井口，恢复井架逃生装置，就可进行下步施工作业。

9. 上开钻物资

根据设计要求，平台提前上报开钻物资，船舶根据气象情况，将开钻物资运至平台，船舶带缆后，平台用吊车将全部开钻物资吊至场地。

（二）钻完井施工

1. 开钻准备

钻井工程师对钻具进行检查、丈量，将所需钻头、接头及工具吊至钻台，场地准备无磁钻铤、钻铤、钻杆、加重钻杆；泥浆工程师配制钻井液、封井液；钻工班组配合机械工程师对设备进行保养、检查。

2. 配钻具

根据设计要求将场地钻具以立柱的形式立在井架上。钻柱配完后，工程技术员核对钻具数量。

3. 冲隔水

冲隔水是探井施工的第一道钻井工序（由于隔水管已提前桩入，所以开发生产井没有此工序）。下钻到海床附近，待平潮开钻，钻进至隔水管设计井深完钻。

4. 下隔水管、抗冰管

起出钻具、钻头，吊车、气动绞车、游车配合，将隔水管依次下入井内，将抗冰管连接至隔水管上端，下至设计深度，并坐于转盘上。

5. 隔水管固井

下完隔水管后进行插管固井，将插头插入隔水管引鞋后，检查插头密封性，井口固定好钻具，开始循环、固井，水泥返至泥面，候凝24h，割、甩联顶，甩冲隔水钻具组合。

后续的一次开钻、二次（多次）开钻、起钻、下套管、固井、安装防喷器、中途测试等工序参照陆上钻井施工工序。

（三）完工作业

1. 甩钻具

工程班组将立在钻井井架上的钻具立柱拆卸成一个个单根并放到场地管具架，打捆、待减载。

2. 减载

将钻井平台上的钻具、药品、岩屑箱、第三方设备等吊至减载船上，回收钻井液，运输至码头。

3. 固定

将悬臂梁、井架移动至拖航位置并锁定，平台所有活动载荷（顶部驱动装置、B型大钳、钻杆动力钳、油桶等）进行固定，操船师对油、水进行统计，分配载荷，等待进入拖航、移位流程。

4. 降平台

降平台作业前，平台方应组织承拖方开展 JSA 分析，充分识别和评估升降平台、插拔桩（冲桩）、拖航（移位）、就位和压载等环节的风险，制定安全防范措施和应急处置措施，并保存相关记录。重点检查水密性、活动载荷固定情况、航行信号和平台吃水与倾斜度。

5. 拔桩

平台降入水中，当水位达到拖航吃水线，继续增加平台吃水，即进入拔桩作业。拔桩力主要来源于平台自身的浮力，当平台浮力大于拔桩阻力，则桩腿拔活。拔桩阻力的构成主要为桩侧力、桩靴上部覆土重力和桩靴下部黏吸力。一般情况下，桩腿靠平台自身浮力即可拔活，当拔桩困难时，可接冲桩管线进行辅助拔桩。有时，可能会使用到外冲桩工具。

6. 拖离井位

将桩腿全部拔活后，平台方应安排人员对平台状态进行实时监控，检查拖带系统，对左右两舷辅助拖轮进行带缆，船艉主拖轮进行带缆。平台达到拖航条件后，由承拖方指挥拖轮收紧主拖缆，平台收桩腿，将平台拖离原井位至安全区域后，辅助拖轮解缆，转为守护船，全程监护。

7. 拖航、移位

平台漂浮于水中，桩腿收回，由拖轮将平台从一个地方迁移到另一个地方。

三　半潜式钻井平台海洋钻井施工工序

（一）钻前作业

1. 井位地质调查

查明平台场址的水深、地形和海底面状况（海底电缆，海底管线，海底障碍物）；查明平台基础影响范围内的岩、土层分布及其物理力学性质；查明影响地层稳定和钻进施工安全等的地质灾害因素；进行工程地质条件评价等。

2. 进场就位

平台被拖到离井位约 5 海里，主拖轮减速准备进场，平台备好第一个自抛锚，当第一个锚头进入设计的锚位点时立即抛下第一个锚，主拖轮保持位置，另一条拖轮根据设计艏向配合抛下对角锚，当抛下两个锚后，就可以解拖（解脱开主拖轮的拖缆）。

3. 抛锚

用拖轮将平台锚头拉到锚位点达到设计出链长度后抛下，以固定平台位置。继续抛完全部锚（如有必要则还要抛串联锚和锚浮筒）。

4. 压载

抛锚结束后，对所有锚链分组进行锚抓力（锚张力）试验。当锚抓力试验合格后，放松锚链，压载到钻井作业吃水，再精确调整平台位置和锚链预张力（步骤可依据现场实际情况调整）。

5. 上开钻物资

根据设计要求，平台提前上报开钻物资，船舶根据气象情况，将开钻物资运至平台，船舶带缆后，平台用吊车将全部开钻物资吊至场地。

（二）钻完井施工

1. 开钻准备

钻井工程师对钻具进行检查、丈量，将所需钻头、接头及工具吊至钻台，场地准备无磁钻铤、钻铤、钻杆、加重钻杆；泥浆工程师配制钻井液、封井液；钻工班组配合机械工程师对设备进行保养、检查。

2. 一次开钻

首先用井口盘送入工具下放井口盘至海底泥线，建立井口和导向装置；根据钻井设计，接一开钻具，钻头接触泥线前打开钻柱升沉补偿器，按要求钻至规定井深后循环、起钻。

3. 固井

起出钻具、钻头后，下入一开套管（一般为 30in）并固井、候凝。

4. 二次开钻

候凝结束后，重新调整钻具组合再次进行钻井、起钻等工序，钻至设计井深后循环起钻。

5. 固井

起出钻具、钻头后，下入二开套管（一般为 20in）固井、候凝。

6. 安装隔水管、防喷器组

使用隔水管将防喷器下入，使用连接盘将封井器与二开套管连接，隔水管、防喷器组安装完成后进行试压。

7. 三次开钻

防喷器组试压完成后，重新调整钻具组合再次进行钻井、起钻等工序。

后续起钻、中途测试、固井、电测等工序参照陆上钻井施工工序

（三）完工作业

1. 甩钻具

将立于井架上的钻具立柱拆卸成一个个单根并放到场地管具架，打捆。

2. 起防喷器

按照相反流程分别起出隔水管、防喷器和井口盘及导向装置，起出后分别固定于拖航位置。

3. 卸载和固定

根据稳性计算结果进行卸载和固定。按照载荷分配表将钻井平台上多余的钻具、泥浆材料、岩屑箱、第三方设备等吊至辅助船上，回收钻井液，运输至码头。对平台上活动可变载荷进行调整和固定；对油、水等液态可变载荷进行倒、并舱调整。聘请验船师进行拖

航检验，获得适拖证书。

4. 上浮

排出压载舱内的压载水，将平台上浮到拖航吃水。

5. 起锚

卸载完毕后或至少看到锚架后，在拖轮的配合下起锚作业。

6. 接拖

平台在剩余两个对角锚时，接主拖缆。接完拖缆后，另一条拖轮起对角锚，对角锚起完上架，主拖轮配合平台自起完最后一个锚后，开始起拖。

7. 拖航、移位

平台漂浮于水中，根据拖航计划由主拖轮将平台从一个地方迁移到下一个位置。

本章要点

1. 油气井按照钻井目的，可以分为探井和开发井两大类，探井包括地质探井、预探井、详探井等，开发井包括生产井、注水井、滚动开发井等。

扫一扫
获取更多资源

2. 油气井按照井眼轨道形状，可分为直井和定向井两种类型，定向井按照井斜角的大小分为常规定向井（最大井斜角在60°以内）、大斜度定向井（井斜角在60°~86°）、水平井（井斜角大于等于86°）。

3. 油气井按照钻井深度可分为浅井（钻井完钻井深小于2500m）、中深井（钻井完钻井深2500~4500m）、深井（钻井完钻井深4500~6000m）、超深井（钻井完钻井深超过6000~9000m）和特深井（钻井完钻井深超过9000m）。

4. 井身结构是指套管层次和每层套管的下入深度、水泥浆的返高及套管和井眼尺寸的配合。井身结构不但关系到钻井工程的整体效益，还直接影响油井的质量和寿命。

5. 一口井的施工过程从确定井位到最后完井，要完成许多作业，一般分为钻前准备、钻井施工和完井作业三个阶段。

6. 人类钻井方法的历史大致经历了人工掘井、顿钻钻井和旋转钻井阶段。

7. 旋转钻井分为转盘旋转钻井、动力钻具旋转钻井、顶部驱动旋转钻井三类。

8. 喷射钻井依靠高效能钻头喷嘴将大部分泵输出水功率转化为射流水功率，在钻头喷嘴处形成高速射流，可以大大提高钻井速度，射流的主要作用有两个方面，一是水力清岩作用，而是水力破岩作用。

9. 导向钻井技术从导向工具角度看，包括滑动导向钻井与旋转导向钻井；从导向方式角度看，包括几何导向钻井与地质导向钻井。

10. 常用的石油钻机一般包括：动力系统、提升系统、旋转系统、循环系统、传动系统、底座及支撑装置、控制系统、辅助设备。

11. 石油钻机根据驱动形式可分为机械驱动、电驱动、液压驱动和复合驱动。

12. 石油钻机提升系统是由绞车、井架、天车、游动滑车、大钩及钢丝绳等组成。

13. 旋转系统的主要作用是带动井内钻具、钻头等旋转，连接提升系统和循环系统。

14. 钻井泵是循环系统的心脏，是钻井施工中的关键设备，一般用以向井底输送钻井液，以便冷却钻头和携带出岩屑，同时也是井底动力钻具的动力源。

15. 钻头是石油钻井中用来破碎岩石以形成井眼的工具。钻头工作性能的好坏直接影响钻井速度、钻井质量和钻井成本。我国常用钻头按钻头结构和工作原理的不同分为刮刀钻头、牙轮钻头、金刚石钻头。

16. 牙轮钻头按牙齿的固定方式分为镶齿和铣齿钻头，按轴承类型分为滚动轴承钻头和滑动轴承钻头，按密封类型分为橡胶密封钻头和金属密封钻头，按牙轮数量分为单牙轮钻头、双牙轮钻头和三牙轮钻头。

17. 金刚石钻头按切削齿材料分，可分为天然金刚石钻头（ND）、聚晶金刚石（PDC）钻头、热稳定聚晶金刚石钻头（TSP）。

18. PDC 钻头采用聚晶金刚石复合片（PDC 片）作为切削刃，以钎焊方式将其固定到碳化钨胎体上的预留齿穴中。

19. 在钻井中通常把方钻杆、钻杆、钻铤等用各种接头、工具连接起来的入井管串称为钻柱。

20. 在转盘钻井时，靠钻柱来传递破碎岩石所需要的能量，给井底施加钻压，以及循环钻井液等；在井下动力钻井时，井下动力钻具要用钻柱送到井底并靠钻柱来承受反扭矩，同时钻头和动力钻具所需的液体能量也要通过钻柱输送到井底。

21. 钻井井口工具一般包含吊卡、卡瓦、吊环、液压动力钳、B 型吊钳、滚子方补心、液压猫头等，正确的使用、维护和保养井口工具，将有利于安全、优质、快速地完成钻井任务。

22. 螺杆钻具是一种以钻井液为动力，把液体压力能转为机械能的容积式井下动力钻具，螺杆钻具可以分为常规直螺杆钻具和导向螺杆钻具两大类。

23. 固井的常用工艺有：内插法固井、单级固井、分级固井、尾管固井和筛管顶部注水泥固井工艺等。

24. 固井设备主要由注水泥设备、供灰设备、供液设备、固井水泥干混设备等组成。

25. 固井的井口工具通常包括：固井水泥头、快速接头、循环头等。

26. 完井是钻井工程最后的一个重要环节，主要内容包括钻开生产层，确定井底完井方法，安装井口装置和诱导油气流。完井质量直接影响到油、气井的生产能力和寿命，甚至影响到整个油、气田的合理开发。

27. 井控工作的"三早"原则是：早发现、早关井、早处理。

28. 根据井控内容和控制地层压力程度的不同，井控作业通常分为三级，即一级井控、二级井控和三级井控，钻井过程中要求力使一口井经常处于一级井控状态。

29. 发生溢流后有两种关井方法：一是软关井；二是硬关井。

30. 最常用的压井方法有司钻法、工程师法、循环加重法。

第四章

录井工程

录井起源于钻井地质，是集源头资料采集、远程实时传输、整理、存取与发布，随钻及钻后解释、评价、综合地质研究于一体，综合应用地球化学、地球物理、岩矿分析等理论方法，通过观察、收集、分析、记录随钻过程中的固体、液体、气体等返出物的信息建立录井剖面，发现油气显示，评价油气层，为石油工程投资方、钻井施工、其他施工提供钻井信息服务。

第一节　专业概况

一　专业简介

录井是一门综合性学科，涉及石油地质、钻井工程、测井、地震等多门学科，随钻录井是石油钻探中的一种随钻检测方法，是集电子技术、通信技术、计算机技术、应用物理、化学、数学、石油地质、石油工程、信息工程及控制理论于一体的学科，一般是以综合录井仪为主要设备，在钻井施工过程中实施工程、钻井液、气测、地层压力检测等参数的采集、存储、分析、监测、判断等，实现优质安全钻井、发现和评价油气水层的目的。

在实钻过程中，录井是钻探现场的信息中心，是对石油钻探过程进行实时监控与处理、提供解释及决策依据的重要手段。录井队按照钻井地质设计与录井规范、标准，通过采集钻井施工过程中的随钻油气地质资料、钻井工程参数、钻井液流体性能，以及钻井液携带的能反映地层信息的返出物（如岩屑、油、气、水），对这些资料进行整理分析总结评价，为勘探开发和安全钻井提供第一手资料。

二　专业现状

综合录井的发展源于地质录井和钻井液录井，地质录井的发展从钻探石油的第一天起就已开始，而钻井液录井是自 20 世纪 30 年代美国 Baroid 公司首次研制的气测录井仪使用开始，构成了综合录井发展的雏形。从 30 年代到 70 年代初，有了钻时、地层剖面、初步判断油气层的方法等综合录井技术。70 年代中期之后，国外将计算机引入综合录井仪用于实时处理地质与工程数据，录井技术有了质的飞跃，智能化、定量化水平进一步提高。

从 1985 年开始，国内录井装备技术经历了引进、消化吸收、自主创新的发展历程。20 世纪 80 年代，中国石油大学、上海仪器厂等借鉴国外录井技术的经验，率先研制了计算机实时数据处理的综合录井系统，揭开了我国综合录井技术发展新的一页，为综合录井技术快速发展奠定了基础。随着勘探开发需要和科学技术的进步，特别是电子技术、计算机技术、传感器技术、网络信息化技术等的快速发展，录井已从原始的手工操作，发展到目前使用多种先进的仪器设备，形成以实时采集、监测、传输、处理、解释、评价与决策一体化的系统勘探技术。进入 21 世纪以来，由于国外对前沿录井技术、先进录井装备的封锁和国内对录井装备的需求增加，促使国内多家国有录井企业和专业厂家涉足录井装备制造领域，国内录井装备技术得到了快速发展。

目前国内录井设备制造厂家众多，主要有以中石化经纬有限公司、中国石油部分录井公司为代表的录井企业和以上海神开公司、上海科油公司、中国电子科技公司第 22 研究所为代表的专业化设备生产厂家，国内综合录井仪研发制造进入了多厂家、多品种、多型号时代，硬件水平相当于甚至超过国外生产的第四代综合录井仪。

录井装备技术的总体现状表现为：硬件技术越来越先进，数据采集精度、分析设备检测精度以及整体集成化程度不断提高，新技术、新方法不断应用，分析和检测手段大大丰富，录井服务项目和内容不断细化和完善，也将随着科学技术的进步和勘探开发的需求而不断发展。

三　发展趋势

录井技术近年迅速发展，形成了实时录井、监测、处理、传输、评价服务及决策一体化的系统录井技术，并持续快速发展。

（一）录井参数

已经定量化的参数变得更加灵敏、准确，原来未量化的录井项目或参数，通过新的方法和手段已能实现定量化。如拉曼气体分析技术、气体红外光谱分析技术、激光分析技术、定量荧光分析技术（QFT）、定量脱气分析技术（QGM）、核磁分析技术、元素分析技术等。由于数据采集实现了定量化，更趋于准确反映地下客观情况，提高油气层发现率和解释精度。

（二）录井检测方法

在常规综合录井内容基础上，新类型的检测仪器和检测项目不断增加，为现场评价提供新的方法。

① Geoservices 公司研制的自动连续检测进出口钻井液滤液矿化度分析仪，可以测量钻井液中钾、钠、钙和氯离子的含量，为判断井下地层流体性质提供了新的检测方法。

② Schlumberger 公司研制的利用四个红外分光光度计检测气体组分的方法，将原来气体组分的色谱分析变为光谱分析，变原来的周期性分析检测为连续分析检测。

③使用核磁分析仪及技术，在录井现场对岩心、岩屑进行孔隙度、渗透率分析，进行全井段物性测量，实现储层快速分析评价。

④酸解烃法进行油气层评价：把岩石在一个真空压下加热加酸处理，破坏其颗粒表面吸附力，使被吸附的烃类物质释放出来，并加以收集分析、鉴定和计算，进行油层评价。

⑤定量荧光分析仪及技术快速发展和广泛现场应用：常规荧光仪虽然已有近60年历史，但其局限性显而易见，原油荧光主要在紫外线范围内，肉眼只能识别其中一小部分，凝析油、轻质油及中质油的大部分不在肉眼观察范围内。荧光描述主从性很大，其准确性在很大程度上取决于现场人员的经验。鉴于此，美国Texaco石油公司（德士古石油公司又称得克萨斯公司）经过8年潜心研究，开发定量荧光检测仪（QFT）并获得成功。目前国内已发展应用二维、三维定量荧光检测仪及技术，实现在现场对油气显示精准检测判断和真假油气异常层识别。

（三）录井资料采集

气体检测定量化、连续化、实时化，钻具振动分析技术的应用为获得真正代表地层的信息，进行随钻地层评价提供了手段。

1. 气体检测定量化、连续化、实时化

（1）气体检测定量化

Geoservices公司的Flair实时流体评价仪：定量脱气和质谱监测技术运用在钻井作业现场，突破了常规气体检测系统只能在定量化方面监测，原法国Geoservices公司推出的Flair实时流体评价仪取得了一定的进展。突破钻井液中$C_1 \sim nC_5$气态烃组分的束缚，将现场气体检测范围扩大到$C_1 \sim C_8$，并可选择性地检测苯、甲苯、乙酸和CO_2、H_2S等非烃物质。在判断地层流体性质、判断油水界面、识别油藏改造程度、判断储层含烃饱和度、地质导向等方面有较好的技术优势。

（2）气体检测连续化

红外光谱分析技术：加拿大Wellsitegas公司的WGM、中石化经纬有限公司的SLXL-3/PLS、上海神开公司的快速录井仪。拉曼气体分析技术：指纹性振动谱准确识别气体种类，所需样品量少，不需要预处理，多烃组分样品同时无损检测，分析快速，高空间分辨率，基本无辅助设备，故障率低。

（3）气体检测实时化

在实时化方面，目前气体检测已经实现了由室内到井口，将来还将实现从地面到井下。

快速色谱系统及井下钻井液气体检测法（声波干扰法）的出现又使气测井突破了迟到时间束缚，红外光谱分析技术、拉曼气体分析仪的研发应用突破了烃组分分析周期束缚，在钻开储层的同时，进行气体检测，分析更快捷，获得气体参数更及时。

2. 钻具振动分析技术引入录井领域

在钻井过程中，钻具振动与钻柱及其组成部分的动力学特性有关。早在20世纪60年代，国际上就开始钻具振动问题的研究，并开发出各种检测仪器和解释技术，用来指导安全钻井，对工程、地质异常做出预测，达到减少工程事故、及时判断地下岩性和地层的目的。

（四）录井装备

通过进一步搭建和完善集钻井、录井、测井、试油、固井、定向井、钻井液等信息于一体的完整钻井井场信息及应用平台，实现资料快速采集、处理和解释的标准化与规范化，远程在线信息共享、专家诊断指导、油气评价、工程评价，保证通畅的信息交流、不分地域的专家讨论、生产决策的贯彻实施以及应急事件处理，为施工作业单位及油田各级生产决策与管理提供可靠的井场信息支持。作为井场数据中心和应用平台的重要组成部分，录井装备软件将会更具实用性、兼容性、专业性，囊括完整井筒信息集成、信息服务的网络化、数据分析智能化、数据应用的平台化、特殊钻井条件的专业软件包等。

国内录井装备技术在近 20 年来发展比较迅速，随着钻井新技术的不断涌现和油气勘探开发对象的变化，综合录井正处在一个机遇与挑战并存的发展时期，油气勘探开发的发展和相关行业的技术进步，为录井技术提供了广阔的发展空间。以录井信息为核心，以多种录井技术手段为基础，加强录井基础理论研究，建立和不断完善现代录井技术体系，使现代录井技术与相关新技术无缝衔接，相辅相成，将彰显其强大的生命力和应用价值。

（五）资料处理解释

录井资料处理解释就是对录井原始资料进行校正和处理，使之接近或达到归一化、标准化，并能够准确反映地下地层及油气层的真实面目的过程。资料处理技术经历了手工整理、计算机辅助处理两个阶段。21 世纪初期，开始进入用计算机处理时期。在计算机与信息网络技术的推动下，形成了录井油气层解释与评价技术系列，油气层解释与评价实现了由钻后向实时、定向向定量、静态向动态的转变，为制定和完善勘探开发方案提供了准确、直观的第一性资料。

（六）决策现场化

综合录井使用现代化的计算机系统进行综合性数据采集、存储、处理，为用户进行作业决策提供完备翔实的资料和强大的系统工具。应用到了钻井、测井、录井、随钻测量、中途测试、完井等各方面跨部门的井场作业，发展了综合评价技术，进一步地应用到井场废弃物处理以及各种作业的经济效益评价等诸多方面，强大完备功能的综合录井仪使作业决策趋于现场化。

第二节　技术简介

录井技术在国外一般称泥浆录井，是在钻井过程中应用电子技术、计算机技术及气体分析技术，借助分析仪器进行各种石油地质、钻井工程及其他随钻信息的采集收集、分析处理，进而达到发现油气层、评价油气层和实时钻井监控目的的一项随钻石油勘探技术，是随油气田勘探开发的需求而逐步发展起来的一门井筒技术，是油气勘探开发技术的重要组成部分，是油气勘探开发最基础专业技术之一。录井技术从岩屑、岩心录井起步，逐步发展到目前集多项技术综合运用的现代录井技术。

一 钻井工程录井技术

钻井工程录井是综合录井的重要组成部分，是在录井服务过程中利用综合录井仪对各种钻井参数进行实时监测，对工程数据异常进行预报，对随钻地层压力进行检测分析，实时指导钻井施工，避免钻井工程事故发生，降低工程事故风险，为科学、快速、优质钻井提供技术支持。

在工程钻进中，综合录井实时采集诸如钻时、钻压、悬重、立管压力、扭矩、转速、钻井液性能等大量参数，并计算出地层孔隙压力梯度、地层破裂压力梯度、上覆岩层压力梯度、地层压力系数、钻井液水马力参数等。同时，利用计算机系统进行实时屏幕输出显示、实现按深度或时间存储的历史数据及曲线回放记录，根据作业公司的施工设计，指导和监督钻井工程按设计施工。施工中，发现有异常变化及时判断，分析原因，提供工程事故预报，使工程施工方超前、及时采取相应措施，减少井下事故的发生，达到节约成本、提高钻井效益的目的。异常预报类型，见表4-2-1。

表4-2-1　钻井异常预报类型

钻具刺漏	遇阻	井涌	盐水侵
断钻具	卡钻	井漏	淡水侵
掉水眼	钻头寿命终结	硫化氢异常	气体钻井井下燃爆
堵水眼	井塌	二氧化碳异常	气体钻井钻具异常
留钻、顿钻	钻头泥包	石膏侵	气体钻井地层出水
蹩钻	跳钻	井喷	地层流体侵入

二 气测录井技术

气测录井属随钻天然气地面测量技术，主要是通过对钻井液中天然气的组成成分和含量进行测量分析，判断地层流体性质，间接对储层进行评价。气测录井技术所研究的对象是地层流体，充分了解石油、天然气的成分和性质，天然气在钻井液中的存在形式，脱气器气体分离等基础理论，才能更好地分析钻井液中所含天然气含量与油气藏的关系。

根据测量的方法原理不同，可分为光化学分析法、电化学分析法、色谱分析法、其他分析法等四类。

（一）光化学分析法

光化学分析包括吸收光谱、发射光谱两类，它是基于物质对光的选择性吸收或被测物质能激发产生一定波长的光谱线来进行定性、定量分析。它包括比色法、分光光度法、原子发射光谱法。

（二）电化学分析法

基于物质的电化学性质，产生的物理量与浓度的关系来测定被测物质的含量。它包括下列方法：电位分析法、电导分析法、库仑分析法、极谱分析法。

（三）色谱分析法

基于物质在两相中分配系数不同而将混合物分离，然后用各种检测器测定各组分含量的分析方法。

目前应用最广的有如下四种方法：气相色谱分析法（流动相为气体，固定相为固体或液体）、高效液相色谱法、薄层层析法和纸色谱法。

（四）其他分析法

光化学、电化学、色谱等三种分析法是目前最常见的分析方法。由于仪器分析技术发展迅速，目前发展出较多的其他仪器分析法，如差热分析法、质谱分析法、放射分析法、核磁共振波谱法、X–射线荧光分析法等。

三 岩屑录井技术

岩屑录井是在钻井过程中，录井人员按照一定的取样间距和迟到时间、连续收集和观察岩屑并恢复地下地质剖面的过程。由于岩屑录井具有简便易行、了解地下情况及时和资料系统性强等优点，因此，在油气田勘探开发过程中被广泛采用。

岩屑录井主要包括迟到时间的测定，取样及整理、描述，录井草图的编绘，影响因素识别和资料应用等技术。

四 岩心录井技术

岩心录井是在钻井过程中用一种取心工具，将井下岩石取上来并对其进行分析化验，综合研究而取得各项资料的方法。

岩心录井主要包括取心原则和取心层位的确定，工具和方式组合，前期准备，过程控制，出筒、丈量和整理，岩心描述等流程工作。

（一）X 射线元素录井

X 射线元素录井技术是以岩石化学为理论基础，通过对岩石样品进行 X 射线荧光光谱分析（XRF）获取岩石化学组分，进而进行岩性识别和地层评价的一项随钻地质分析技术，其理论基础是 X 射线荧光分析理论和岩石地球化学理论。

（二）X 衍射全岩矿物分析

岩石由各种矿物组成，因此准确判定岩性首先要明确矿物组成。X 衍射全岩矿物分析技术通过检测样品中具有晶形的所有矿物的含量，然后根据矿物成分和含量对样品进行岩性识别、定名。X 衍射全岩矿物分析可进行黏土矿物种类及含量分析，对泥页岩、致密砂岩等非常规储层评价具有较好的辅助作用。一方面解决由于岩样细小而造成的矿物、岩性难以识别的问题；另一方面随钻进行黏土矿物种类及含量分析，为油气层保护及压裂配伍提供依据。

（三）核磁共振录井

核磁共振（NMR，Nuclear Magnetic Resonance）录井技术属于低磁场核磁共振分析在石油勘探开发领域的一个应用分支，是 21 世纪初兴起的能快速、无损测量岩石物性参数的一种新技术。该技术通过测定岩石孔隙流体中氢原子核（1H）的含量多少及流体与岩石孔隙固体表面之间的相互作用来获取储层孔径大小、孔隙度、渗透率、流体饱和度等物性参数。

（四）显微荧光薄片分析

显微荧光薄片分析技术是在普通偏光显微镜技术基础上发展起来的一种显微镜观察技术，是通过荧光显微镜研究岩石及其含油特征的一种快速简便的分析手段。该技术是常规岩矿鉴定与显微荧光观察的有机结合，在不破坏原岩结构状态的情况下，烃类与岩石组构同时观察，能够清晰地反映出烃类不同成分和含量以及石油烃类在岩石中的存在方式，直观地揭示了岩石中石油烃类分布与岩石结构、构造、次生缝洞的关系，从而为评价油气层提供可靠依据。

（五）定量荧光录井

定量荧光录井技术是 90 年代初，由德士古石油公司伯恩斯和斯特奥尔率先开发的一项定量检测原油荧光的技术。该项技术利用了石油中的不饱和烃在紫外光的照射下能发射荧光的特性，实现了原油荧光的定量分析、解释。随着技术的发展，从最初一维荧光（单发单收），发展为二维荧光（单发多收），目前已实现了三维荧光（多发多收）。

（六）碳同位素录井

碳同位素录井技术通过随钻过程中快速采集检测钻井液气和岩屑罐顶气两种类型气体的甲烷、乙烷、丙烷的 $\delta^{13}C$，基于同位素动力学和热力学分馏理论，利用连续的碳同位素数据识别油气成因类型，计算成熟度，进行油气源对比和油气藏地球化学分析，评价致密砂岩和页岩油气甜点，评价储层连通性，预测产能等，为油气勘探开发决策提供同位素地球化学角度的依据，为油气评价提供了新的角度和思路。

（七）岩样伽马能谱录井

岩样伽马能谱录井是通过测量岩石样品中铀、钍、钾的放射性强度，获取放射性元素含量及变化信息，进行储层黏土矿物类型判识、泥质含量计算，辅助识别岩性、评价沉积和成岩环境的一项录井新技术。该项技术样品具有来源广、不受钻井施工工序及时间限制、不受井眼环境限制等优势，能够更加全面、系统地了解单井及区域放射性元素变化特征。它填补了地层放射性元素含量录井检测的空白，丰富了录井技术系列。

（八）随钻地层压力检测

随钻进行压力检测，具有直接性、实时性和准确性，在预报钻井事故、提高钻井时效、防止油气层污染、发现油气层及评价产能等方面具有重要作用。它既可实时随钻检测液柱压力、地层异常高压，也可以计算出钻井液密度等，可以得到多项参数。

六　定测录导一体化

定测录导一体化技术是在定向井技术、录井技术、测井技术融合基础上发展而来，以地质研究为基础，整合定向、录井、地质、测井等专业技术优势，利用随钻测量、测井参数和综合录井检测信息中的岩性、钻时、气测、元素等资料，依托井场综合信息平台、三维地质导向系统，实时掌握油气层变化动态信息，灵活调整钻井轨迹，形成通过定向钻井工艺引导钻头向地质目标钻进的多学科、综合性工艺技术，该技术实现了一体化设计、一体化施工、随钻一体化综合解释评价，有效提高了优质储层钻遇率和钻井时效。

该技术以建立井场一体化决策中心、定测录导一体化技术模式，开展三维地质建模技术研究和开发随钻一体化解释评价系统为发展方向，形成高效优质的一体化综合服务能力。

第三节　主要设备与工具

一　仪器房及传感器

（一）仪器房

综合录井仪是由仪器房、电源、数据采集处理、气体分析、传感器、计算机、地质仪器和配套设备组成完整的仪器系统。仪器房可分为普通型仪器房和正压防爆型仪器房，防爆型仪器房要取得防火防爆认证。录井仪器房外壳一般是由瓦楞状的波纹钢板构成的拖橇集装装置。

仪器房由照明系统、办公设备、空调系统等组成。仪器房是为综合录井设备提供工作条件，为操作人员提供工作场所的装置。综合录井仪器房不仅具有适应野外频繁移动、搬迁、安装的特点，同时能够适应较为恶劣的地理、气候环境。综合录井仪组成结构，如图4-3-1所示。

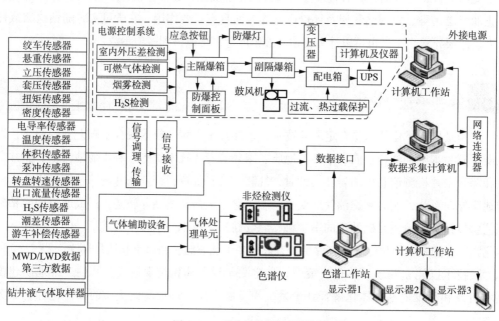

图4-3-1　综合录井仪组成结构图

1. 电源

综合录井仪为适应钻井现场供电情况和外围设备的保护需要，提供了一套完整的强电配电系统，保证了仪器在野外恶劣的供电条件下能稳定可靠地运行，电源系统主要由隔离变压器、强电配电箱、不间断电源等组成。

综合录井仪输入主电源是由外电源的三相四线制（A、B、C、N）或三相三线制（A、

石油工程基础

B、C）供电电源进入录井采集房的配电箱内，通常电源电压为交流 380V、50Hz，也有交流 220V 或 440V、60Hz 等不同的供电方式。综合录井仪在钻井现场大多使用钻井队发电机供电，极少数情况下用工业电网供电，仪器供电功率一般在 20kW 左右。

2. 正压防爆

综合录井仪所使用的正压防爆安全控制系统采取控制可燃性气体浓度和隔离点火源方式来达到防爆要求。

在启动仪器供电电源之前，安全控制系统处于工作状态。安全控制系统中的继电器和接触器等电器部件无防爆功能（点火源），因此安装在隔爆箱中，使电器部件组成的安全控制电路在工作时产生的电火花不会引起隔爆箱以外的可燃性气体爆炸。

为了限制采集房内可燃性气体浓度，系统通过安装在离采集房上风口 50m 以外的防爆风机抽取安全区域的清洁空气来不断替换采集房室内空气，使采集房室内和室外保持一定的正压力差，以阻止采集房外可能存在的危险气体（可燃性气体或有毒有害气体）进入采集房内。根据防爆要求，需抽取清洁空气连续清扫采集房内数遍后，采集房内的环境被认为达到安全标准。在清扫完成后，通过调节清扫空气进出防火闸的开启大小，使采集房室内正压力达到设定压力值以上。系统在运行期间采集房室内正压力低于设定压力值（如采集房门、逃生窗没有及时关闭，防火风闸开启过大等），将发出声光报警提示，若在设定时间内室内压力不能恢复到设定值以上，系统将自动关闭供电电源。

采集房内各项环境指标检测合格后，正压防爆安全控制系统给配电系统供电。

3. 数据采集

数据采集（DAQ，Data Acquisition）是指从传感器和其他待测设备等模拟和数字被测单元中自动采集或产生信息的过程。数据采集系统（DAQS，Data Acquisition System）是结合基于计算机的测量软硬件产品来实现灵活的、用户自定义的测量系统。

数据采集的目的是测量电压、电流、温度、压力或声音等物理现象。基于计算机的数据采集，通过模块化硬件、应用软件和计算机的结合，进行测量。尽管数据采集系统根据不同的应用需求有不同的定义，但各个系统采集、分析和显示信息的目的却都相同。数据采集系统整合了信号、传感器、信号调理、激励器、数据采集设备和应用软件。

综合录井数据采集系统是通过传感器（分析仪器）、信号接口、计算机软硬件系统对钻井过程中工程、钻井液、气体等信息进行采集的系统。

4. 气体分析

气体分析系统通过色谱仪对钻井液所携带的地层气体进行在线分析，为油气储层评价解释提供依据。色谱仪主要包括全烃检测仪、烃组分检测仪和非烃检测仪。全烃检测仪是通过氢火焰离子化检测器（FID），连续检测全烃；烃组分检测仪是通过氢火焰离子化检测器，采用气相色谱法周期检测甲烷、乙烷、丙烷、异丁烷、正丁烷、异戊烷、正戊烷七种烃组分；非烃检测仪是通过热导检测器（TCD），采用气相色谱法、红外线法周期检测二氧化碳和氢气。

综合录井仪的气体分析系统采用气相色谱技术和红外线检测技术及拉曼激光气体分析

技术，由于气相色谱法具有分离效能高、速度快的特点，气体参数检测广泛采用了气相色谱分离技术。

（1）色谱定义

色谱是一种分离技术，这种分离技术应用于分析化学领域中，就是色谱分析。它的分离原理是使混合物中的组分在两相间进行分配，其中一相是不动的，叫作固定相；另一相则是推动混合物流过固定相的流体，叫作流动相。当流动相中所含有的混合物经过固定相时，就会与固定相发生相互作用。由于各组分在性质和结构上的不同，相互作用的大小、强弱也有差异，因此在同一推动力作用下不同组分在固定相中的滞留时间有长有短，从而按先后不同的次序从固定相中流出。这种借两相间分配原理而使混合物中各组分获得分离的技术，称为色谱分离技术或色谱法。录井系统对于烃类气体的分离采用了气液分配色谱，而对非烃气体的 H_2、CO_2 的分离采用了气固吸附色谱。

（2）气相色谱分析流程

气相色谱分析流程，如图 4-3-2 所示。

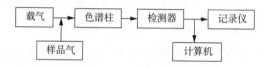

图 4-3-2　气相色谱流程简图

①载气：即流动相，携带样品气进入色谱柱和鉴定器进行分离和检测的气体。

②样品气：待分离鉴定的混合气体。

③色谱柱：是一根不锈钢管或铝管，内部充填固定相，进行混合物的分离。

④检测器：将色谱柱中流出物质的组分及其含量变化转化为电信号的装置。

⑤记录仪：将鉴定器输出的微弱电流信号进行放大后供输出设备记录或录入。

⑥计算机：将鉴定器输出的电信号自动记录和录入的装置。

5. 计算机

综合录井计算机系统包括硬件系统和软件系统两大部分，由采集计算机、处理计算机、终端监视器和综合录井软件组成。记录设备由打印机或记录仪组成。

（二）传感器

综合录井系统基本配置一般包含 13 种传感器，分别安装在井台、钻井液入口、钻井液出口三个区域，经传感器信号线缆引入仪器的信号接口板，或通过无线传感器信号发射及仪器房端信号接收，进入计算机软件系统。其中模拟量传感器 10 种，多采用输出 4~20mA（或 0~20mA）电流方式，数字量传感器 3 种，采用输出电压（0~8V）脉冲方式。

1. 分类

录井传感器按信号输出类型分类，可分为模拟量传感器和数字量传感器。录井系统所配置的 20 多个传感器，除大钩高度、转盘转速和泵冲是数字量传感器外，其余均为模拟量传感器。录井系统的传感器按测量参数分类，见表 4-3-1。

表 4-3-1 传感器分类表

传感器类型	测量参数
压力	大钩负荷
	立管压力
	套管压力
	机械扭矩
	碳酸盐
电流	电扭矩
电导率	入 / 出口钻井液电导率
密度	入 / 出口钻井液密度
温度	入 / 出口钻井液温度
液位	1~5 号钻井液池体积
流量	出口钻井液流量
浓度法	H_2S
脉冲	大钩高度
	转盘转速
	1~3 号泵冲

2. 技术指标

传感器的技术指标，既是衡量传感器质量好坏的重要标准，也是系统校验的理论基础。录井系统传感器的技术指标主要有测量范围、量程、精度、分辨率、重复性、稳定性和响应时间等。

（1）测量范围

测量范围是指在允许误差极限内被测量值的范围。例如，某型大钩负荷传感器的测量范围是 0~4000MPa。

（2）量程

量程是指测量范围上限值和下限值的代数差，其中上限值又称为满量程值（F.S.）。

（3）精度

精度又称精确度，表示测量结果与被测量"真值"的接近程度。精度可以用极限误差来表示，也可以用"极限误差"与满量程之比按百分比数给出。

即：精度 = 极限误差 /F.S.×100%

精度规定了测量时最大的允许误差，因为测量的各个环节均会引入误差，在选择传感器时其本身的精度要高于综合录井仪部颁标准所规定的指标，以保证整个测量的精度。

有些时候以"误差"代替"精度"指标来规定对精度的要求。

（4）分辨率

分辨率指传感器在规定测量范围内可能检测出的被测量的最小变化量。分辨率反映了测量系统对输入的敏感程度。

（5）重复性

重复性指在一定条件下，对同一被测量值进行多次连续测量所得结果之间的符合程度。

（6）响应时间

响应时间是指从输入量开始起作用到输出指示值进入规定稳定值的范围所需要的时间，是一个动态特性指标，表征了测量系统对输入变化的反应速度。在某些参数的测量中，响应时间是非常重要的参数。

3. 测量参数

传感器测量参数，见表4-3-2。

表4-3-2　传感器测量参数

类别	参数	用途
钻井液参数	流量	出口流量传感器，直接测量参数。钻井液出口流量变化与入口流量对比，可以监测是否有钻井液漏失和地层流体进入，及时预报井涌、井漏和井喷
	体积	池体积传感器，直接测量参数。测量钻井液池体积变化，可以监测是否有钻井液漏失和地层流体进入，及时预报井涌、井漏和井喷
	密度	入/出口密度传感器，直接测量参数。反映钻井液中的同物质含量，可以监测地层流体进入，及时预报井涌、井漏和井喷，为计算地层压力等提供实时数据，为调整钻井液性能、优化钻井提供方案
	温度	入/出口温度传感器，直接测量参数。钻井液温度的变化可以间接反映地热梯度，是监测异常压力的重要参数，监测是否有钻井液漏失和地层流体进入，及时预报井涌、井漏和井喷
	电导率	入/出口电导率传感器，直接测量参数。监测钻井液的电导率变化，根据变化趋势监测是否有地层流体进入，判断侵入钻井液中地层流体的性质
钻井工程参数	钻时	计算参数。每钻进1m所需要的时间（min/m），是衡量岩层可钻性的指标之一，可以判断钻头的使用情况
	钻速	计算参数。每单位时间内的钻头进尺（m/h），是衡量岩层可钻性的指标之一，可以判断钻头的使用情况
	转速	转盘转速传感器，直接测量参数。用以测量转盘转速，为优化钻井、压力检测提供所需的数据
	泵冲	泵冲数传感器，直接测量参数。用以测量钻井液泵每分钟的活塞动作次数，根据输入的单冲泵容积、泵效率等参数计算出入口流量，计算迟到时间及其他派生参数
	悬重	悬重传感器，直接测量参数。通过测量大钩负荷参数变化，可以判断钻井工作状态，计算钻压，提供优化钻井所需的数据，判断卡钻、遇阻、掉钻具等工程事故
	钻压	计算参数。钻头施加在井底上的压力，通过悬重换算求得，用以判断溜钻、顿钻等事故
	扭矩	扭矩传感器，直接测量参数。通过测量扭矩参数变化，可以反映钻头使用及工程异常情况（钻头泥包、钻头终结、井塌、钻具扭断等）、地层岩性变化、井身质量等
	立管压力	立压传感器，直接测量参数。通过测量立压参数变化，可以监测循环系统的工作状态（开、停泵，循环钻井液），提供水动力学计算，优化钻井所需的实时数据，判断工程事故（刺钻具、憋泵、水眼堵、掉水眼、掉钻具等）
	套管压力	套压传感器，直接测量参数。通过测量套压参数变化，可以监测井筒内压力变化，为测试计算地层压力梯度和处理工程事故、制定科学方案提供可靠依据
	深度	绞车传感器，绞车滚筒参数转换。用于计算井深、钻时、钻头位置、大钩高度、大钩运行速度和判断大钩运动方向

类别	参数	用途
气体参数	硫化氢	硫化氢传感器，直接测量参数。通过测量 H_2S 气体引起半导体的气敏反映变化，并转化成电信号，测定地层中 H_2S 气体的浓度，为维护设备人身安全提供第一手资料
	全烃 $C_1 \sim C_5$	色谱检测仪。用于发现、评价油气层，认识地层流体活跃状态，及时做好井控工作
	CO_2	二氧化碳检测仪。测量钻井液气体中二氧化碳含量，二氧化碳与石油和其他天然气相伴生，来自火山喷发、石灰岩受热变质释放，根据二氧化碳含量判断地层流体的生成环境

二 地质实验室

（一）地质荧光灯

石油在紫外线照射下会发出一种特殊"光亮"，当照射停止时发光现象即消失，这种特性称石油的荧光性。石油的荧光性与石油内各组分含量有关，且不同的组分有不同的荧光色调。油质色浅，为浅蓝或乳白色，胶质为黄色，沥青质为棕黄或棕褐色。岩心、岩石及钻井液中只要含有十万分之一的石油或沥青物质，在荧光灯下就有显示，荧光灯成为地质录井现场不可或缺的重要设备之一。

（二）元素分析仪

对矿物元素分析就是对铜、铅、锌、锰、铁、钨、锡、锑、钴、镍、钛、铝、砷、汞、硅、硫、磷、钼、锗、铟、铍、铀、镉等元素成分进行测定。在石油地质录井工作中，分析岩石矿物的元素组成可以为地层划分、岩性识别和岩相分析提供准确的科学依据。在现场录井中，元素分析仪已经成为地质工作的一种高端设备。元素分析仪的分析原理如图 4-3-3 所示。

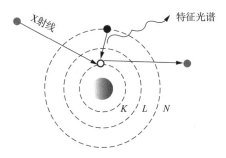

图 4-3-3　元素分析仪的分析原理图

（三）热真空蒸馏脱气器

热真空蒸馏脱气器主要原理是采用加热搅拌和降压的方式将呈游离、溶解、吸附于钻井液中的气体全部分离出来，是对普通脱气器的有效补充，在石油录井行业中得到广泛使用。热真空蒸馏脱气器工作原理，如图4-3-4所示。

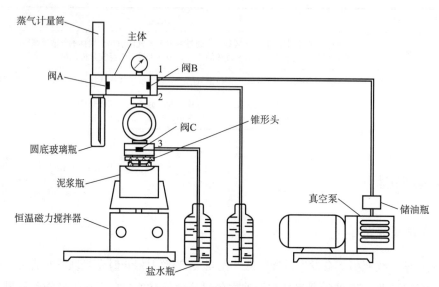

图 4-3-4　热真空蒸馏脱气器工作原理图

（四）双目显微镜

大部分岩石样品由光学各异性材料组成，在显微镜下用于矿物辨别的两个重要的特性是矿物本身的颜色和光学性质。显微镜技术在现场地质工作中起到了重要作用，可用于分析晶粒大小和形状、矿物的结晶度和表面形态，并基于这些性质对其进行辨别。

（五）氯离子滴定皿

钻井液的含盐量是指钻井液中含氯化物的数量。通常以测定氯离子（Cl^-，简称氯根）的含量代表含盐量，单位为 mg/L。它是了解岩层及地层水性质的一个重要数据，在石油勘探及综合利用找矿等方面都有重要的意义。

（六）碳酸盐岩分析仪

碳酸盐岩是沉积形成的碳酸盐矿物组成的岩石，碳酸盐岩分析主要分析岩屑中碳酸盐的含量，为岩屑定名提供有力依据。

（七）智能岩屑捞洗机

智能岩屑捞洗机包括采集装置、过滤装置、清洗装置、加热装置、循环装置、收集装置、控制装置。使用过程中，完全实现自动化作业。无须人工实时监测捞洗装置的工作情况，只需要定期收集接砂盘内所收集的岩屑即可。

智能岩屑捞洗机完全采用机械化处理，对于恶劣环境的适应性强，且采集岩屑的间隔、速率等均可设置，准确率高，对于地质情况的分析更加准确。

第四节　施工工序

按照施工设计要求，需经过生产准备、设备搬迁、设备安装、设备调试、开钻验收、钻进过程录井作业、完井作业条件下录井作业、设备拆卸及资料整理等流程，每个步骤须紧密连接，以确保录井施工任务的完成。录井施工工序如图4-4-1所示。

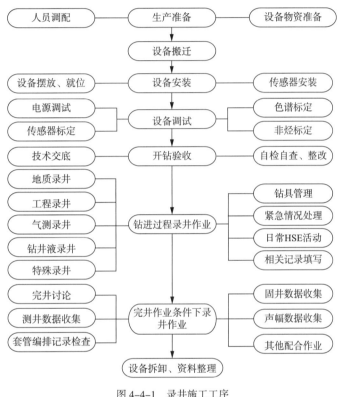

图4-4-1　录井施工工序

本章要点

1. 录井技术是在钻井过程中应用电子技术、计算机技术、气体分析技术、网络通信技术及传感器技术，通过钻机相关部位安装的传感器，在随钻施工作业中，将相应变化的物理量转换成电信号，借助分析仪器、计算机和相应解释图版对油气地质、钻井工程及其他随钻信息进行分析处理，进而达到对钻遇地层含油气性评价、地层压力预测及钻井安全监控的一项随钻石油勘探技术。

2. 综合录井仪可以在随钻实时状态下采集钻井液、钻井工程及钻井液中烃类和非烃类气体等特性参数，实现钻井过程实时监测、异常预报、发现油气层、保护油气层，减少井下事故、提高综合勘探效益的目的。

3. 综合录井配套的各种技术和仪器设备可以在现场提供从单井油气层的发现、解释到储层的分析、评价，生油层的生油资源评价等一整套手段和方法，在钻探现场及时、准确地进行油气资源评价。

4. 气测录井根据测量方法原理不同，可分为光化学分析法、电化学分析法、色谱分析法、其他分析方法等四类。

5. 在工程钻进中，综合录井实时采集诸如钻时、钻压、悬重、立管压力、扭矩、转速、钻井液性能等大量参数，并计算出地层孔隙压力梯度、地层破裂压力梯度、上覆岩层压力梯度、地层压力系数、钻井液水马力参数等。

6. 综合录井使用现代化的计算机系统进行综合性数据采集、存储、处理，为用户进行作业决策提供完备翔实的资料和强大的系统工具。

7. X射线元素录井、X衍射全岩矿物分析、核磁共振录井、显微荧光薄片分析、定量荧光录井、碳同位素录井、岩样伽马能谱录井和随钻地层压力检测是正在推广应用的录井新技术。

8. 定测录导一体化是以建立井场一体化决策中心、定测录导一体化技术模式，开展三维地质建模技术研究和开发随钻一体化解释评价系统为发展方向，形成高效优质的一体化综合服务能力。

第五章

测井工程

测井工程是在油气藏勘探和开采过程中，在所钻的井筒中用各种仪器采集、记录与地层和井筒及其中介质的物理性质有关的各种信息，并对测量结果进行分析研究的一项技术。测井工程为油气藏的勘探和开发提供大量重要的相关资料。

第一节　专业概况

测井的全称是油矿地球物理测井或矿场地球物理测井，是地球物理学的一个重要分支学科。测井技术是采用声、电、核、磁等物理测量方法，应用电子及计算机等技术，将各种测井仪器下入井内，沿着井筒连续记录随深度变化的地层参数并形成测井曲线，通过测井资料解释评价，得到地层的岩性、孔隙度、渗透率及含油饱和度等参数，来识别地下岩层的岩性和油、气、水、煤、金属等矿产资源。分为裸眼井测井和套管井测井。

裸眼井测井是在未下套管的裸眼井中充满钻井液或其他流体时所进行的测井作业。套管井测井是下入套管的井中，从油井投产至报废整个生产过程中，利用各种测井仪器进行井下测试以获取相应地下信息的测井作业。

测井资料解释评价是依据测井曲线形态特征反映的地层岩性、物性和含油性，结合地区经验，对储集层作出综合性的地质解释。测井资料综合解释一般包括收集资料、资料预处理、资料处理、综合评价与解释四个过程。

一　发展历程

模拟测井（1964年以前）。在1927年测井问世以后，人们将电、声、核、磁等各个领域内的理论和技术应用于测井，研制出多项测井技术。1931年至1956年，自然电位测井、自然伽马测井、感应测井、密度测井、三侧向和七侧向测井、声波测井、中子伽马测井等相继诞生。截至1964年，用于地层评价的常规测井系列基本齐备。在这一时期，地面记录主要采用检流计光点照相记录仪。国内典型的测井系统为西安石油仪器厂的JD-581。

数字测井（1965—1972年）。1965年，斯伦贝谢公司首次用"车载数字转换器"记录数字化测井数据，数字测井时代开始。数字记录的测井资料便于计算机处理，测井解释由单井向多井发展，测井资料的应用由单井地层评价向油（气）藏静态描述发展。这一阶段典型的测井系统为阿特拉斯的3600测井系统、西安石油仪器厂的83系列等。

数控测井（1973—1990年）。1973年，第一次在现场用现代计算机记录和处理数据，数控测井时代开始。数控测井地面采集系统完成对下井仪器测量数据的采集和实时记录，并能在井场进行快速直观分析。这一阶段测井系统的主要代表为斯伦贝谢的CSU测井系统、阿特拉斯的 CLS-3700 测井系统、西安石油仪器厂 SKC-3700 和胜利测井公司的 SL-3000 型数控测井系统。

成像测井（1991 年以后）。1986 年，第一种成像测井仪器（微电阻率扫描成像测井仪）问世，测量结果由传统的测井曲线变成二维或三维图像，为裂缝识别和评价提供了全新的手段。1991 年先后出现了声、电成像测井仪器、核磁共振测井仪器、阵列感应测井仪器、多极子阵列声波测井仪等。这一阶段的测井系统的代表为贝克休斯的 ECLIPS-5700、哈里伯顿的 EXCELL-2000、斯伦贝谢的 MAXIS-500，胜利测井公司的 SL-6000 型高分辨率多任务测井系统和西安石油仪器厂的 ERA-2000 成像测井系统。

二 行业发展现状

测井技术始终围绕着满足油气勘探与开发的需求和挑战而发展。现代测井技术的应用覆盖到油气勘探与开发全过程，现场数据采集和施工能力基本适应石油工程的技术发展，可以完成水平井、大斜度井、复杂井、超深井（高温、高压）、小井眼作业井等，施工区域已拓展到海洋、沙漠及山区。

中国测井行业虽经过 70 余年的发展，技术上取得了较大的进步，但是仍旧在技术上落后于国外先进企业，主要表现在储备技术少，成果转化慢，综合性研究人才缺乏，自主创新能力不足等。我国测井技术和装备多年来主要走的是引进、消化、吸收的技术路线。经过多年的探索，已开始摆脱模仿型技术路线，基本走出了跟踪引进的阶段，已经具备一定的自主创新能力，20 世纪 90 年代相继推出了自主研发的多种型号的数控测井系统。近年来，我国进一步加大科技攻关力度，少数国内企业已可自主生产与国际水平相比拟的成像测井仪器。尽管当前中国测井行业技术水平与国际水平尚有一定差距，但是就整体发展速度来看，发展前景仍旧可期。

测井技术的发展主要体现在测井装备的升级换代，随着现代科技的发展，测井装备向高可靠、集成化、网络化发展，在原有的电、声、核等测量原理的基础上，发展了许多新的测量方法、新技术和新工艺。井下仪器向阵列化和集成化发展，变单点测量为阵列测量，测量精度得到大幅提升，功能也越来越完善。测井服务项目由单一向综合发展，提高了测井装备远程单独作业的能力。成像测井系统已成为测井的主力技术装备，声、电成像，核磁共振，正交偶极子阵列声波，元素能谱和动态地层测试器等也已成为重要的测井技术。随钻测井系列不断完善，广泛应用于特殊、复杂钻井条件下的测井。过套管电阻率测井、三分量感应测井和井下永久传感器等高端技术已研制成功并得到应用。

测井资料应用从传统的单井评价向多井评价发展，从单学科向多学科综合发展，提高了测井解决地质和工程问题的能力，为制定油气藏综合化管理的整体解决方案提供强有力依据。针对不同服务领域和勘探开发对象的测井处理、解释和评价新技术及其应用软件不断出现。测井岩石物理性质、测井方法和数值模拟计算、测井刻度与物理模拟以及传感器设计研究方面每年都有新进展，创建了比较完善的实验室网络体系。

近年全球测井行业持续稳定发展，技术进展集中表现为传统技术的性能提升、新型技术的系列完善，以及前沿技术的探索研究等。国际先进测井技术仍将以大型测井服务公司引领为主，随钻测井技术、旋转导向技术向纵深发展，测量系列日趋完善，地层测试技术需求不断增加，未来应用范围广阔。成像测井、核磁共振测井、地层测试及油藏监测等领域取得了显著进展，光纤监测技术快速发展，具体表现在电缆测井测量精度大幅提升。随钻测井系列不断完善，探测深度和数据传输率逐步提高。随钻测井方法向多样化发展，随钻声、电、核、磁、地层测试等方法，全面替代电缆测井，使随钻地层评价（FEWD）成为必然结果，并且随钻测井仪器向集成化、小型化、贴近钻头化，以及阵列化（成像测井）发展。

测井解释评价软件向多学科一体化方向发展，更重视油气藏综合评价和测井基础理论方法研究。测井技术具有分辨率高、连续性强、节约成本等优势。随着油气勘探开发向着更深更复杂储层的推进，常规测井技术逐渐难以满足当前地层评价的需求，为此，越来越多的石油公司和服务公司致力于改进、提升测井探测和评价能力。

受油气产量和消费量增长的双重拉动，国内石油勘探开发投资规模呈持续上升态势，而测井是勘探开发的必要环节，因此测井仪器的需求将保持上升趋势，随着国内经济的快速发展，测井仪器行业需求旺盛，国产替代趋势明显。目前国产测井仪器相比于进口设备有着较高的性价比，但与同类型的进口设备存在明显的差距。随钻测井系统和旋转导向系统是我国测井行业未来发展方向，但是测井数据存储和传输速率仍然是有待攻克的关键技术。随着世界各国经济发展和我国综合国力提升，适时开展国际合作或并购，把握国外大公司重组整合机遇，提高研发起点，推动测井技术跨越式发展，增强我国测井行业的竞争力。

第二节　技术简介

一　测井方法

按照测量原理的不同，常见的测井方法有电法测井、声波测井和放射性测井。

电法测井是以研究钻孔中岩层间电学或电化学性质差异为基础的一组地球物理勘探方法。一般使用由一个或多个电极组成的电极系，放置在充有导电钻井液的裸眼井中，运用电磁感应原理或者电流聚焦等方法，测量在岩层影响下的人工电场分布，通过研究地层导电性能，识别钻孔剖面上的岩性，划分地层剖面，计算含油饱和度，研究地质构造和沉积环境特征。电法测井技术从早期的普通电阻率、双感应、双侧向到较为先进的阵列感应和阵列侧向，发展为由传感器阵列扫描或旋转扫描的方位侧向和微电阻率扫描成像。

声波测井是以岩石的声学研究为基础的地球物理测井方法。测井时，将一个受控声波振源放入井中，声源发出的声波引起周围质点的振动，在地层中产生纵波和横波，在井壁-钻井液界面上产生伪瑞利波和斯通利波。根据声波在不同岩石中传播时速度、幅度及频率的变化，来研究地质剖面的声学特性，分析岩性特征，计算地层孔隙度，识别气层和裂缝，研究岩石力学、应力参数计算，定性判断裂缝发育段，研究地层各向异性。声波测井技术有测量声波速度的补偿声波、数字声波，还有较为先进的多极子阵列声波和声波成像技术。

放射性测井是以地层和井内介质的核物理性质为基础的地球物理方法。测井时，用探测器在井中连续测量由天然放射性核素发射的或由人工激发产生的核射线，以计数率或标准化单位记录射线强度随深度的变化。这类测井方法可在裸眼井和套管井中测定岩性，判断气层，确定储集层孔隙度，进行地层元素分析和评价，观察油田开发动态和研究油井的工程质量。放射性测井技术包括自然伽马、自然伽马能谱、补偿中子、岩性密度等测井仪器，方位中子、密度成像技术是未来的发展方向。

二　测井工艺

电缆测井技术是应用时间最早、应用时间最长、应用范围最广的测井施工工艺。利用测井电缆给井下仪器供电并控制下井仪器工作状态，同时将测井数据信息传输到地面操作系统，完成数据的采集和存储。

存储式测井适用于复杂井眼条件、大斜度井和长位移水平井，提升了测井作业安全性和时效性。存储式测井的出现使测井现场施工技术有了大幅提升，发展至今主要有：

①直推存储式测井技术。是将测井仪器通过过渡短节直接连接在钻具底部，使用钻具传输至测量井段，随钻具下放、上提完成测井资料采集，并将测井数据存储在井下仪器内部，无须测井电缆一次下井可完成所有测井项目。

②泵出存储式测井技术。是将测井仪器固定在仪器保护套或钻杆内，由钻杆输送到测量井段或井底，利用钻井泵压力，使测井仪器串从保护套或钻杆水眼进入裸眼井段，并悬挂在保护套或钻杆下面，在起钻的同时进行测井数据采集，同时将测井数据存储在下井仪器内部。

③过钻头测井技术。利用测井电缆牵引或泥浆泵送的方式，将小直径的测井仪器从钻具水眼送至裸眼井段，仪器挂接在安装于钻具底部的保护舱中，随着起钻进行测井数据采集并将数据存储在下井仪器内部。

④随钻测井技术。随钻测井技术是在钻进过程中实时进行的一种测井技术，通过在钻具中加入无磁钻铤，并在其中加入测井仪器，在钻开地层的同时，测量地层岩石物理参数，并将数据存储在井下仪器内部，同时将关键地层参数和工程参数转变为钻井液压力脉冲，

随钻井液循环传送到地面，通过计算机处理，输出可见测井曲线。

⑤旋转导向钻井。旋转导向钻井是指随旋转钻柱实时完成钻井导向功能。旋转导向钻井技术的核心是旋转自动导向钻井系统，它主要由地面监控系统、地面与井下双向传输通信系统和井下旋转导向钻井系统三部分组成。具有钻进时的摩阻与扭阻小、钻速高、钻头进尺多、钻井时效高、建井周期短、井身轨迹平滑易调控等特点，是现代导向钻井技术的发展方向。

井下旋转导向钻井系统是旋转导向技术的核心。根据导向方式可划分为推靠式和指向式。推靠式是在钻头附近直接给钻头提供侧向力，来变更钻头的井斜和方位；指向式是通过近钻头处钻柱的弯曲使钻头指向井眼轨迹控制方向，预先定向给钻头一个角位移，通过为钻头提供一个与井眼轴线不一致的倾角来使钻头定向造斜。根据偏置机构的工作方式划分为静态偏置式和调制式。静态偏置式是偏置导向机构在钻进过程中不与钻柱一起旋转，从而在某一固定方向上提供侧向力；调制式是偏置导向机构在钻进过程中与钻柱一起旋转，依靠控制系统使其在某一位置定向支出提供导向力。

三 资料解释评价

测井解释评价用测井资料划分井剖面的岩性和储集层，评价储集层岩性（矿物成分和泥质含量）、储层物性（孔隙度和渗透率）、含油性（含油饱和度）、生产价值和实际生产情况，地层评价是测井技术最基本和最重要的应用，也是测井其他应用的基础。

常规油气一般存在于砂岩和碳酸盐岩中，碳酸盐岩油气藏具有很强的非均质性，裂缝型、孔洞型、裂缝–孔洞型等复杂的孔隙空间类型及其极不均匀的随机分布，都导致这类储层具有极强的各向异性，并在岩石物理学和渗流物理学乃至油气分布等方面具有比砂岩储层更为复杂的特点，这类油气藏的储层测井评价颇具难度。

泥页岩油气藏属于非常规油气藏，与常规油气藏不同之处在于它属于自生自储，原地聚集成藏的油气藏。页岩气是一种以吸附和游离状态同时存在于泥页岩地层中的天然气，是以热成熟作用或连续的生物作用为主以及两者相互作用生成的并聚集在烃源岩中的天然气。页岩油气的储存状态多种多样，一些以游离相存在于天然裂缝与粒间孔隙中，一些吸附在干酪根或黏土颗粒表面，还有的溶解于干酪根和沥青中。与常规油气相比，页岩油油藏的孔隙小到纳米级，采出难度极大。利用测井资料划分页岩油气甜点段，首先应该确定关键参数，评价储集段质量和含油丰度，然后根据储集段质量和含油丰度划分甜点段类别。

固井质量评价测井是检查固井作业后，套管与水泥环（第一界面）、水泥环与地层（第二界面）封隔情况的测井方法的总称。固井质量解释的核心是对水泥环层间封隔性能作出评价。

套管井测井解释评价包括注入剖面解释、产出剖面解释、剩余油饱和度解释和工程测井解释的基本原理和方法。注入剖面主要用于确定注入水等流体的去向和注入量，了解油气田开发的动向。产液剖面可以综合分析生产井各产层油、气、水的产出量及各相的含量。

套后饱和度测井是固井以后在套管内进行的饱和度测试方法，是监测油气田开发动态的重要手段，主要利用储层、孔隙流体（油气水）的岩性、物性、电性、含油性的差异，来评价剩余油饱和度，为开发调整及措施实施提供依据。

第三节　主要设备与工具

一　主要设备

（一）测井地面操作系统

ECLIPS-5700 测井系统是由美国贝克休斯公司 20 世纪 90 年代初推出的新一代成像测井系统，ECLIPS-5700 测井系统是在 CLS-3700 系统的基础上发展起来的一种增强型计算机化的测井评价处理系统。该系统采用功能很强的工作站作为主机及高速数据通信的 WTS 遥传系统。该系统满足了现代测井仪器阵列化、谱分析化、成像化的大规模数据处理的要求，详见图 5-3-1。

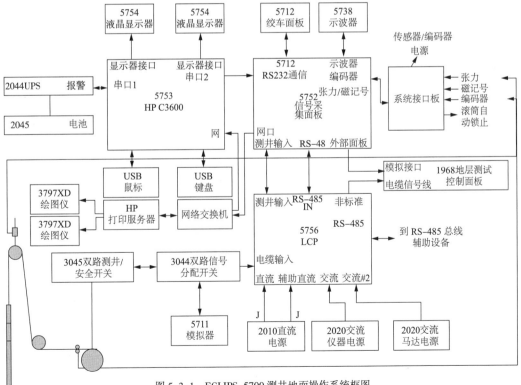

图 5-3-1　ECLIPS-5700 测井地面操作系统框图

EXCELL-2000 测井系统是由哈里伯顿公司制造的数字传输成像测井系统。该系统是 20 世纪 90 年代中期为满足现场测井数据采集和数据处理需求而开发生产的，具备远程联网能力；系统测井项目齐全，包含 DITS 系列常规测井、成像测井、模块地层测试器、套管井 RMT 储层监测仪、CBL、套管井测井系列及射孔和工程作业服务。地面计算机采用 IBM 公司的 RS/6000 系列工作站，操作系统为 AIX，具有多任务、多用户性能，并且 AIX 的系统环境允许工作站随着新的计算机技术的发展而升级。数据处理解释软件有 DPP 软件包，它不仅能完成测井资料的现场采集，还囊括了完善的资料处理和现场快速解释模块。

SL-6000 高分辨率多任务测井系统是胜利测井公司 2004 年研制成功的成像测井系统，其电缆遥测系统数据传输率达 230kbps，系统测井项目齐全，除能完成常规测井项目，还能完成声电成像、高分辨率感应、多极子阵列声波、扇形水泥胶结成像测井等新一代测井项目。系统还支持套管井测井、井壁取心、射孔和工程爆炸松扣解卡作业。SL-6000 型高分辨率多任务测井系统具备国外现有成像测井设备的同等技术水平。

（二）裸眼井测井

1. 电法测井

（1）普通电阻率测井仪

电阻率测井就是沿井身测量井周围地层电阻率的变化。供电电极 A 和测量电极 M、N 组成的电极系放入井下，供电电极的回路电极 B（或 N）放在井口。电极 A 供出电流 I，测量 M、N 电极的电位差 ΔV_{MN}，它的变化反映了周围地层电阻率的变化。

普通电阻率测量公式：

$$R_a = K \frac{\Delta V_{MN}}{I} \tag{5-3-1}$$

式中　R_a——视电阻率，$\Omega \cdot m$；

　　ΔV_{MN}——MN 电极间的电位差，mV；

　　　　I——供电电流，mA；

　　　　K——电极系系数，大小与电极系中三个电极之间的距离有关。

电阻率曲线与自然电位和井径曲线组合为标准测井，用于绘制综合录井图、划分地层剖面和地层对比，长电极梯度曲线（如 4m 梯度）用于定性分析储层含油性，短电极的电位曲线用于跟踪井壁取心。

（2）微电极测井仪

微电极测井属于普通电阻率测井。微电极极板上有三个点状电极（A、M、N），组成是微电位电极系（A0.05M2）和微梯度电极系（A0.025M10.025M2），微梯度的探测范围一般为 4~5cm，微电位的探测范围为 7~9cm，测井时推靠器贴靠井壁，使电极与井壁直接接触，测量井壁附近泥饼和冲洗带电阻率。微电极测井资料能详细划分地层剖面和渗透层，确定储层有效厚度和判断地层岩性。

（3）自然电位测井仪

自然电位测井测量的是自然电位随井深变化的曲线。由于泥浆和地层水矿化度不同，在钻开岩层时井壁附近两种不同矿化度的溶液接触产生的电化学过程，结果产生电动势而造成自然电场，主要由扩散电动势和扩散吸附电动势组成，自然电场的分布取决于井孔剖面岩层性质。自然电位测井就是井下电极 M 在井内移动，测量并记录随井轴自然变化的曲线，这就是自然电位。自然电位资料用于研究钻孔地质剖面，划分渗透层和判断水淹层，根据公式计算地层水电阻率和估算地层泥质含量。

（4）双感应 – 八侧向测井仪

双感应 – 八侧向测井仪是双感应测井仪与八侧向测井仪的组合体。由电子线路和感应线圈系两部分组成。为了解决在油基泥浆井中测量地层电阻率的问题，产生了感应测井。感应测井是利用电磁感应原理，研究交变电场的特性来反映地层电导率的一种测井方法。深感应测量原状地层电导率，中感应测量侵入带电导率，其测量结果用来定性判断油气水层。在电导率为 σ 的无限均匀介质中，有用信号与介质电导率成正比。

感应电导率公式：

$$E_R = K\sigma \qquad\qquad (5\text{-}3\text{-}2)$$

式中　E_R——地层涡流在接收线圈产生的二次感应电动势，mV；

　　　σ——无限均匀介质电导率，S/m；

　　　K——感应测井仪线圈系数。

八侧向电极系以 1 号电极为中心，上、下对称排列着 2 号、3 号和 4 号电极，加上仪器外壳，共八个电极。根据侧向聚焦测量原理，测量出主流的大小，可以计算出地层的冲洗带视电阻率。

双感应测井适合于淡水泥浆、油基泥浆条件，中低阻剖面。测井资料用来划分地质剖面，判断油（气）、水层，经过趋肤效应校正后求取地层真电阻率，评价含油性。

阵列感应测井仪基本思路与双感应测井一脉相承，它采用一系列不同线圈距的线圈系测量同一地层，该仪器由电子线路和感应线圈系两部分组成。通过多路遥测短节，把采集的大量数据传输到地面，再经计算机进行预处理、趋肤校正等，得到 1ft、2ft、4ft 三组垂向分辨率曲线和 6 条径向侵入的电阻率曲线（10in、20in、30in、60in、90in、120in）。阵列感应测井资料能确定侵入带电阻率和原状地层电阻率，用来定性判断油气水层，研究侵入带的变化，确定过渡带的范围，进行二维电阻率径向成像和侵入剖面的径向成像。

（5）双侧向测井仪

双侧向测井仪由电子线路、测量电极系、加长电极系组成。采用聚焦电极系同时测量深、浅两种径向探测深度电阻率曲线的侧向测井方法。在主供电电极两侧分别装有屏蔽电极，并给它们供以相同极性的电流，使其电位相等。由于同极性电流的相互排斥作用，将迫使主电极的电流经聚焦后流入地层，因而减小了井眼和围岩的影响。测量的视电阻率为：

$$R_{DLL} = K\frac{V_{M_1}}{I_0} \qquad\qquad (5\text{-}3\text{-}3)$$

式中 R_{DLL}——视电阻率，$\Omega \cdot m$；

       K——双侧向电极系系数，按深、浅侧向分别给定；

       V_{M1}——主电极测量电压，mV；

       I_0——主电极测量电流，mA。

双侧向测井在高矿化度泥浆和高阻薄层剖面中，能获得准确的测井曲线，较真实地反映地层电阻率的变化，并能解决普通电极系测井所不能解决的问题。这种测井方法不仅是盐水泥浆和膏盐剖面的测井项目，也是淡水泥浆和薄互层剖面中的主要测井方法之一。

微球形聚焦测井仪由电子线路和推靠器两部分组成，符合侧向测井原理，测量极板上的电极发射出主电流和屏蔽电流，在屏蔽电流聚焦后，主电流径向流入冲洗带，记录电流和电压值获取地层电阻率。其测量结果反映井壁附近电阻率，确定冲洗带电阻率 R_{XO}，结合双侧向用来分析渗透层泥浆侵入关系，定性判断油气水层，还可划分薄层。

微球型聚焦测井测量地层冲洗带的电阻率（R_{XO}），它的极板电极系设计首先考虑到排除泥饼影响和不使电流 I_0 深入原状地层，因此采用的是曲率可变的软极板。该电极系共有五个电极，A_0 是主电极，为矩形，在极板的中央，由里向外依次是测量电极 M_0、屏流电极 A_1、监督电极 M_1、M_2，它们都为矩形环状。仪器外壳为主电流 I_0 的回路电极 B。

微球形聚焦电阻率测量公式：

$$R_{XO} = K \frac{V_{M_0 M_1}}{I_0} \qquad (5-3-4)$$

式中 R_{XO}——冲洗带电阻率，$\Omega \cdot m$；

       K——电极系吸收，$K=0.041m$；

   $V_{M_0 M_1}$——主电压，mV；

       I_0——主电流，mA。

阵列侧向是继双侧向后发展的测井方法，它是一种新型多探测深度的阵列化侧向仪器，该仪器是为识别和评价复杂油气藏而设计研发的。阵列侧向有多个探测深度，可以提供丰富的径向电阻率坡面，同时具有高分辨率。仪器采用多个频率点测量，对应不同的频率点，采用不同的电流模式，根据电场线性叠加原理，不同频率点之间互不干扰，它同时可以完成所有频率点独立聚焦测量，因此，阵列侧向仪器可以一次获得多条电阻率曲线。

阵列侧向电阻率测量公式：

$$R_{ALi} = K_{ALi} \frac{\Delta V_{M_1(ALi)}}{I_{0(ALi)}} \qquad (5-3-5)$$

式中 R_{ALi}——地层电阻率，$\Omega \cdot m$；

 $\Delta V_{M_1(ALi)}$——主电极电位，mV；

   $I_{0(ALi)}$——主电极电流，mA；

    K_{ALi}——方式 ALi 的仪器常数。

阵列侧向可以获取 5 条电阻率曲线，反映井眼附近不同径向深度地层电阻率的变化。测井资料主要用于定量描述薄层和地层侵入特性，反演地层侵入参数和真电阻率，求取地层含油饱和度。

2. 声波测井

（1）补偿声波测井仪

补偿声波测井仪由电子线路和声系两部分组成。以声学理论为基础，利用声波在不同岩石中的传播时间，速度、幅度及频率的变化等声学特性不相同，来研究钻井地质剖面声学特征。记录声波沿地层传播的速度和幅度，其测量结果用来计算地层孔隙度，进行地层对比，判断气层，固井质量以及裂缝性地层的证实等。

声波时差计算公式：

$$\Delta t = \frac{\Delta t_{上} + \Delta t_{下}}{2} \tag{5-3-6}$$

式中　Δt——声波时差，μs/m，或 μs/ft；

　　　$\Delta t_{上}$——上发射声波时差，μs/m，或 μs/ft；

　　　$\Delta t_{下}$——下发射声波时差，μs/m，或 μs/ft。

（2）数字声波测井仪

数字声波由电子线路和声系两部分组成，是在补偿声波基础上发展起来的新型声波测井仪。数字声波测井将采集后的声波数据在井下进行编码后，通过通信传输系统上传到地面系统。它可以进行不同源距和间距的声波测井，用于记录井眼周围从发射器到接收器之间一段地层的声波旅行时间。

数字声波有四种工作模式，在不同工作模式下完成声波时差测量和固井质量评价测井。声波信号可进行全部记录，提取纵波、横波的幅度和速度等各种信息。测井资料还可用来划分地层、判断岩性和气层，计算地层孔隙度。

（3）正交多极子阵列声波测井仪

正交多极子阵列声波测井仪又叫正交偶极子阵列声波测井仪，是将一个单极阵列和一个偶极阵列正交组合在一起，单极阵列包括两个单极声源，声源发射器发射的声波中心频率为 8kHz。偶极阵列是由两个正交摆放（相差 90°）的偶极声源，单极和偶极阵列共用 8 组接收器。接收器间距为 0.5ft，每个深度点记录 12 个单极源波形，其中 8 个为阵列全波波形，4 个为记录普通声波时差的全波波形。每个深度点记录 32 个偶极源波形，即每个接收器记录 XX、XY、YX、YY 等 4 个偶极源波形，X、Y 表示不同方位的发射器或接收器的方向。

阵列声波测井资料用于分析岩性特征，划分气层，研究岩石力学、应力参数计算，定性判断裂缝发育段，研究地层各向异性分析和井眼稳定性分析，应用于压裂高度预测及效果检测。

（4）声幅、变密度测井仪

声幅、变密度测井也属于声波测井的一种，其原理是利用水泥和泥浆（或水）其声阻抗的较大差异对沿套管轴向传播的声波的衰减影响来反映水泥与套管间、套管与地层间的胶结质量。声幅、变密度测井仪包括声系和电子线路两部分，声系的功能是为了进行声波测井，在井下形成一个人工声场，接收通过地层、套管、泥浆传播的声波信号。仪器的源距为 3ft 和 5ft，3ft 源距用于声幅测量，5ft 源距用于变密度的测量。

3. 放射性测井

（1）自然伽马测井仪

自然伽马测井是通过测量岩层中自然存在的放射性核素衰变过程中放射出来的伽马射线的总强度，来研究地质问题的一种测井方法。自然伽马测井仪由电子线路和伽马探测器组成，将伽马射线转换成电脉冲信号，经过鉴别、分频、整形后记录伽马脉冲信号计数率。

自然伽马测井资料用于划分岩性，地层对比，计算泥质含量。自然伽马曲线与磁定位曲线配合进行射孔校深。

自然伽马能谱测井原理类似于自然伽马，在测量地层自然伽马射线总强度的同时，对自然伽马射线能量进行谱分析，运用数字方法对混合谱进行剥谱，求出地层中钾、铀、钍的含量，从而确定地层放射性类型和数量。该仪器主要由自然伽马能谱探头、谱分析电路、信号处理电路组成。

自然伽马能谱测井资料用于变质岩、火成岩等复杂岩性解释。能识别高放射性储集层，寻找泥岩裂缝储集层，确定岩层黏土含量和类型及其分布形式，用 Th/U、Th/K 研究地层沉积环境、沉积能量。

（2）补偿中子测井仪

补偿中子测井仪由 ^{3}He 管探头、电子线路组成。Am-Be 中子源释放出快中子，快中子能量在地层中逐渐减弱，最后成为热中子。中子射线与地层物质相互作用产生各种效应，两个长、短源距不同的热中子探测器测量经地层慢化并散射回到井筒的热中子，得到两个计数率，反映了地层对快中子的减速能力，同时也反映了地层含氢量的变化。

补偿中子测井资料与声波、密度测井资料配合判断气层，确定储集层孔隙度。

（3）岩性密度测井仪

岩性密度测井仪由电子线路和推靠器组成。利用 ^{137}Cs 伽马源以特定的角度发射能量为 0.66MeV 的伽马射线，与地层原子核发生康普顿效应和光电效应，产生的次级伽马散射射线来反映地层的属性与储层特性原理，测量地层岩石的密度和地层的光电吸收截面指数 P_e 值。

岩性密度测井资料与补偿中子测井曲线配合识别气层，求取岩石孔隙度，识别岩性，寻找重矿物，在重晶石泥浆条件下，识别裂缝带。

4. 成像测井

（1）微电阻率扫描成像

微电阻率扫描成像测井由电子线路、推靠器探头两部分组成。推靠器上有 6 个测量极板，每个极板有 24 个纽扣电极向井壁地层发射电流，测量产生 144 条微电阻率曲线数据，据此可显示电阻率井壁成像。

微电阻率扫描成像测井不能在非导电的流体或油基泥浆中测井，测井资料用于识别和评价地层裂缝，研究地层沉积环境，进行储层和地层构造分析，电阻率图像可以代替岩心或辅助岩心描述。

（2）井周声波成像

井周声波成像测井仪器由电子线路和探头两部分组成。以脉冲回波法为基础，通过换能器发射超声窄脉冲，扫描井壁并接收回波信号，传感器探测到并记录下声波幅度和两个方向的传播时间，经过特殊的处理技术提供可靠的、高质量的二维或三维井壁图像。

测井资料用于确定地层裂缝，确定薄层沉积层序的矿／泥岩分布，推算地层压力和方向，精确地计算地层厚度和倾角，识别次生成岩缝合线、孔洞和岩穴，进行地层形态和构造分析。在套管井内测量还可检查套管腐蚀和变形情况，检查射孔位置的正确性。

（3）核磁共振

核磁共振测井是一种适用于裸眼井的测井新技术，是唯一可以直接测量任意岩性储集层自由流体（油、气、水）渗流体积特性的测井方法。核磁共振技术是磁矩不为零的原子核，在外加磁场的作用下自旋能级发生塞曼分裂，共振吸收某一定频率的射频辐射的物理过程。氢核在地磁场中具有最大的旋磁比和最高的共振频率，且油、气、水中主要元素是氢，因此可根据含氢物质的旋磁比，利用核磁共振技术研究地层中油、气、水含量和赋存状态。

核磁共振测井资料用于划分储集层、确定储集层的产能，计算储层的有效孔隙度，确定渗透率和残余油饱和度，在沥青化的储集层中划分含可动油的夹层，估计含油地层的自由水含量，还可评价低电阻率油层。

5.其他

（1）连续测斜测井仪

连续测斜仪根据方位角测量传感器的不同，可分为常规连续测斜仪器和陀螺连续测斜仪器。为了对井身的工程质量进行检测和对各种地质数据进行校正，需要测量井斜资料，利用井斜仪器可以测量出井身的倾角和方位角，连续测斜仪就是沿井身剖面连续测量井身倾角及方位角的仪器。在打定向井和水平井时，可根据测得的井斜数据，按设计要求，采取相应的钻井工艺，控制钻头钻进的方位和斜度。

连续测斜仪器由三个重力加速度计、三个磁通门构成的探测器，数据采集及传输系统等部件组成。陀螺测井仪核心部件是惯性测量组件，传感器主要包括陀螺和加速度计，测量地球自转角速率分量，加速度计测量地球重力加速度分量。

（2）井径测井仪

井径测井仪由电子线路和推靠臂两部分组成。井径测量臂随着井眼直径的变化张开或合拢，带动井径电位器滑动，于是井眼直径的变化就变成了电阻值的变化。井径测量电路供出恒定的电流给电位器，记录电阻间的电位差就是井径的大小。

井径测量公式：

$$d = d_0 + C \frac{\Delta U_{MN}}{I} \tag{5-3-7}$$

式中　d——测量的井径 mm，或 in；

　　　d_0——起始井径 mm，或 in；

　　　C——比例系数，与不同的仪器有关；

ΔU_{MN}——MN 之间的电位差，mV；

$\quad I$——恒定电流，mA。

井径测井资料能准确记录井眼直径的变化，用于计算固井时的水泥量，为分析和处理钻井事故提供重要依据。

（3）井壁取心器

撞击式井壁取心是利用电缆将取心器和用于校深的自然伽马仪（或电极系）一起下井，通过测量自然伽马（或视电阻率）曲线进行定位，使井壁取心器的岩心筒对准所要取心的层位，由地面仪器取心面板控制，给井下的取心器供电点火，将岩心筒射向地层进行取心，然后把全部已发射完的取心器（岩心筒）提出井口，按序号卸出岩心并保存好。

钻进式井壁取心也叫旋转取心，自然伽马定位校深后，采用液压传动的机械系统，在微机控制下，使用金刚石空心钻头垂直井壁钻取地层岩心的取心方法。仪器部分包括电子线路、动力系统、液压系统、取心运动机构、液压取心马达。

（4）地层测试器

地层测试器是一种能够精确测量地层压力，并能够获取地层流体样品的仪器。测井时将地层测试器送到裸眼井段目的层深度，由地面仪器控制，启动液压装置，将测试器紧贴井壁，并与井筒密封分隔，取得所测层位的流体样品、地层压力、取样时的流体压力和钻井液静压等资料。仪器由地面面板、电子线路、液压系统及测试部分组成。测试部分主要包括探头、压力计、平衡阀、预测室等，如果需要地层流体取样，还可配置一至若干个取样筒。

（三）套管井测井

套管井测井的定义是在套管井中完成的各类测井或是指油水井从投产到报废为止的整个生产过程中，采用地球物理测井方法，对井下流体的流动状态、产层性质的变化情况和井身结构的技术状况所进行的测量。依据套管井测井目的不同，可分为注入产出剖面、剩余油饱和度、工程测井三类。注入产出剖面测井测量注水井各层的吸水情况，分析出油井分层产液状况、出水层段和出气口等，为采取增产措施提供依据；剩余油饱和度测井测量开发井纵向储层水淹情况、剩余油的分布，为编制和调整开发方案、提高采收率提供依据；工程测井可以提供固井质量、射孔位置、找漏找窜、检查套管破损变形情况，为井下作业提供依据，并可检查井下施工质量。

依据测量原理，套管井测井仪器可分为电磁类、放射性测井类、热学类、声学类以及机械类。电磁类仪器包括磁性定位仪、磁测井仪、电磁测厚仪、陀螺仪、电容式持水率仪、超高频含水率仪；放射性测井类仪器包括自然伽马仪、自然伽马能谱仪、中子伽马仪、中子寿命测井仪、中子 - 中子测井仪、C/O 能谱测井仪、伽马密度测井仪、核示踪流量仪；热学类仪器包括井温仪、径向微差井温仪；声学类仪器包括声幅测井仪、声波变密度测井仪、噪声测井仪、超声波成像测井仪（井下电视）；机械类仪器包括多臂系列井径仪器、应变压力计、涡轮流量计、压差密度计、放射性物质释放器、流体取样仪等。

1. 注入产出剖面测井

（1）流量测井

流量测井是指单位时间内通过任意井筒截面的各种流体的体积流量，是表征油气井动态变化和评价油气层生产特性的一个重要参数。流量测量是通过测取与井筒流体速度相关的信息来间接实现的，即流量测井过程中首先获得流体速度信息，然后求出平均流速，再与井筒截面积相乘得到流体的体积流量。用于流量测量的流量计主要有涡轮流量计、核流量计和脉冲中子氧活化流量仪。根据流量测量范围和测量方式，测量流量的仪器分为涡轮流量计、集流伞流量计、全井眼流量计、在线流量计、示踪流量计、超声波流量计、电磁流量计和阵列流量计。

（2）脉冲中子 – 中子测井

脉冲中子 – 中子测井（PNN）采用独特的测量方式，发射的高能脉冲中子经慢化后，测量地层中热中子数量随时间的变化关系，通过特有的处理手段和解释方法，在不洗井、不关井的条件下，实现过套管或油管的储层监测。运用 PNN 测井资料可以确定井筒附近储层的孔隙度、含油饱和度、流体的分布，进而确定油、气、水界面及油层水淹情况，指导下一步的生产。另外，结合其他测井资料，还可以对储层进行时间推移监测，确定储层的生产状态，便于地质人员了解油气层情况。井筒附近储层的串槽情况在油井生产中经常发生，运用 PNN 测井资料还可以确定串槽部位，指导油田生产管理者采取相应的补救措施。

2. 剩余油饱和度测井

（1）碳氧比（C/O）测井是利用脉冲中子源向地层发射能量为 14MeV 的高能快中子脉冲，分别测量地层中原子核与快中子发生非弹性散射时放出的伽马射线，以及原子核俘获热中子时放出的伽马射线，不同的原子核产生的非弹性散射伽马射线和俘获伽马射线的能量不同，记录这些不同能量的非弹性散射伽马射线和俘获伽马射线，就可以分析地层中的各种元素及其含量。

C/O 测井是套管井评价地层岩性、含油性和孔隙度的方法，可以在套管井中较好地划分油层和水层；过套管确定油层的剩余油饱和度，评价水淹层，寻找被遗漏的油层，在注水井开发过程中监视油水运行状态。

（2）过套管电阻率测井和裸眼电阻率测井在物理上的显著区别是井眼套管本身就是一个巨大的导体，大部分电流会沿着套管流动，高频交流电几乎全部留在套管内部，但是低频交流电流（或者是直流电流）将会有一小部分泄漏到地层中去。在钢套管内绝大部分电流沿套管流到地面回路电极，而在钢套管内壁以极低频率流动的电流将钢套管视为传输线，由于钢套管周围地层介质可视为导电介质，所以将有极小部分电流渗漏到地层，再流回到地面回路电极。通过检测渗漏到地层中的这部分电流，就可以计算出地层电阻率。

测井资料可以确定死油气，进行油藏动态监测，利用衰竭指数定性评价油层水淹程度，计算剩余油饱和度，评价地层渗透率，补充裸眼井测井资料的不足。

3. 工程测井

（1）多臂井径测井仪

多臂井径测井仪是一种接触式测量仪器，即通过仪器的多个测量臂与套管内壁接触，仪器在一周平面上均匀安装了多个位移传感器，使用的传感器是一种非接触式的机电转换器件，其输出电信号的幅度与其内部铁芯的位置成正比，将套管内壁的变化转为井径测量臂的径向位移，通过井径仪内部的机械设计及传递，变为推杆的垂直位移。差动位移传感器将推杆的垂直位移变化转换成电信号。电子线路测量传感器电感量的变化，处理后输送到地面系统记录，即能够直观反映出套管内壁的几何尺寸的变化，并以此评价套管的破损和局部变形。

（2）电磁探伤

电磁探伤测井仪基于电磁感应原理，用于在油管内探测套管或表层套管的壁厚和损坏状况，在不起油管的情况下，能够对套管状况进行"普查"。电磁探伤仪测井技术解决了在油管内探测套管的厚度、腐蚀、变形破裂等问题，可准确指示井下管柱结构、工具位置，并能探测套管以外的铁磁性物质（如套管扶正器、表层套管等）。利用电磁探伤测井技术评价套管的损伤程度，发现裂缝缺陷、破裂缺陷、管壁腐蚀和机械磨损井段、爆炸射孔段和筛管以及接箍处脱接，认识和预防套损区域的扩大，及时采取措施。

（3）超声波成像

超声波成像测井是利用井壁或套管内壁对超声波的反射特性来研究井身剖面。超声成像测量传感器既是发射器又是接收器。换能器（作为发射器）发出一种超声波能量脉冲，穿过井筒流体并撞击井壁。在井壁上，大部分脉冲能量被反射回传感器。换能器（作为接收器）接收到来自井壁的反射信号。目前常用的超声成像测井仪有 UBI（超声成像测井仪）、CAST（环井周声波测井仪）、BHTV（井下电视成像）、IBC（超声脉冲回波与挠曲波成像）。CAST-V、UBI 套管模式还可以通过分析套管壁厚与反射回波及套管共振频率的关系、水泥阻抗与套管反射波能量的关系，来进行套管外壁损伤情况和水泥胶结评价。IBC可以进行双层套管水泥环胶结评价。

二 辅助设备

（一）测井绞车

测井绞车系统（图 5-3-2）是电缆测井车的核心部件，主要用于在测试作业过程中提升或下放电缆，满足井下仪器不同位置及运动的要求。主要包括：传动系统、绞车滚筒、绞车控制系统、辅助系统等。

测井绞车有各种不同的结构形式，根据减速器驱动滚筒形式不同，主要分为行星减速器装在滚筒筒身内部一端直接驱动滚筒和减速器通过链条传动驱动滚筒两种形式；根据滚筒电缆容量不同主要分为 3500m、5500m、7000m、8000m 和 10000m 等绞车系统；根据绞

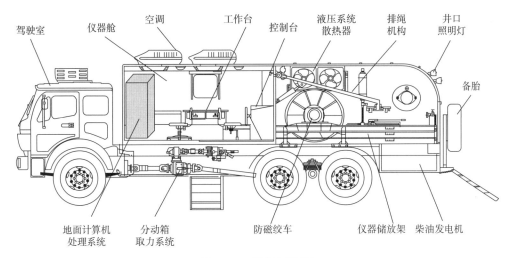

图 5-3-2　测井绞车系统

车系统中滚筒的数量分为单滚筒绞车系统和双滚筒绞车系统两种；根据绞车刹车方式不同分为盘式刹车和带式刹车两种。

（二）测井电缆

测井探测的是井下的各种物理参数，电缆所起的作用就是输送和信道。输送下井仪器和工具，为井下仪器供电并传送各种控制信号，同时将井下仪器输出的测量信号传输至地面系统。

测井电缆按缆芯数量可分为单芯、三芯、四芯、六芯、七芯等，按直径大小可分为 $\phi\,12.7mm$、$\phi\,11.8mm$、$\phi\,8mm$ 和 $\phi\,6mm$ 等，按耐温性能可分为 $90\,℃$、$180\,℃$ 和 $250\,℃$ 等。目前勘探测井多采用七芯电缆，套管井测井多采用单芯电缆。尽管国内外各家电缆型号不尽相同，但大同小异。

测井电缆具备以下性能特点：

①具有大于被测井深的长度，通常要求仪器到达井底后，绞车滚筒上应留有一层半的电缆，以保证测井施工的安全。

②具有较强的抗拉强度。

③具有较好的韧性，以便能盘绕在绞车滚筒上。

④有导电性、绝缘性、抗干扰性能好的多股缆芯，并能满足传送不同频率信号的要求。

⑤缆芯的绝缘材料必须具有耐高温性能。

⑥具备井下耐高压和在滚筒里层抗挤压的良好性能。

（三）深度装置

测井深度测量系统主要由测井绞车面板、马丁代克、磁性记号器等组成。

绞车面板主要用于测井深度及张力等信号的测量和显示，具有测力、测深、测速等功能。实时显示测井仪器在井内的深度位置，但是这个深度不作为测井曲线的最终数据，测井资料的深度还需要根据电缆拉伸校正量、测量回程差及电缆磁记号等综合校正。

马丁代克是测井行业用来测量深度的一种专用设备，主要由电缆扶正轮、导向轮、锚定装置、测量轮、深度编码器组成。测井电缆穿过马丁代克深度测量轮并被其夹紧，运行的测井电缆带动马丁代克的测量轮旋转，同时带动同轴的光电编码器输出脉冲信号，该脉冲信号可计量电缆运行的深度、速度，同时测井过程中，马丁代克还能起到盘好电缆的作用。马丁代克上的深度编码器又称光电编码器，它可以将角位移转换成对应的电脉冲数量，将电缆在井中移动的机械运动转换成电路中所需要的电脉冲形式。电脉冲总数的多少反映了深度值，而在单位时间内的脉冲数则反映了电缆的移动速度。

磁性记号接收器接收测井电缆上的深度磁性记号，并传输至测井地面系统，与测井数据同时记录到测井图上，用于确定测井资料的深度。

（四）电缆防喷装置

电缆防喷装置的主要作用是在井眼全密封状态下实现换接仪器、仪器起下和测井工作。主要由井口法兰、电缆封井器、仪器防落器、防喷管、仪器捕捉器、旁通短节、电缆控制头、电缆盘根盒、注脂系统及相关辅助设备组成。

井口法兰：将测井专用的压力控制系统与钻井队井口防喷系统对接的接口装置。

电缆封井器：是一种整体闸板型的结构，是在有压力情况下，需对电缆或防喷器上部设备进行修理时，用来关闭和密封静止的电缆。

仪器防落器：一种安全装置，安装在防喷管串内紧靠电缆封井器的上方，它的作用是防止仪器意外落井。

防喷管：既用于容纳下井仪器串，又起井口密封作用。防喷管的长度可以根据下井仪器的长度进行调节，一般要求防喷管的长度比下井仪器串长 1~2m 以上，确保仪器串全部安全进入防喷管内。

仪器捕捉器：是一种装在防喷管串顶部，自动捕捉电缆头打捞颈的安全装置，如果仪器意外地拉到防喷管串顶部使电缆脱落，该装置可以防止仪器掉下，被抓住的电缆头可以通过泵入液压油启动一个活塞强行使弹性爪打开而取出。

旁通短节：是一种泄压装置，用于在封井器关闭后完成泄压与排放防喷管内部的井内流体，还可用来作试压时的注入装置。

电缆控制头：位于防喷管串的最顶部，用来在运动的电缆周围建立一个密封空间，以防止井内流体从井口防喷管串中溢出。

密封盘根盒：使测井电缆周围密封，防止存留在防喷管内的井筒流体污染井场。

三　测井工具

（一）井口工具

气吹式洗缆器：安放在钻井井口，测井电缆从洗缆器中间通过，两侧装有高压气管线，电缆上下运行过程中，在气流作用下把电缆上的泥浆吹干净。

井口滑轮：在测井过程中起着承担电缆及下井仪器的重量，同时进行电缆导向的作用。测井滑轮分天滑轮和地滑轮。地滑轮采用链条固定在井口附近，使其具有一定的活动性。在穿心打捞、钻具输送测井、过钻头测井时，天滑轮要安装在二层平台上方的横梁位置。

井口张力计：亦称指重计，其作用是测量电缆及下井仪器所受的张力。电缆在井下移动时，依据绞车面板上的张力显示，判断下井仪器遇阻、遇卡情况及电缆在井壁的吸附情况，并采取相应措施进行操作，可以避免不必要的工程事故发生。

提缆器：即 T 型电缆夹钳，应用于测井现场进行穿心打捞、测井绞车动力故障、电缆严重打扭等故障处置时，用来固定电缆并承担其所固定电缆以下重量的专用工具。

井口组装台：与仪器卡盘配合使用，在井口承担下井仪器串重量，完成仪器在井口的组装和拆卸。

仪器卡盘：与井口组装台配合使用，用于测井仪器在井口垂直组装、拆卸时的工具。

（二）井下打捞工具

测井打捞工具根据打捞目的的不同，分为仪器打捞工具和电缆打捞工具。常用的仪器打捞工具有卡瓦式、滑块式、三球（五球）式、容纳式打捞工具，电缆打捞工具有内捞矛式和外捞矛式打捞工具。

卡瓦式打捞筒：适用于有标准打捞头的下井仪器，可完成测井电缆穿心解卡和仪器打捞施工，分为螺旋卡瓦打捞工具和篮式卡瓦打捞工具，是一种较理想的解卡打捞工具。

滑块式打捞工具：适用于使用标准尺寸打捞帽（蘑菇头式）的马笼头的下井仪器。

三球（五球）式打捞工具：适用于外径小于打捞头最大内径，且大于三个球（五个球）公共内切圆直径的下井仪器。

容纳式打捞工具：适用于外径小于打捞头内径的下井仪器，也适用于带有短电缆的下井打捞。

旁开式打捞工具：适用于直井、遇卡深度较浅的情况，仪器或落物上端有电缆和仪器绞车相连，可在不剪断电缆的情况下，选择旁开式卡瓦（三球）打捞工具进行打捞。

矛式打捞工具：适用于电缆已经拉断，井下电缆长度在不少于 10m 时，为预防因电缆缠绕过多和避免卡钻使用。

（三）测井仪器辅助工具

测井电缆头连接器：亦称电缆鱼雷，一端与电缆连接，另一端与马笼头或电缆连接，是电缆与马笼头或电缆与电缆的电气、机械快速连接装置。

柔性短节：由上接头、28芯头、护帽、胶囊平衡管、主体、下接头等组成。连接在仪器之间，增加仪器串的柔韧度，提高仪器串在井眼内的通过能力。

旋转短节：由上接头、注油塞、承压块、滑环总成、轴承、活塞和下接头等组成。连接在测井仪器串的任何位置，可以提高密度、多极子偶极声波等测井资料的质量和测井成功率。

姿态保持器：由公护帽、主体、螺钉、外壳组件和母护帽等组成。为水平井密度仪器测井专用，与旋转短节组合使用可以使密度仪器的探头紧贴井壁，从而保证密度的测井效果。

旁通短节：由旁通主体、压紧螺丝、电缆紧固装置、防喷密封组件等组成。实现电缆在钻杆内外转换，具有防喷密封和电缆锁定功能的装置。

中子偏心器：安放在补偿中子仪器本体或其上端连接的仪器本体上，使中子仪器一侧贴靠井壁，有利于提高补偿中子测井资料质量。

扶正器：使测井仪器在井内保持居中状态。分为套在仪器外壳上的扶正器和连接在仪器串中的过线扶正短节。

公接头：是组成钻具输送测井的关键组件湿接头，是测井仪器信号传输的重要器件。公接头顶部与母接头在钻井液中对接，底部与仪器串连接，完成测井仪器与电缆的电气连接。

母接头：是湿接头的另一组成部分。它的一端与电缆相连接，另一端与公接头对接，是形成测井仪器供电及信号传输通道的重要组成部分。

公头外壳：是连接钻具和测井仪器的关键部件，是将下井仪器串和钻具连接在一起的转换短节。

井下张力：连接在测井仪器串的最顶部，测井过程中能够监视测井仪器在井下的受力情况，为采取合理的预防和处理措施提供可靠的依据。由接头、温度探头、张力探头、泥浆电阻率、承压块和下接头等组成。

第四节　施工工序

测井施工工序一般包括生产准备、施工前准备、施工过程、施工结束和返回几个环节。生产准备环节准备上井资料，检查车辆、测井仪器和辅助设备与工具；施工前了解井况，召开作业前沟通会；施工过程是测井施工工序的最重要部分，按规定摆放车辆，安装井口设备，测井仪器检查正常后下入井下，按照操作规程开始测井；施工结束后起出并收回测井仪器，拆卸井口设备，所有装备装车离开井场；返回基地后归还放射源，提交测井原始资料。裸眼井和套管井测井施工工序相似，图5-4-1是裸眼井测井施工工序框图。

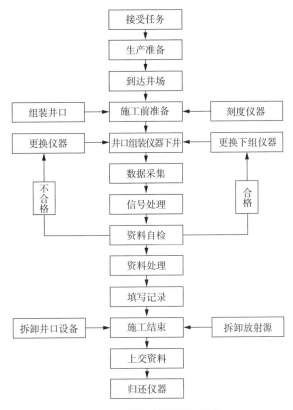

图 5-4-1 裸眼井测井施工工序

本章要点

1. 测井技术从问世以来，经历了模拟测井、数字测井、数控测井到现在的成像测井，随着现代科技的发展，测井装备向集成化、阵列化、网络化发展，在原有的电、声、核等测量方法的基础上，发展了多种新技术和新工艺。

扫一扫
获取更多资源

2. 测井资料解释评价从单学科到多学科综合的发展，提高了测井解决地质和工程问题的能力，为制定油气藏综合化管理的整体解决方案提供强有力依据。

3. 测井主要设备由测井地面操作系统和测井下井仪器组成，目前国内广泛使用的测井地面操作系统包括 ECLIPS-5700 测井系统、EXCELL-2000 测井系统、SL-6000 高分辨率多任务测井系统等。

4. 国产测井系统和测井仪器逐步摆脱了对国外进口设备的依赖。

5. 测井技术分为裸眼井测井和套管井测井，裸眼井测井方法主要有电法测井、声波测井、放射性测井、成像测井和其他测井方法，以及与之配套的各类测井仪器，测量地层的岩性、孔隙度、渗透率及含油饱和度等参数，来划分油、气、水层等；套管井测井主要有注入产出剖面测井、剩余油饱和度测井、工程测井等系列测井仪器，测量注水井各层的

第
五
章

测
井
工
程

吸水情况，分析出油井分层产液状况，评价储层水淹情况、剩余油的分布，评价固井质量、射孔位置，找漏找窜、检查套管破损变形情况。

6. 测井辅助设备主要有测井绞车、测井电缆、深度系统、井口设备、地面辅助设备，以及井下测井施工工具等。

7. 测井绞车和测井电缆为测井仪器下入井内提供动力和传输信号，同时为测井资料提供准确的地层深度数据。

8. 井口设备和井下工具的不断更新，有助于测井现场施工工艺的大幅提升。目前，测井电缆施工工艺逐步向存储式测井和随钻测井技术过渡，实现了复杂井、大斜度井和长位移水平井测井施工，提升了测井作业安全性和时效性。

井下特种作业

在油气田开发过程中，根据油气田调整、改造、完善、挖潜的需要，按照工艺设计要求，利用一套地面和井下设备、工具，对油、水井采取各种井下技术措施，达到提高注采量、改善油层渗流条件、提高采油速度和最终采收率的目的，这一系列井下施工统称为井下作业，是油田勘探开发过程中保证油水井正常生产的重要手段。井下特种作业主要分为修井、试油（气）、压裂酸化、连续油管、带压等作业。

第一节　修井作业

一　专业简介

油水井在采油、注水的过程中，因地层出砂、出盐，造成地层掩埋、泵砂卡、盐卡，或因管柱结蜡、封隔器失效、油管抽油杆断脱、管柱遇卡、套管损坏等种种原因，使油水井不能正常生产。修井作业是通过修井设备、工具和修井工艺实施，使油水井恢复正常生产施工的过程。修井作业分为小修作业、大修作业。小修作业是为维护油、气、水井正常生产，配合措施作业，进行新井投产的工艺过程，主要包括维护作业、措施作业、新井投产投注等；大修作业是为恢复油、气、水井正常生产，利用旋转设备、钻具、工具等解除井下故障，保证井筒完整及报废封井的工艺过程，主要包括套管修复、复杂解卡打捞、报废封井等。修井作业常规工序包括洗压井、通井刮管、探冲砂、油井检泵、注水泥塞、防砂、油水井打捞、套管损坏修复等内容。

二　国内外现状与发展趋势

国外修井工具开发使用上具有以下特点：一是开发组合式修井工具，如组合式打捞矛、多功能可退式打捞筒等。二是发展液压操作工具，如水力机械切割、水力可退式捞矛、水力可退式捞筒等。三是辅助修井工具空前发展，如美国研制的井下可视装置、井下作用力产生器、打捞马达等。国内拥有技术研发团队、有线随钻队伍、工具及装备维护维修机构等技术和后勤力量，研制配套了防掉铅模、增力打捞器、液压倒扣器、液压打捞筒、液压打捞矛、液压割刀、液压胀管器和连续冲砂装置等系列工具，能高效完成打捞、钻磨、解卡、换套等修井业务，特别是在复杂落物打捞、水平井修井、超深井修井及拔套侧钻、套管开窗侧钻、裸眼侧钻、双层套管开窗等方面具有成熟的工艺技术和较强的施工能力。

修井作业技术向着低成本、低能耗、信息化、智能化、自动化方向发展。在可视化修井、绿色修井、连续油管作业自动化集成、带压作业宽领域模块化等方面是技术攻关的方向，需要研究高效组合式套磨铣工具、连续油管电控修井工艺、带压修井技术、修井专家支持诊断系统等。随着国内油气勘探开发向更深层发展，井下工具工作耐温指标需达到200℃、耐压差100MPa以上，部分井伴有 H_2S、CO_2 等腐蚀，需要研制防腐和耐高温、高压井下工具。

三 主要设备与工具

（一）修井机

修井机主要用来完成各种修井任务，通过绞车系统提升钻具，通过转盘旋转系统完成修井旋转作业。按其运行结构分为模块式和自走式两种形式。模块式修井机适用于道路条件比较差的场地。自走式修井机通常配带自背式井架，行走速度相对较快，施工效率高，适合快速搬迁的需要，如图 6-1-1 所示，将提升系统、旋转系统、动力系统、传动系统、控制系统等部分装在大功率运载车上。

图 6-1-1　修井机

1. 提升系统

提升系统主要由井架、天车、游车大钩和绞车等四部分组成。

（1）井架

井架主要用于安放支撑和悬挂天车、游车大钩、液压（气动）小绞车、液气大钳（液压钳）、液压绷扣器、吊钳等提升设备与工具；承载井内管柱重量及处理井内故障强提载荷；为游车的上下运动提供空间和存放立柱。

目前井下作业现场多使用 XJ 系列修井机，以 XJ350 修井机井架为例，如图 6-1-2 所示。

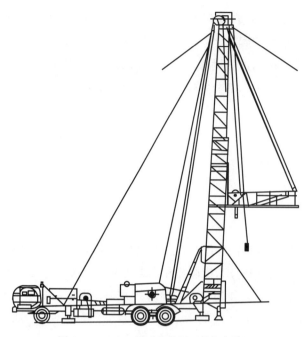

图 6-1-2　XJ350 修井机桅杆型伸缩式井架

（2）天车

天车是安装在井架顶部的定滑轮或滑轮组件，是提升系统的固定部分。通过绞车和提升系统组合来完成起下管柱以及部分井架底座的起升等作业。

（3）游车大钩

游车为一组动滑轮组，游车和大钩一般为整体结构，以便充分利用井架的有效高度，搬运安装时更方便，游车大钩既是修井机提升系统的主要装备，又能连接旋转系统水龙头，主要用于悬挂水龙头和方钻杆及井下管柱。

（4）绞车

绞车是修井机中的重要部件，其功能是提升、下放井内管柱。为了充分利用绞车的输入功率，绞车有多种提升速度，随着井下管柱重量的变化，相应改变提升速度，提高提升效率。

2. 旋转系统

给井下钻具提供一定的扭矩和转速进行钻、磨、套、铣等施工作业。主要由转盘和水龙头两大部件组成。转盘主要由底座、主/辅轴承、水平轴总成、锁紧装置、转台、上盖等组成。水龙头由固定和旋转两部分组成，即悬挂在大钩上的固定部分和连接钻具的转动部分。

3. 循环系统

循环系统由泥浆泵（机泵组）、地面高压管汇、水龙带、立管等组成，是向井内输送修井液的重要系统，采用井底动力钻具时它又是给钻头传输旋转功率的动力源。泥浆泵的作用是循环修井液，完成压井、洗井、冲洗鱼顶等作业施工。地面高压管汇由多个平板阀及三通、四通组成，主要是改变泥浆泵泵出的压井液的流向。水龙带为钢丝缠绕高压橡胶软管，两端采用由壬分别与水龙头、立管连接，为压井液循环通道，便于循环过程中上提、下放井内管柱。立管为无缝钢管，固定于井架上。

4.动力系统

动力系统是修井机中用于驱动绞车和转盘等装置的动力设备，也是行驶系统的动力来源。

5.传动系统

修井机是由发动机和传动箱匹配作为动力的液力机械传动。发动机与传动箱串联，经传动轴后又通过并车箱和链条传动驱动绞车系统主滚筒，从而实现游动系统的起下作业；主滚筒到转盘传动装置通过链条传动，经爬坡链条和一传动轴将动力传至转盘，实现旋转作业，也可通过角箱连接传动轴将动力传输到转盘传动箱，再经传动轴、爬坡链条传递到转盘，实现旋转作业。

6.控制系统

控制系统包括液路控制系统和气路控制系统。液路系统包括油泵管路、起升管路、液压绞车管路、吊钳油缸油路、液压支腿管路、六联阀管路、四联阀管路、液压猫头管路及相关的各部件组成。气路系统由气路管排、气源管路、空压机管路、载车刹车管路、绞车辅助刹车管路、变矩器换挡控制管路、天车防碰与复位管路、紧急刹车控制管路、油泵卸荷管路、油门熄火管路以及相关的各部件组成。

（二）修井工具

1.地面工具

（1）吊卡

吊卡是钻井、井下作业常用的一种工具，它是卡住油管、钻杆、套管、抽油杆等接箍进行上提下放必不可少的一种专用工具。

分类：根据用途分为抽油杆吊卡、油管吊卡、钻杆吊卡、套管吊卡。根据开合方式分为对开式、侧开式、闭锁环式。现场井下作业常用侧开式。

（2）吊环

吊环是起下管柱时连接大钩与吊卡的专用提升工具。吊环均成对使用，上端分别挂在大钩两侧的耳环内，下端分别套入吊卡两侧的耳孔内，用来悬吊吊卡。

吊环按结构形式分为单臂吊环与双臂吊环两种。

（3）动力钳

动力钳是起下不同管柱进行上卸丝扣的工具，动力源一般为液压式、液气式，如图6-1-3所示。

按照使用类别分为：钻杆钳、油管钳、套管钳等。

（4）安全卡瓦

安全卡瓦由多节构成，每节的内表面上装有卡瓦牙，节数随钻铤等管柱的直径不同而变，节与节之间由销钉铰链连接，呈带状，可曲可直。带状两端通过一副螺栓、螺母可以闭合，呈环状，抱在管柱外面，防止卡瓦失灵，钻铤下滑。

液压式油管钳　　　　　　　　　液气式钻杆钳

图 6-1-3　动力钳

2. 内防喷工具

（1）旋塞阀

旋塞阀是修井作业管柱循环系统中的手动控制阀，可分为钻杆旋塞和油管旋塞，防止井涌和井喷事故发生。

（2）止回阀

箭形止回阀又叫箭形回压阀，简称箭形阀。是修井中常用的钻具内防喷工具之一。箭形回压阀分为整体式和分体式两种类型，目前应用最广泛的是整体式箭形回压阀。发生溢流、井涌和正循环停止时，在钻具内反循环及弹簧力的作用下箭形止回阀迅速关闭，截断钻具内通道，起到钻具内防喷的作用。

3. 井筒处理工具

（1）套管刮削器

套管刮削器是用于刮削套管内壁，消除套管内壁水泥、硬蜡、盐垢及炮眼毛刺的专用工具，使套管内畅通无阻。

（2）套管通径规

利用其刚度检测套管内径的通过能力及变形情况。

（3）铅模

铅模是探测井下落鱼鱼顶状态和套管情况的一种常用检测工具，利用铅的硬度小，塑性好的特点，在钻压作用下与落鱼或变形套管接触，产生塑性变形，从而间接反映出鱼顶状态或套管情况。

（4）三牙轮钻头

三牙轮钻头是修井作业中用来钻水泥塞、堵塞井筒的砂桥和各种矿物结晶的工具。

（5）凹面磨鞋

凹面磨鞋是在处理井下事故中，用于磨碎井下落物的修井工具。由底面凹面角为 5°~30° 的磨鞋体及其底面所堆焊的 YD 合金或其他耐磨材料组成。

（6）偏心辊子整形器

偏心辊子整形器是对油、气、水井套管轻度变形进行整形修复的专用工具。由偏心轴、上辊、中辊、下辊、锥辊、钢球及丝堵等组成。

（7）梨形胀管器

梨形胀管器简称胀管器，是用以修复井下套管较小变形的整形工具之一。梨形胀管器为一整体结构，其过水槽可分为直槽式和螺旋槽式两种。

4.打捞工具

（1）公锥

公锥是一种专门从有孔落物的内孔进行造扣打捞的修井常用打捞工具，主要用于打捞有接箍的油管或厚壁管类落物。为长锥形整体结构，分接头和打捞螺纹两部分。

（2）滑块打捞矛

滑块打捞矛是一种修井常用内捞工具，它可以打捞具有内孔的落物，又可对遇卡落物进行倒扣作业，用于打捞带接箍的钻杆、油管等具有内孔的落物。由上接头、矛杆、卡瓦、锁块及螺钉等组成。

（3）母锥

母锥是一种修井常用打捞工具，专门用于从管柱落物外壁进行造扣打捞。母锥是长筒形整体结构，由上接头与本体两部分构成。

（4）接箍打捞矛

接箍打捞矛是一种修井常用打捞工具，用于在套管内打捞带接箍的落鱼，专门用来捞取鱼顶油管内螺纹的工具。由上接头、锁紧螺母、导向螺钉、卡瓦、芯轴及冲砂管组成。

（5）可退式打捞矛

可退式打捞矛是一种修井常用打捞工具，它既可抓捞自由状态下的管柱，也可抓捞遇卡管柱并能自由退出，还可按不同的作业要求与安全接头、上击器、加速器、管子割刀等组合使用。由上接头、芯轴、圆卡瓦、释放环、引鞋组成。

（6）卡瓦打捞筒

卡瓦打捞筒是一种修井常用打捞工具，卡瓦打捞筒是不可退式外捞工具，它既可用于打捞，也可对遇卡管柱实施倒扣作业。由上接头、筒体、弹簧、卡瓦座、卡瓦、引鞋等组成。

（7）可退式打捞筒

可退式打捞筒是一种修井常用打捞工具，从管子外部进行打捞，可打捞不同尺寸的油管、钻杆和套管等鱼顶为圆形的落鱼，并可与震击类工具配合使用，可分为螺旋式和篮式打捞筒。由上接头、壳体总成、螺旋卡瓦或篮式卡瓦、铣控环或控制环、内密封圈、O形圈、引鞋等组成。

（8）倒扣打捞矛

倒扣打捞矛是一种修井常用打捞工具，它既可用于打捞、倒扣，又可释放落鱼，可循环。由上接头、矛杆、花键套、限位块、定位螺钉、卡瓦等零件组成。

（9）不可退式抽油杆打捞筒

不可退式抽油杆打捞筒是专门用来打捞断裂在油管或套管内抽油杆的一种打捞工具，由上接头、筒体、内套、弹簧、卡瓦等组成。

（10）活页式打捞筒

活页式打捞筒又名活门打捞筒，主要用于在大的环形空间里打捞鱼顶为带台阶或接箍的小直径杆类落物。由上接头、活页总成、筒体组成。

（11）内钩

内钩是专门用于从套管内打捞各种绳、缆类落物的工具。如钢丝绳、电缆、录井钢丝、刮蜡片等。由上接头、钩身、钩尖组成。

（12）磁力打捞器

磁力打捞器是用来打捞在钻井、修井作业中掉入井里的钻头巴掌、牙轮、轴、卡瓦牙、钳牙、手锤等小件铁磁性落物的工具。由上接头、压盖、壳体、磁钢、芯铁、隔磁套（铣磨鞋、引鞋）等组成。

（13）反循环打捞篮

反循环打捞篮是专门用于打捞钢球、钳牙、炮弹垫子、井口螺母、胶皮碎片等井下小件落物的一种工具。由上接头、筒体、篮筐总成、引鞋等组成。

四 施工工序

1. 压井

利用设备从地面往井内注入密度适当的压井液，使井筒内的液柱在井底造成的回压与地层压力相平衡，恢复和重建井内压力平衡，这一过程称为压井作业。

2. 通井

用规定外径和长度的柱状规下井检查套管内径和深度的作业施工，称为套管通井，简称通井。

3. 套管刮削

清除套管内的水泥块、硬化钻井液、结蜡、积砂、水垢、毛刺等，为射孔、测试、下封、延长生产井生产时间创造条件。

4. 探砂面

探砂面是下入管柱实探井内砂面深度的施工。

5. 冲砂

冲砂是向井内注入高速流体，靠液流作用将井底沉砂冲散，利用液流循环上返的携带能力，将冲散的砂子带到地面的施工。

6. 检泵

检泵是指各种解除泵内故障作业过程的统称，包括更换、加深或上提泵挂深度，改变泵径，以及解除抽油泵砂卡、蜡卡，消除抽油杆断脱，减少零件磨损等。

7. 注水泥塞

注水泥塞是指在井筒内依靠正常循环压力将水泥浆送至预定位置，并使其凝固密封的施工工艺。

8. 挤水泥

挤水泥是指在井筒外依靠高压使水泥浆挤入套管外的射孔井段、渗透层、缝隙、孔洞、环空等部位，并使其失水（或部分失水）凝固密封的施工工艺。

9. 油井防砂

油井防砂是指在采油过程中针对油层及油井条件，正确选择防砂方法，制定合理的开采措施，控制生产压差，限制渗流速度，防止砂堵的措施。

10. 油井找水

油井找水是指油井出水后，通过各种方式确定出水层位和流量的工作，为进一步采取堵水等措施提供依据。

11. 油井堵水

油井堵水是指突进造成油层局部高含水，为了消除或者减少水淹对油层的危害采取封堵出水层的井下工艺措施。

12. 打捞

打捞是指需要针对不同类型的井下落物，选用相应的打捞工具，捞出井下落物，恢复油水井正常生产。

13. 套管修复

套管修复是指对各种套管损坏类型进行分析和修缮的工艺过程。包括：套管整形、套管补贴、套管加固、取换套等工艺。

14. 套管内侧钻

套管内侧钻是在油水井的某一特定深度固定一个导斜器，利用其斜面的造斜和导斜作用，用铣锥在套管的侧面开窗，从窗口钻出新井眼，然后下尾管固井的一整套工艺技术。

①套管开窗：是利用铣锥沿导斜器的斜面均匀磨铣套管及导斜器，在套管上开出一个斜长圆滑的窗口，以便于侧钻过程中钻头、钻具、测井仪器、套管等的顺利起下。

②钻进：是通过选择和使用合适的工具，根据所钻地层特点，选择合理的工艺技术，使钻头在地层中沿预定的轨道前进的过程，是一口井建井过程中最主要的环节。

③下套管：是指当井钻至预定深度需要固井时，把套管逐一下入井内的作业。

第二节 试油（气）作业

一 专业简介

试油（气）是利用一套专门的设备和方法，对通过钻井取心，测井等间接手段初步确定的油、气、水层进行直接测试，并取得目的层的产能、压力、温度和油、气、水性质等资料的工艺过程。分为中途测试和完井试油，中途测试是指在钻井完井前，对钻井过程中有良好油气显示的储层进行的试油；完井试油是指在钻井完井后，采取一定手段和工艺对目的层进行的试油。

试油（气）的主要目的在于确定所试层位有无工业性油气流，并取得代表它原始面貌的数据，但在油田勘探的不同阶段，试油有着不同的目的和任务。

二 国内外现状与发展趋势

试油测试技术主要包括射孔、地层测试、排液及压力恢复、数据采集、分析解释等方面。地层测试技术已形成"射孔＋测压＋排液＋措施"四联作工艺技术，"油管传输射孔（TCP）＋地层测试（DST）＋喷射泵（JET）"三联作工艺技术，"油管传输射孔（TCP）＋地层测试（DST）＋电子压力计地面直读测试（DYD）"三联作工艺技术，无电缆电磁波数据传输测试工艺等，可缩短试油周期、降低成本。负压射孔技术，射孔弹按 60° 相位角均匀分布，可降低油井出砂、增加反排压差和快速诱喷；超正压射孔技术，可提高射孔效果。国内具备常规试油（气）、地层测试、地面分离计量、试油气测试资料解释评价等完整的技术体系。能提供常规油气藏、高温高压油气藏、高产高含硫气藏、稠油油藏、非常规油气藏等复杂条件下的试油（气）测试工程设计、施工与资料解释评价服务。

试油（气）测试技术向着自动化、信息化、一体化方向发展，主要技术攻关方向是实现井下数据实时有线/无线传输录取、多功能一体化试油（气）管柱、超深井高温高压测试工具、智能化测试工具、多相流地面不分离智能化测试计量、连续油管测试等方面的技术创新。中途测试方式将得到更加广泛应用，以快速实现产能，获取压力、取样、井下油气水化验数据、温度等参数资料。

三 主要设备与工具

（一）试油（气）地面设备

试油（气）作业地面设备主要包括井口装置、捕屑器、除砂器、管汇台、加热装置、分离器、地面管汇等，除此之外还有安全阀、压力表、气体流量计、控制系统、测量仪器、油嘴套等辅助设备。下面主要介绍采气井口装置、捕屑器、分离器、地面管汇。

1.采气井口装置

采气井口装置安装在井口，悬挂套管、油管，并密封油管与套管及各层套管环形空间的装置统称为气井的井口装置，如图6-2-1所示。主要由套管头、油管头、采气树等组成。

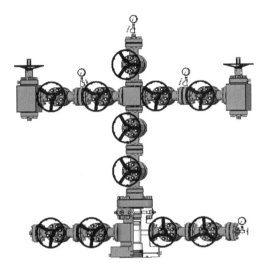

图 6-2-1　采气井口装置

2.捕屑器

捕屑器是在井场采油、采气、钻井、测试过程中，收集流体中砂粒、岩屑等固体物质的专用设备，如图6-2-2所示。

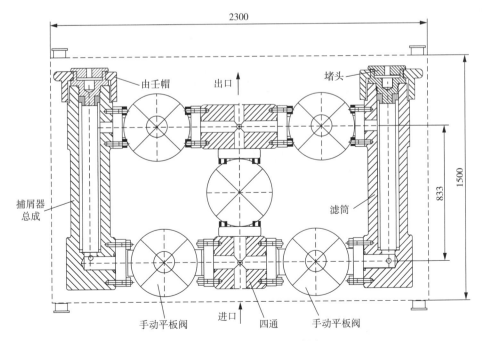

图 6-2-2　105MPa 捕屑器示意图

结构原理：捕屑器由本体、滤筒、闸阀、由壬帽、堵头、连接四通等组成。滤筒装于捕屑器本体之内，现有的滤筒孔径有 3mm、4mm、5mm 和 8mm。捕屑器安装在地面流程高压管汇和采气树之间，井筒流体返出地面后，首先进入滤筒内部，通过内置滤筒拦截流体带出的碎屑、岩屑、射孔残渣等固体物质经侧面流出，固相物质被过滤筒挡在滤筒内部，实现了固体物质与流体的分离。

3. 分离器

分离器是让油气井产生的流体（油、气、水）通过特定容器并对其液位及出口压力进行控制实现分离的一种专用压力容器。下面以三相分离器（图 6-2-3）为例进行介绍。

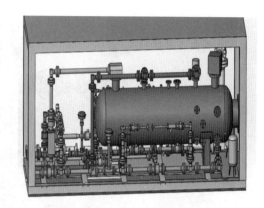

携带油、气、水的混合物进入三相分离器后，利用它们之间的密度差进行分离。密度小的天然气从分离器顶部出口输出。油和水的分离办法是在分离器中安一个堰板，由于油的密度小于水的密度，油浮在上面；当油的高度超过堰板顶部时，翻过堰板进入集

图 6-2-3 卧式三相分离器结构图

油室中，集油室排油口安有自动排油阀；当集油室内油面高度达到给定高度时，排油阀开启，自动排油，油面高度降低到给定高度下限时，排油阀自动关闭。水也是利用同样原理自动排放。三相分离器的结构有立式和卧式。

4. 地面管汇

常用管汇有 65-140FF 级、65-140 级、65-105EE 级、65-70EE 级、65-60EE 级等，如图 6-2-4 所示。

图 6-2-4 地面管汇

（二）试油（气）常用工具

1.MFE 测试工具

MFE 地层测试工具是一种常规测试器，也叫多流测试器，是目前普遍使用的一种测试工具，各主要油田基本上都使用它。这种测试器是由换位机构、延时机构和取样机构组成。

2.HST 测试工具

HST 是一种液压弹簧地层测试器，有 ϕ99mm 和 ϕ127mm 两种，适用于不同尺寸的套管井和探井测试，HST 测试工具一般较广泛地使用在各类测试井中，包括：HST 测试器、伸缩接头、VR 安全接头或高压安全旁通阀、RTTS 封隔器等。

3.APR 测试工具

APR 测试工具的原理是采用环空压力操作，在开关井时通过环空打压、放压就可任意开关井的一种全通径压控测试阀。部分工具具有以环空加压后卸压操作来实现开井，然后再以环空加压后卸压操作来实现关井，并且可这样反复操作实现多次开、关井的特点。一般由 LPR-N 测试阀、OMNI 阀、选择测试阀、APR-A 反循环阀等组成。

四　施工工序

1. 射孔

射孔是在油气井固完井后，根据油田开发方案的设计要求，重新打开目的层，沟通油气层与套管内腔的一项工艺技术。基本原理是利用电缆或油管输送的方式将射孔器下放至油层套管内预定的深度引爆，射孔弹爆炸后产生的高能金属粒子流射穿套管、管外水泥环，并穿进地层一定深度，打开油（气、水）层与井内通道。

2. 地层测试

地层测试是指在钻井过程中或完井后对油气层进行测试，获取动态条件下地层和流体的各种特性参数，从而及时准确地对产层作出评价。

基本原理是利用井下测试工具，将测试层与其他地层和井筒内压井液隔离，在一定的测试压差下，测试层流体直接进入钻杆或油管中，通过井口操作，实现井下多次开、关井，采用井下压力温度计录取各阶段的压力、温度等资料数据，快速了解测试层的液性、产能。使用计算机软件处理录取的压力温度数据，进而获得测试层特征参数。

3. 替喷

替喷是使用低密度压井液替出井内高密度压井液的过程，达到地层流体能够在地层压力作用下流出井口的目的。根据井况，可选择正替喷、反替喷、一次替喷或二次替喷等方式。

4. 排液

采取不同的排液方式尽快将井内的积液排出井口，减少对地层的污染，以达到油气井的生产能力。根据地层压力的不同、产气量的大小不同，排液方式可分为自喷排液和诱喷排液两种。

5. 求产

求产是指以各种不同方式测试油气层的生产能力。试油井通过各种排液方式油水性合格后，即可进行求产，分自喷井、非自喷井两类求产方法。

6. 测关井压力恢复曲线

测试求产结束后，关井，用精密压力表或电子压力计测关井井底压力恢复数据。

7. 封层

无开采价值的油气层，出于下步工程作业需要或安全环保风险考虑，需封层，将该储层与其他储层分隔开来，避免该井其他储层的勘探、开发受到影响。

封层方式：

①临时封堵方式：打水泥塞、可钻式桥塞（油管或电缆传输）、化学材料或生物材料封堵。

②永久性封堵方式：打多个水泥塞或全井水泥封堵、不可钻桥塞（油管或电缆传输）、不动管柱全井水泥封堵、挤水泥。

第三节　压裂酸化作业

一　专业简介

压裂酸化的目的是改造储层的物理结构和渗透性，在油层中形成一条或数条高渗透的通道，从而改变油流在油层中的流动状况，降低流动阻力，增大流动面积，使油井得以增产，水井得以增注。

1. 压裂基本原理

根据液体传压的性质，利用高压泵组，向井内高速注入高黏液体，当注入速度大于地层的吸收速度时，在井底逐渐形成高压，当井底压力超过地层应力和岩石的抗张强度时，地层就产生裂缝或使原有微小裂缝张开，随着高压液体不断注入，裂缝不断扩展并向地层深部延伸。当液体的注入速度与地层的渗透速度相等时，裂缝就不再扩展和延伸，为了使裂缝不重新闭合，向裂缝中填入具有一定强度和粒度的支撑剂，改善了近井地带的渗滤条件，使油井增产，水井增加注入量。

2. 酸化基本原理

酸化是将按要求配制的酸液注入储层中，溶解掉井筒附近地层中的堵塞物质，使地层恢复原有的渗透率，溶蚀地层岩石中的某些组分，增加地层孔隙，沟通和扩大裂缝延伸范围，增大油流通道，降低阻力，从而增产。酸化分为常规酸化、酸压。常规酸化是将配制

石油工程基础

好的酸液以适当的压力（高于吸收压力又低于破裂压力）注入地层，借酸的溶蚀作用提高近井地带油气层渗透率的工艺措施；酸压是以高于地层破裂压力向井内注入酸液等流体，利用酸液的溶蚀作用形成不闭合的流体通道，提高油气层渗透率的工艺措施。

二 国内外现状与发展趋势

近年来，国外推出了许多压裂新工艺和新材料，大幅降低了油气藏开发成本，提高了采收率。同时，国外重点开发了压裂软件，形成了先进的水平井分段压裂、重复压裂、CO_2干法压裂等工艺技术，以及裂缝监测技术等。国内围绕致密油气储层、页岩油气储层、超深碳酸盐岩储层、煤层气等油气藏勘探开发，形成了压前储层综合评价、油藏数值模拟、体积压裂优化设计方法、高效压裂液酸液体系、分段压裂工具、裂缝监测与诊断、压后返排优化控制等具有自主知识产权的储层改造技术，及具有多套压裂工艺、多套压裂液体系和多套压裂监测方法为主的配套技术，设计理念由单一缝到复杂缝再到体积网络裂缝，单井压裂液量由数百立方米、数千立方米到数万立方米，加砂量由数十立方米到数百立方米再到数千立方米，压裂液和支撑剂体系由单一到复合，井下工具由单一封隔器到多种桥塞、封隔器、滑套和喷射工具，自主研制了大通径高低压集成管汇、高压分流管汇、连续输砂装置、供液混配装置，研究规范了地面管汇布局，创新形成了"电动化""工厂化"安全高效的施工模式，实现了跨越式发展，初步满足了页岩油气、致密油气、超深碳酸盐岩储层等勘探开发的需求。

为满足页岩油气、致密油气、超深碳酸盐岩储层以及难动用储量开发的需求，压裂酸化优化设计向地质工程一体化方向发展；压裂分层向精细化发展；压裂工具向可溶、智能化发展；施工排量、加砂量、用液量逐步增大；支撑剂向低密度、高强度、小粒径方向发展；压裂液向低成本、低伤害、渗析增产等方向发展；压裂装备向自动化、智能化、电动化以及具备耐更高压力、更长作业时间、全天候施工方向发展。

三 主要设备与工具

压裂酸化主要设备包括压裂泵车、混砂车、仪表车。压裂泵车是压裂施工高压的动力来源，混砂车为压裂泵车输送支撑剂以及液体，仪表车是压裂泵车组的操控、整个施工的数据监控采集以及施工指挥的中心。

高压管汇件、储液罐、储砂罐是酸化压裂的主要辅助设备。高压管汇件是用来连接压裂泵到压裂井口的重要设备，是承载高压压裂流体到井底压裂段的通道，主要由高压三通/四通、高压直管、高压弯头、单流阀、控制阀、排空阀等构成。储砂罐、储液罐及低压管线工作流程：储液罐中液体通过低压管线运送到混砂车，经混砂车混合支撑剂和相关添加剂后，由低压泵送至压裂泵车上水端。

下面主要介绍压裂泵车、混砂车、仪表车、二氧化碳增压泵车及液氮泵车。

（一）压裂设备

1. 压裂泵车

压裂泵车是压裂施工的主要设备，如图 6-3-1 所示。它的作用是产生高压，大排量向地层注入压裂液，压开地层，并将支撑剂注入地层。它是压裂施工的关键设备，主要由底盘、发动机、传动装置、压裂泵几部分组成。

（1）车载压裂泵车

压裂泵车按照发动机动力不同可以分为柴油发动机泵车和电动发动机橇，按照水马力分类可以分为 1000 型、2000 型、2300 型、2500 型、3000 型（以柴油发动机泵车为主）、5000 型及 6000 型（以电动发动机橇为主）。

图 6-3-1　SYL2500Q-140 型压裂泵车

工作原理：通过底盘车发动机动力驱动车台发动机的启动马达，使车台发动机工作；车台发动机所产生的动力，通过液力传动箱（液压油）和传动轴（轴承、齿轮）传到压裂泵动力端，驱动压裂泵进行工作；混砂车供给的压裂液由吸入管汇进入压裂泵，经过压裂泵增压后由高压排出管排出，注入井下实施压裂作业。

（2）电动压裂橇

SYL6000Q-140DQ 型电动压裂泵橇，如图 6-3-2 所示。其工作原理是通过电机驱动压裂泵工作，电机所产生的动力，通过传动轴传到压裂泵动力端，驱动压裂泵进行工

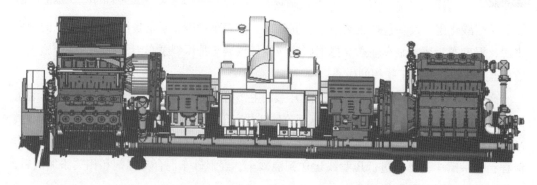

图 6-3-2　SYL6000Q-140DQ 型电动压裂泵橇

作；混砂橇供给的压裂液由吸入管汇进入压裂泵，经过压裂泵增压后由高压排出管排出，注入井下实施压裂作业。压裂橇的操作控制通过机旁控制箱或远控箱进行。控制箱（远控箱）对电机的控制主要包括：电机启动、停止，电机报警、变频器报警、大泵报警以及系统报警。同时，控制箱可以控制风机、加热器、液力端润滑、动力端润滑的启动和停止。

2. 混砂车

混砂车在储液罐和压裂泵之间起一个枢纽作用，上水管汇及配套设备能实现基液的吸入，绞龙及配套设备实现支撑剂按要求比例加入，同时按照施工设计通过胶联泵加入添加剂，由混砂车上的混合筒（罐）进行混合搅拌，增加了携砂性能，向压裂泵供液。

（1）车载混砂车

混砂车按照最大供液排量可分为 52 桶、75 桶、100 桶、104 桶、130 桶混砂车，按混合筒（罐）构造方式可以分为封闭式和开放式两种，如图 6-3-3 所示。

图 6-3-3　SHS20 混砂车

SHS20 混砂车工作原理：混砂车的动力全部由两台车载发动机提供。发动机输出动力驱动分动箱，每个分动箱的四个输出口驱动四组油泵。前发动机（1 号）分别驱动混合罐搅拌、风扇、1$^#$ 输砂绞龙、排出供液泵，后发动机（2 号）分别驱动统合泵、吸入供液泵、3$^#$ 输砂绞龙及 2$^#$ 输砂绞龙等。整套系统的操作通过设置在仪表台上的电控旋钮或者计算机进行。吸入泵将储液罐配制好的压裂液，经吸入供液泵送至混合罐内，并与输砂系统、液添系统和干添系统所提供的其他压裂所需的辅助介质混合后，经排出泵排出至压裂车。混砂车的最大排出流量可达 20m^3/min（清水性能）。吸入和排出管汇可以根据现场布置情况通过倒换控制阀门实现混砂车的"左吸右排"和"右吸左排"操作。

（2）电动混砂橇

数字混砂技术研究任务要求研制的设备 HS40 电驱混砂橇如图 6-3-4 所示，其主要用于加砂压裂作业中将液体（可以是清水、基液等）和支撑剂（石英砂或陶粒）、添加剂（固体或液体）按一定比例均匀混合，适合大型油气井的压裂加砂施工作业。

正常作业时，混砂橇将压裂液经离心泵送至混排一体罐内，并与干添加剂系统、液体添加剂系统和输砂系统所提供的压裂所需的辅助剂及支撑剂混合后，排出至压裂设备。混砂橇的最大排量可达 40m³/min，采用全液压驱动，动力由四台电机提供。其中两台定速电机经过分动箱带动油泵，油泵再分别驱动各油马达以实现各部工作，两台变频电机各自驱动两台离心泵。

高压部分和变压器部分全部集成在电控房内，采用 10kV 电网供电，输出 AC400/50Hz 电源，另外提供一路 10kV 馈电。

混砂橇部分包括强电柜、控制柜、电机、离心泵、螺旋输砂器、混排一体罐以及液添系统、干添系统等部件。

图 6-3-4　HS40 电动混砂橇简图

3. 仪表车

仪表车是由电源系统、冷暖系统、对讲机通信系统和网络数据采集系统组成，能够集中控制 20 台以上压裂泵车，能够实时采集、显示、记录压裂作业全过程数据，并能对作业数据进行分析处理、记录保存，最后打印输出施工数据和曲线报表。下面对 SEV5151TYB 仪表车（图 6-3-5）进行介绍。

图 6-3-5　SEV5151TYB 仪表车

SEV5151TYB 仪表车工作原理：仪表车的两大主要功能就是在仪表车上实现远程对压裂泵车的控制操作以及对压裂施工过程的各项施工数据进行实时采集监测及数据存储和录取。

泵车控制功能：通过网络控制电缆将所有泵车接入仪表车上的总控控制面板上，操作人员在控制面板上对所有接入的泵车进行发动机启动、油门升降、挡位转换等操作控制，并能在控制面板上对泵车的工作状态如发动机温度、机油压力等数据进行监控。

压裂施工数据采集记录及监测功能：仪表车上安装了数据采集处理系统、压裂监测处理软件，将施工监测压力、非网络混砂车的排量、砂浓度等模拟信号进行数据采集处理，转换为数字信号，进入采集软件（网络混砂车信号直接进入监测处理软件），通过软件处理后直观反映出压裂施工的施工曲线和各监测数据参数值。

4. 二氧化碳增压泵车

二氧化碳增压泵车即二氧化碳供液增压装置，目的是将低压液态二氧化碳转化为具有一定供液压力的液态二氧化碳，完成二氧化碳的泵注施工。

5. 液氮泵车

液氮泵车作为一种特殊的车装液氮泵注装置，能将液氮转换为一定温度、一定压力和一定排量的高压氮气，满足石油天然气开采施工工艺的需要以及当前石油天然气开采作业中与氮气相关的各种特殊工艺作业需要。

（二）大通径压裂管汇

180-105K 高低压管汇橇是在压裂增产作业过程中，为多台压裂泵车集中供液，并把多台压裂车的高压输出端通过高压弯头和高压三通连到一起实现多台压裂泵车的排液汇集叠加的装置，如图 6-3-6 所示。

图 6-3-6　压裂管汇

管汇分为首段组合管汇和末段组合管汇，每段均由高压管汇与低压管汇呈上下布局组成，可满足 20 台压裂车或 10 台双排出电驱橇同时参与施工的要求。首段与末段组合管汇串联使用，其中高压管汇通过法兰直管连接，低压管汇通过低压软管连接。

1. 走泵试压

①启动泵车前由施工指挥确认排空管线上阀门处于打开状态，走泵前设置走泵限压为3MPa，逐台进行，禁止两台泵车同时排空，出口末端专人看守。

②走泵完成车辆熄火后，关闭排空阀门。

③施工指挥通知仪表启动车辆对井口及压裂管汇逐级试压。

④试压时所有人员远离高压区，观察人员必须在远处（或有遮挡物）观察。发现渗漏上报施工指挥，泵车熄火，打开排空阀门，压力为零后再进行整改。整改完成后重新对管线进行试压。

2. 压裂施工

①压裂施工前设定好限压，所有人员远离高压区。

②按照设计方现场指挥人员指令施工，仪表操作人员密切注意施工压力及各项参数。

③巡视及视频坐岗人员监测、巡视车辆及高压区域，泵工及仪表工检测车辆运转状态。

④压裂施工结束后停泵，所有车辆怠速运转完毕后熄火，待关闭井口阀门放压，仪表数据采集至压力为零后方可停止记录。

3. 施工完毕收尾

①所有车停泵熄火后，再关闭井口阀门。

②打开排空阀门，发动泵车设定超压保护3MPa进行泵车排空工作。

③仪表人员做好数据监控，施工人员必须在地面高压管线压力为零后才能进入高压区。

④排空完成后车组熄火，进行拆装撤场作业。

第四节 连续油管作业

一 专业简介

连续油管是相对于常规螺纹连接油管而言的，是一种缠绕在大滚筒上、可连续起下的一整根无螺纹连接的长油管。连续油管的主要用途有：洗井、打水泥塞弃井、冲砂、替泥浆、氮气气举、酸化、过油管防砂、高压冲洗除垢作业，连续油管钻井、侧钻、连续油管射孔等，几乎涉及所有的常规作业范畴。连续油管作业的优点有：作业时间短，作业成本低，施工效率高；需要作业井场小；整个作业过程中随时可以循环；能在生产条件下作业，作业安全可靠，可不放喷、不放压、不压井，带压连续进行作业；减少地层污染，保护环境，而且避免因压井而产生的地层伤害。

二　国内外现状与发展趋势

除常规的井筒内作业外，已拓宽到了侧钻、钻井、测井、海底管线等领域，基本上可以进行所有的管柱作业。尤其是连续油管欠平衡钻井技术应用广泛，可完成定向井、丛式井、水平井钻井等。国内在应用过程中主要是以井筒内作业为主，研发了8大类76种196项工具，形成完井增产、光电测试、打捞修井和常规作业36项特色技术。部分单位正在尝试老井侧钻工艺试验。

连续油管作业设备向着重负荷、高效、安全的高端作业发展，部分向集成化小型化发展，满足部分替代常规钻修机作业。向着实现连续油管作业数据系统（传感）、运算系统（大脑）、自动控制系统（机器人）集成的智能化、信息化、远程化工程与管理方向发展。管材趋向大管径、高强度、长寿命、复材化方向发展，满足高温高压井、超深井、腐蚀环境下作业需求。作业技术应用方面，向页岩气、致密油、致密气、煤层气、井下煤层气化等非常规资源勘探开发工程发展，解决面临的深井、超深井、大位移水平井、多底井、高温高压、腐蚀等特殊环境作业难题，同时在钻磨、打捞、修井、侧钻，以及配合测井、压裂、试油气测试等方面发挥重要作用。

三　主要设备与工具

（一）连续油管设备

连续油管作业机结构形式较多，主要分为车载式、橇装式和拖装式三种形式，为适应国内页岩气开发，专门开发出一种新式的双车载式设备，主要由控制车（主车）和滚筒车（辅／副车）组成。因非常适合国内道路情况，使用较多。

控制车（主车，图6-4-1）其功能和作用是对滚筒、注入头、防喷盒和防喷器等连续油管系统的控制，完成连续油管作业的一切动作。一般由底盘车、控制室、液压动力系统、注入头马达控制滚筒、注入头控制和防喷器控制软管滚筒、排管、注入头、液压系统、气

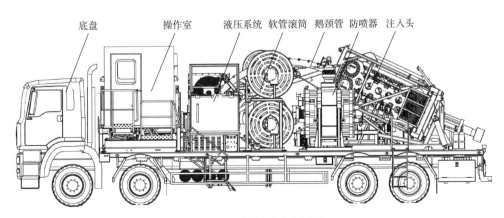

底盘　　　　操作室　　　　液压系统　软管滚筒　鹅颈管　防喷器　　注入头

图 6-4-1　车载式主车主视图

路系统、电气系统等组成。

滚筒车（辅/副车，图6-4-2）其功能和作用是完成对连续油管滚筒的控制和运输。一般由底盘车、油管滚筒、监视系统等组成。

连续油管作业设备主要由注入头、动力滚筒、动力单元、井口控制装置、控制室（系统）、数据管理系统六大部分组成。

图6-4-2　车载式辅车主视图

1. 注入头

注入头是连续油管作业的关键设备，主要功能是夹持油管并克服井下压力对油管的上顶力和摩擦力，把连续油管下入井内或夹持不动或从井内起出，控制连续油管下入和起出的速度。

注入头结构如图6-4-3所示，包含鹅颈管、外保护框、核心框架、驱动系统、夹紧系统、张紧系统、指重系统、液压系统、润滑系统、防喷盒座。鹅颈管的作用是为连续油管

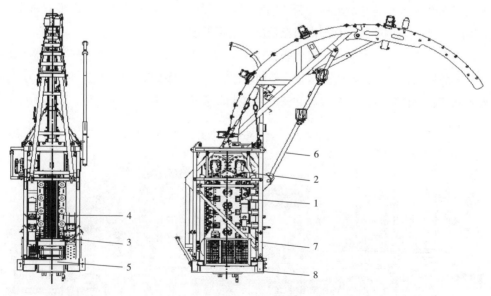

图6-4-3　注入头示意图

1—链条总成；2—传动系统总成；3—张紧系统总成；4—夹紧系统总成；5—负载测量系统；
6—鹅颈管；7—框架总成；8—底座总成

导向，引导连续油管进出注入头。

2. 动力滚筒

动力滚筒是承载连续油管的装置，其结构主要由排管装置总成、自动排管链轮组、滚筒焊接总成、底橇总成、马达减速机总成、吊架总成、高压管汇总成和滚筒轴总成组成。

3. 动力单元

动力单元是为整个连续油管设备提供动力的装置，并将动力转换成液压力输出给其他设备，驱动整个系统运转。车载连续油管设备以底盘车发动机为动力源，通过全功率取力器从发动机取力，再由分动箱驱动三套液压系统工作。

4. 井口控制装置

连续油管井口控制装置是确保连续油管安全作业的关键设备之一，连续油管井控设备分为地面井控装置和井下井控装置两部分。地面连续油管井控装置由防喷盒、防喷器和防喷管组成。井下井控装置则为单流阀。

防喷盒位于注入头和防喷器组之间，并尽可能靠近夹持链条。通过液压力使防喷盒内的密封胶芯牢牢地包裹住连续油管，实现连续油管外壁的动密封。

5. 控制室

连续油管设备的集成化非常高，可将施工压力、连续油管运行状态、井场内外以及配合设备的一切信息动态综合到一个操作间内，一人即可操控连续油管设备。

6. 数据管理系统

连续油管作业数据管理系统主要由数据采集系统和模拟分析系统组成，其中数据采集系统通过各种数据的采集、分析，对连续油管作业提供精细的指导；模拟分析系统根据作业数据、材料数据等模拟连续油管管柱力学行为，在施工设计预测连续油管作业能力和安全性，指导施工。

（二）连续油管工具

连续油管作业根据不同工艺需选择不同工具，工具种类较多，涵盖了钻完井的全部工艺。但无论何种工艺，都必须用到以下几种通用工具。

1. 安装工具

①油管割刀：油管割刀可切割不同管径的连续油管，切割刀片由高强度工具钢制成，经过特殊热处理，使刀片的强度和韧度达到平衡，既保证了刀片切割快速，又经久耐磨。

②试拉（压）盘：试拉（压）盘是测试连接器的一个附件。用以测试连接器的强度和密封性。

2. 井下工具

①连接器：将井下工具与连续管进行连接的一种连接工具，一端与连续油管相连，一端带扣，为连续油管连接工具创造条件。

②单流阀：主要用于防止井筒内流体进入连续油管内，采用大通径设计，可获得高流速，通过投球实现井下其他工具的丢手动作，双活瓣设计，抗压强度大。

③液压丢手：是作业管柱中的重要组成部分，可以通过在管柱中投放一定规格的钢球使管柱工具串在预定位置实现丢手，与下端工具脱离，实现不动管柱而将管柱安全丢手和回收。

四 施工工序

国内连续油管作业主要应用于以下几个方面：冲砂洗井、热油清蜡、气举排液、酸化、传输射孔、拖动压裂、钻塞、测井、打捞及速度管柱。

1. 冲砂洗井

常规设备和螺纹连接管柱很难满足水平井带压冲砂洗井的要求，应用连续油管技术的水平井冲砂能够很好地适应带压作业，冲砂时能够在水平井筒内拖动冲洗。

2. 热油清蜡

连续油管热油清蜡，是连续油管在油气井生产管柱内建立液体循环的通道，通过循环加热不断地将热油所携带的热量传递到生产管柱内堵塞结蜡段，边循环边加深连续油管，最终解除油气井生产管柱内的堵塞。

3. 气举排液

液氮泵车或膜制氮设备将氮气通过连续油管注入井内，利用液柱压差将井内液体带出地面，可实现连续气举或间歇气举。

4. 酸化

连续油管酸化技术是解决套管内壁及近井筒地带污染的有效手段，可用于带压拖动分层酸化。

5. 传输射孔

连续油管射孔技术是指将连续油管作为传输载体，携带射孔工具下至井底后进行射孔作业。

6. 拖动压裂

连续油管带底封拖动压裂技术集合了连续管技术、水力喷射、分段压裂等技术特点，可以实现水力喷射射孔和压裂联作。无须另行射孔，在压裂过程中，可以使用工具隔离井筒分段对目的层进行施工，起一趟钻具可以进行多段压裂，减少起下钻作业次数，缩短作业周期。

7. 钻磨桥塞

连续油管底带液压动力马达和磨鞋钻磨桥塞的施工方法，可用于不压井带压作业，适用于水平井段长、分段桥塞多、桥塞坐封状态复杂、钻屑上返困难等井况。

8. 生产测井

水平井测井作为水平井开发的关键环节，是获取储层特征参数、工程评价参数的必要手段，随着水平井、大斜度井越来越多，其特殊的井身结构对测井作业提出了更高的要求。连续油管输送测井水平段传输距离长、越障能力强，且在输送过程中能实现循环、投球及冲砂解卡等作业，已发展成为当今水平井测井的主要手段之一。

石油工程基础

9.落物打捞

连续油管打捞技术在水平井，特别是在带压气井中的应用具有明显的优势。

①在大斜度井特别是水平井中，可更加有效地传递轴向力，保证管柱下入深度和对落物施加载荷；

②可实现液体的循环，既可对鱼顶进行冲洗清理，还可驱动专用工具实现多种功能，提升打捞成功率；

③可实现不动原井管柱而在油管内，甚至过油管进行打捞；

④可实现带压打捞，无须使用高密度压井液压井，避免储层损伤，同时降低了作业成本，消除了因打捞时间长，压井液固相颗粒沉淀的隐患。

10.速度管柱

连续油管速度管柱基于气井临界携液流速理论，优选较小直径连续油管下入气井井筒中，利用专用设备悬挂于井口，形成新的生产管柱进行生产。该技术主要是针对产液量较多、地层压力较小的气井所采取的一种长期有效的增产措施，具有施工周期短、增产见效快、生产周期长以及避免压井对地层造成伤害等优点。

第五节　带压作业

一　专业简介

带压作业是指在油气水井井口带压状态下，利用专业设备和工具在井筒内进行的作业。带压作业范围通常包括修井、完井、射孔、压裂酸化、抢险及其他特殊作业等。国外通常将带压作业称为不压井作业。以下称不压井作业为带压作业，不压井作业机称为带压作业机。

带压作业具有不压井、不放喷、不泄压，可避免油气层污染、保持地层能量、缩短作业周期、零污染等优点，有利于节能减排、稳定单井产量，广泛应用于油气水井的完井、修井、压裂酸化、隐患治理等，是国内近年来大力推广的一项新技术。带压作业的关键技术是控制油管内和油套环形空间的压力以及克服管柱的上顶力。通过堵塞器等工具控制油管内压力；通过防喷器组控制油管与套管环空的压力；通过液缸及卡瓦组对管柱施加外力，克服井内流体对管柱的上顶力，实现管柱带压起下。

二　国内外现状与发展趋势

国外带压作业机向自动化、智能化、一体机方向发展，综合运用机、电、液一体化技术。带压作业机系列正在向高适应性、模块化、智能化方向发展，提高了安装效率和施工效率；向高性能、高可靠性、高安全性方向发展，应用高性能防喷器（20000psi 约140MPa）、高压环形防喷器胶芯，胶芯的使用寿命更长，可靠性更高；实现数据自动采集，综合应用自动控制系统；同时，向大吨位（提升力最大 270t）和迷你型（最小质量只有0.5t）两极方向发展，实现效益最大化。国内形成了以"系统动态密封、管柱动态平衡控制"为核心的高压带压作业技术，解决了井内压力高、管柱上顶力大、管柱内外压差大引起的管柱飞出、管串渗漏等难题，为深层页岩气完井提供了技术支撑。

带压作业装备向着一体化、模块化、智能化、更高压力等级方向发展，注重提高操作的安全性、可靠性、机动性和施工效率；带压作业机部件向着自动化方向发展，例如液压大钳由自动化铁钻工代替，实现自动化上卸扣；自动化管柱输送装置替代人工操作绞车输送管柱。带压作业技术应用上由非常规气井向常规气井方向拓展，气井带压作业压力由低压向高压发展，作业井类型由直井向水平井方向发展，作业工艺由成熟化的低压完井作业技术向高压及复杂修井方向发展，气井带压作业由单一技术向着常规作业技术的方向发展。

三　主要设备与工具

（一）国外常见带压作业机类型

国外带压作业机主要分为辅助式带压作业机和独立式带压作业机。

1. 辅助式

依靠其他设备（修井机或钻机）的配合，辅助控制管（杆）运动和输送，完成带压作业的结构形式，如图 6-5-1（a）所示。

2. 独立式

依靠自身的功能，能够独立完成带压作业的结构形式，如图 6-5-1（b）所示。根据具体结构的不同可分为吊臂式、集成式两种形式。吊臂式：依靠设备自身的吊臂（俗称桅杆总成）总成，实现扶正和输送管（杆）功能的结构形式。集成式：动力及控制系统与底盘车系统集成在一起，依靠设备自身的起升系统（井架、绞车、天车、游车、大钩、举升液缸、加压液缸、加压吊卡等）或其他举升系统实现管（杆）运动和输送功能的结构形式。

（二）带压作业控制设备

1. 工作防喷器组

工作防喷器组一般包括：半封闸板防喷器、环形防喷器、平衡/泄压四通、防喷管。

当压力超过 21MPa 时，需要使用上下闸板交替密封油套压力起下管柱。工作防喷器可以实现动密封，密封环空压力，最高压力 140MPa。工作闸板防喷器与常规防喷器最大的区

（a）辅助式带压作业机

（b）独立式带压作业机

图 6-5-1 带压作业机

别是常规防喷器只能静密封，带压作业工作闸板防喷器可以实现动密封。同时，工作闸板防喷器反复开关，对防喷器加工及处理要求更高。

2. 平衡泄压系统

主要用于起下工具串或管柱接箍时平衡或放掉上、下工作闸板防喷器之间的压力。四通的作用：增加上、下工作闸板之间的距离，来容纳尺寸较长的工具，另外也可以作为临时压井或节流口。平衡阀和泄压阀的作用：平衡/放掉上下闸板之间（四通内）的压力，达到保护闸板防喷器胶件和工作人员的目的。

（三）带压作业工具

1. 不可打捞式油管内压力控制工具

不可打捞式油管内压力控制工具通过钢丝投送、电缆投送、液压泵送等方式下到管柱预定位置形成油管内永久堵塞，不能再打捞回收。各油气田结合生产实际研制、开发了各种各样有针对性的不可打捞式油管内压力控制工具，下面介绍滑块式油管堵塞器、电缆桥塞、智能式油管堵塞器等油管内压力控制工具。

（1）滑块式油管堵塞器

滑块式油管堵塞器适用于井内管柱底部有缩径工具且管柱不卡的井。

堵塞器通过投掷或工具管下入井内预定位置后，打开井口阀门，皮碗在其上下压差作用下发生膨胀，封堵油管柱；同时，堵塞器在井内压力作用下，滑块卡瓦牙沿轨道发生径向运动，轨道对滑块的径向力迫使卡瓦牙咬入管柱内壁，实现堵塞器锁定油管。

（2）电缆桥塞

电缆桥塞适用于油、气、水井的油管内压力控制。

使用方法与注意事项：油管桥塞堵塞施工前，管柱必须经过刮削或用标准的通径规通径；桥塞下放速度必须严格控制，若有遇阻现象，只能缓慢活动电缆，不能猛烈冲击；桥塞坐封后，将坐封工具提高一定高度，然后放回，以确定桥塞是否坐封在正确的位置上；为验证其密封的可靠性，试压 50MPa，稳压 10min，压降小于 0.7MPa 为合格；天然气井试压合格后，宜在桥塞上方倒灰，防止桥塞上窜。

（3）智能式油管堵塞器

智能式油管堵塞器适用于封堵油水井井下工具以上的管柱，包括注水管柱、压裂管柱和带泵管柱。

2. 可打捞式油管内压力控制工具

（1）可回收式油管桥塞

可回收式油管桥塞适用于油、气、水井的带压作业配合拖动压裂、丢手更换油管主控闸门和带压作业油管堵塞等需要恢复油管通道的工艺施工。

电缆作业将带有油管桥塞的坐封工具下入井内，当油管桥塞下井至预定深度时，地面控制坐封工具工作，使油管桥塞坐封并丢手。

打捞油管桥塞时，钢丝作业下入上击式卡瓦牙捞筒，捞获打捞颈，向上震荡卡瓦牙捞筒，使桥塞解封。

（2）双向卡瓦钢丝桥塞

双向卡瓦钢丝桥塞不仅用于油、水、气井的油管堵塞，还可用于带压作业配合拖动压裂和带压丢手更换油管主控阀。

采用钢丝作业将钢丝桥塞下入井内预定位置，上提钢丝利用惯力将丢手头甩开，坐封预紧弹簧打开；在弹簧弹力作用下，依次张开防掉卡瓦牙、撑开防顶卡瓦牙、压缩密封胶筒，使堵塞器密封并锚定油管。

3. 预置式油管内压力控制工具

①泵下定压滑套主要由支撑连杆、滑套体等组成。适用于油井带压下泵作业过程中密封泵以上的管柱。

②泵下笔式开关主要用于油井带压下泵施工。在下泵施工时，将其连接在抽油泵的底部，既有泵下阀的功能，又可完成管柱内部堵塞。

③预置工作筒主要由锁定台阶、密封段等组成，是一种辅助性完井工具，为油管内压力控制工具提供锁定的台阶和密封工作段。

④井下控制开关主要由上接头、换向体、闸板座、扭簧、闸板、下接头组成，主要用于油、水、气井完井使用，是带压作业时防止管柱内喷的一个措施工具。

⑤破裂盘堵头

主要由上接头、陶瓷堵头、破裂盘外壳、下接头组成。通常安装在井下封隔器下部或油管柱的尾部，主要用于油、气、水井带压作业完井管柱的油管内压力控制。

1. 带压起下管柱

油气水井井口带压状态下，利用带压作业设备的固定卡瓦、游动卡瓦交替控制管柱，加压液缸举升或下压管柱，用环形防喷器、闸板防喷器或两组闸板防喷器交替密封油套压力，完成内封堵管柱的起出或下入井筒。

2. 冲砂作业

根据井内工况选择冲砂工具，并在工具上部加装压力控制工具控制管柱内压力，实现带压将井筒内沉砂循环冲出，具体操作同常规冲砂作业。

3. 打捞作业

根据井内工况选择打捞工具，并在工具上部加装压力控制工具控制管柱内压力，实现带压将井筒落物捞出，具体操作同常规打捞作业。

4. 钻（套、磨）铣作业

根据井内工况选择钻（套、磨）铣工具，并在工具上部加装压力控制工具控制管柱内压力，实现带压钻（套、磨）铣作业，具体操作同常规钻（套、磨）铣作业。

5. 配合压裂作业

油气水井井口带压状态下，利用带压作业设备将压裂管柱起出或下入井筒。

本章要点

1. 井下特种作业主要分为修井、试油（气）、压裂酸化、连续油管、带压等作业。

2. 修井作业分为小修作业、大修作业。小修作业是为维护油、气、水井正常生产，配合措施作业，进行新井投产的工艺过程，主要包括维护作业、措施作业、新井投产投注等；大修作业是为恢复油、气、水井正常生产，利用旋转设备、钻具、工具等解除井下事故，保证井筒完整及报废封井的工艺过程，主要包括套管修复、复杂解卡打捞、报废封井等。

3. 修井机主要由提升系统、旋转系统、循环系统、动力系统、传动系统、控制系统组成。

4. 试油（气）分为中途测试和完井试油，中途测试是指在钻井完井前，对钻井过程中有良好油气显示的储层进行的试油；完井试油是指在钻井完井后，采取一定手段和工艺对目的层进行的试油。

5. 试油（气）作业主要设备包括井口装置、捕屑器、除砂器、管汇台、加热装置、分离器、地面管汇等，除此之外还有安全阀、压力表、气体流量计、控制系统、测量仪器、油嘴套等辅助设备。

6. 采气井口装置安装在井口，悬挂套管、油管，并密封油管与套管及各层套管环形空间的装置统称为气井的井口装置。主要由套管头、油管头、采气树等组成。

扫一扫
获取更多资源

7. 压裂酸化的目的是改造储层的物理结构和渗透性，在油层中形成一条或数条高渗透的通道，从而改变油流在油层中的流动状况，降低流动阻力，增大流动面积，使油井得以增产，水井得以增注。

8. 压裂酸化主要设备包括压裂泵车、混砂车、仪表车，压裂泵车是压裂施工高压的动力来源，混砂车为压裂泵车输送支撑剂以及液体，仪表车是压裂泵车组的操控、整个施工的数据监控采集以及施工指挥的中心。

9. 连续油管主要用途有：洗井、打水泥塞弃井、冲砂、替泥浆、氮气气举、酸化、过油管防砂、高压冲洗除垢作业，连续油管钻井、侧钻，连续油管射孔等。今后将向解决面临的深井、超深井、大位移水平井、多底井、高温高压、腐蚀等特殊环境作业难题发展。

10. 连续油管作业机结构形式较多，主要分为车载式、橇装式和拖装式三种形式，为适应国内页岩气开发，专门开发出一种新式的双车载式设备，主要由控制车（主车）和滚筒车（辅／副车）组成。因非常适合国内道路情况，使用较多。

11. 带压作业具有不压井、不放喷、不泄压，可避免油气层污染、保持地层能量、缩短作业周期、零污染等优点，在未来带压作业技术应用上由非常规气井向常规气井方向拓展。

12. 国外带压作业机主要分为辅助式带压作业机和独立式带压作业机。

13. 带压作业工具分为不可打捞式油管内压力控制工具、可打捞式油管内压力控制工具和预置式油管内压力控制工具。

第七章

石油工程建设

石油工程建设主要业务涵盖油气水长输管道工程、石油和天然气集输处理工程、大型储罐工程、石油化工配套工程、新能源工程、海洋油气工程、公路工程、工业与民用建筑工程、市政公用工程、热力、发电、送变电工程、消防公用工程、电气仪表自动化工程、通信、防腐保温工程、钢结构工程施工及压力容器制造安装等领域的工程勘察、概念设计、详细设计、施工、工程总承包和项目管理，以及相关技术、工艺包和产品的研发和服务。

第一节　工程设计

石油工程设计是围绕石油工程建设项目，对建设工程所需的技术、经济、资源、环境等条件进行综合分析、论证，编制建设工程设计文件的活动，设计工作分为可行性研究、初步设计（基础设计）、施工图设计（详细设计）、配合施工和设计修改四个阶段，主要包括油气集输及处理工程设计、水处理及注水工程设计和油气长输管道工程设计等。

一　专业概述

（一）油气集输及处理工程设计

油气集输是指油气田矿场原油和天然气的收集、处理和运输等过程。通过一定的工艺将分散的油气井产出的油、气、水等混合物收集、处理成符合国家或行业质量标准的原油、天然气、轻烃等产品，经储存、计量后分别输往炼油厂、长输管道首站、原油库、码头和储气库等站场。

油气集输包括分井计量、集油集气、油气水分离、原油脱水、原油稳定、原油储存、天然气净化、轻烃回收、烃液储存、输油输气等工程内容。

油气集输工程设计的特点是油气集输系统涵盖采出油井 – 中间站 – 联合站（图7-1-1）– 矿场原油库 – 输油管道的全流程，点多面广、变数多、工程投资变化大。天然气处理（图7-1-2）的特点是处理介质组成多样、工况复杂，不同用户对产品要求不一，处理工艺复杂多样。

油气集输工程设计包括确定油气田总体布局、系统生产能力及站场建设规模、油气集输系统工艺流程及单元工艺。包括分井计量方式确定，集油集气方式和工艺，油气水分离、原油脱水、原油稳定和天然气净化、轻烃回收工艺，输油输气方式和工艺，以及工艺流程中涉及的主要工艺设备选型、管道材料选择，集输油气管道线路路由确定及管道敷设方案

图 7-1-1　联合站

图 7-1-2　天然气处理厂

确定，辅助设施设计等。主要的标准规范包括《油田油气集输设计规范》（GB 50350）、《气田集输设计规范》（GB 50349）、《石油天然气工程设计防火规范》（GB 50183）、《天然气净化厂设计规范》（GB/T 51248）、《天然气凝液回收设计规范》（SY/T 0077）。

（二）水处理及注水工程设计

1.采出水处理及资源化利用

（1）油田采出水处理

油田采出水主要是指油田开采过程中产生的含有原油的水，油田采出水处理后优先用于油田注水，当用于其他用途或排放时，应达到相关的指标要求。处理过程采用的存储、净化、输送、辅助等各项工艺设施的内容为水处理工程。

油田采出水处理工程设计主要工作内容包括水处理指标与规模的确定、工艺的选择、工艺计算、工艺流程设备构筑物选型与计算、平面与竖向布置、净化要求的选择、输送管网设计、配管设计及配套设施设计等。主要遵循的标准规范有《油田采出水处理设计规范》（GB 50428）、《滩海石油工程注水设计规范》（SY/T 0308）、《除油罐设计规范》（SY/T 0083）等。

1）水处理指标

根据水处理后的用途要求，确定水处理的指标要求，也是水处理工程设计的目标，一般油田采出水处理用于注水的指标包括含油、悬浮物、粒径颗粒等。

2）水处理规模

水处理规模主要是指水处理站能接收外部来水的设计能力，一般根据服务区块油田开发的水量预测确定。

3）工艺选择

水处理工艺选择根据采出水特性、净化水质的要求，通过试验或相似工程经验，经技术经济对比后确定。油田回注处理工艺一般有沉降工艺、气浮工艺、过滤工艺等。

4）平面与竖向布置

总平面与竖向布置应保证工艺流程顺畅、物料流向合理、生产管理和维护方便，同时要符合国家现行标准《石油天然气工程设计防火规范》（GB 50183）等规范的安全要求。

5）采出水药剂选择

采出水药剂种类的选择应根据采出水原水的水质特性、处理后的水质指标、工艺流程特点确定，常用净化药剂有混凝剂、絮凝剂、浮选剂、杀菌剂、防腐阻垢剂等。

（2）油气田采出水资源化

①对于稠油油田的高温高盐富余采出水，一般先进行预处理，再进行深度处理。春风油田含油污水资源化处理站，产出水规模5000m³/d，采用"预处理＋机械压缩蒸发＋深度处理"工艺，即采用气浮、澄清、过滤进行预处理，然后进行MVC多效蒸发和离子交换处理，设计出水水质达到流化床锅炉的进水水质要求，产品水全部用于油田开发注汽。

②对于气田采出水，如果有回注条件，一般先采用气提、沉降、过滤工艺，将含硫气田采出水处理后回注。如果不具备回注条件，对于富余的气田采出水，需要进行深度处理后回用。在西南元坝气田，采用了"同步除硬除硅＋低温多效蒸发＋高级氧化＋双膜"工艺。回用水水质达到《炼化企业节水减排考核指标与回用水质控制指标》（Q/SH 0104—2007）中循环冷却水补充用水水质指标。

③在普光气田，针对富余采出水采用高盐生化工艺对气田采出水、胺液净化废水、水洗氯废水进行资源化处理。采用了"均质＋软化＋膜生物反应器＋高级氧化＋曝气生物滤池＋双膜工艺"。处理出水水质达到《石油石化污水再生利用设计规范》（SH 3171—2013）中循环冷却水补充水水质控制指标。

2. 注水工程设计

注水工程设计包括常规注水和三采化学驱注入两类工程设计。

注水（图7-1-3）是指为了保持油层压力、提高采收率而将水注入油层的工艺。注水系统包括注水站、注水管网、配水间、注水井口等工程内容。其核心是注水站场，按泵型主要分为离心泵站、柱塞泵站两大类。

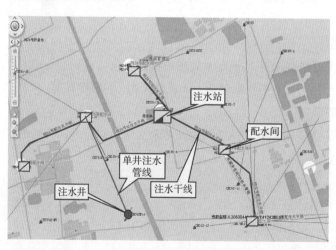

图7-1-3　注水系统流程图

化学驱是利用注入油层的化学剂改善地层原油—化学剂溶液—岩石之间的物化特性，

从而提高原油采收率的驱油方法。也叫改型水驱，在注入水中加入聚合物、表面活性剂等化学剂，改变注入水性质，扩大注入水在油层中的波及系数，增大洗油效率，以提高原油采收率。按照化学驱油剂配方体系不同，其流程分为聚合物驱、三元复合驱、二元复合驱、非均相复合驱、氮气泡沫复合驱、降黏复合驱等类型，复合驱大多以聚合物配注为骨干流程，在聚合物溶液中再加入碱、表面活性剂等。

注水工程设计主要工作包括设计参数的确定、系统流程设计、站场布局、站场工艺设计、设备及材料选型计算、站外管网设计、配管及辅助设施设计等。主要的标准规范包括《油田注水工程设计规范》（GB 50391）、《滩海石油工程注水设计规范》（SY/T 0308）等。

（1）设计参数

设计规模（或设计能力）应大于等于工程适应期内所辖油田（区块）的设计注水量；注入泵额定压力应在进行系统优化的前提下，满足工程适应期内本系统管辖的注入井最大配注压力需求。

（2）系统流程

系统流程应根据注入井工艺设计、井网布置形式、水源种类、注入液质量指标、注入压力及地面建设条件等，通过技术经济对比确定。

（3）站场布局

站场布局应根据地面建设总体规划和油田开发方案要求，结合油田面积、地形地貌和地面建设现状以及供水、供电、交通等情况，通过技术经济比较确定。

（4）站场工艺流程

站场工艺流程应符合系统流程的要求，并应满足注入液的配备、计量、升压、分配及取样化验等要求。

（三）油气长输管道工程设计

油气长输管道是指产地、储存库、用户之间用于输送（油气）商品介质的管道，分为输油管道和输气管道。油气长输管道包括线路、穿跨越、站场阀室及辅助设施等工程内容，其主要特点是：输送介质单一，但成分要求严格；工艺流程比较简单，但适应性强；输送距离长，有可能通过各种环境和地质条件的区域。

长输管道工程设计主要工作包括线路路由确定、站场阀室选址、管道敷设方案、管道材料及附件选择、输送工艺分析、站场设置和辅助设施设计等。主要标准规范包括《输油管道工程设计规范》（GB 50253）、《输气管道工程设计规范》（GB 50251）、《石油天然气工程设计防火规范》（GB 50183）等。

1. 线路路由确定

线路路由（图7-1-4）应根据工程建设目的和资源、市场分布，结合沿线城镇、交通、水利、矿产资源和环境敏感区的现状与规划，以及沿线地区的地形、地质、水文、气象、地震等自然条件，通过综合分析和多方案技术经济比较确定。

图 7-1-4　线路路由

2. 站场阀室选址

选址应结合站址所在区域的气象、水文、地形地貌、地质等自然环境情况，站址周边的公共配套设施依托情况，站址所在位置的土地实际使用情况、土地属性及建设规划情况，站场等级和输送介质与周边建构筑物、设施的防火间距和安全间距，以及拆迁工程量等因素综合分析和比选确定。

3. 管道敷设方案

管道敷设方案应结合管道沿线地形地貌、地质条件、自然和人工障碍等情况确定，一般地段应采用埋地方式敷设，特殊地段可采用土堤或地面形式敷设。当管道需改变平面走向或为适应地形变化改变纵向坡度时，可采用弹性弯曲、冷弯管和热煨弯管方式。

当管道遇到河流、湖泊、山谷、冲沟、山地、公路、铁路等自然和人工障碍，如果无法绕行或绕行在经济上不合理时，管道可采取从障碍物下部穿越或从上部跨越通过。常用的穿越方式主要有挖沟埋设穿越、定向钻穿越、隧道穿越，常用的跨越方式主要有桁架跨越、悬索跨越。

4. 管道材料及附件选择

长输管道所用钢管及管道附件的选材，应根据操作压力、温度、介质特性、使用地区等因素，经技术经济比较后确定，采用的钢管和管材，应具有良好的韧性和焊接性能。

5. 输送工艺分析

输送工艺应根据上游资源条件、下游用户特点和需求、输送距离、输送量、已建管网和站库情况、工程近远期需求，通过多方案技术经济比较，确定合理的输送工艺参数，包括输气量、输送压力、管径、输送温度和站场布置等。

6. 站场设置

站场设置应结合输送工艺分析、上游资源和下游用户分布、已建管网和站库分布等情况综合考虑，主要功能包括接收资源、过滤分离、增压、分输、清管等；输气站场包括首站、分输站、压气站、分输压气站、清管站、分输清管站和末站等，输油站场包括首站、中间（热）泵站、分输站和末站等。

7.辅助设施设计

油气长输管道辅助设施设计主要包括水工保护、防腐与阴极保护、仪表与自动控制、通信、供配电、消防给排水、采暖通风和空调等设计。

二　技术简介

（一）油气集输工程技术

1.油气集输

（1）不加热输送

在出油、集油、输油管线中输送油气水混合物、含水原油和出矿原油，以及在集气、输气管线中输送未经处理的出矿天然气时，采用不须加热的连续输送工艺。

（2）加热输送

在出油、集油、输油管线中输送油气水混合物、含水原油和出矿原油，或在集气管线中输送未经处理的天然气时，需要采用外加热源提高介质输送温度，以降低黏度、熔蜡、防止生成水合物、降低动力消耗。

（3）掺液输送

在出油、集输管线中掺入冷水、热水、活性水、轻质油、热油或低黏原油，以降低介质黏度、润湿管壁、防止结蜡，减少摩阻的输送工艺。

（4）伴热输送

出油、集油、集气管线有外部热源伴随，以保持管线内流体的温度。其热源有蒸汽、热水、热油、集肤电热和电热带（图7-1-5）。

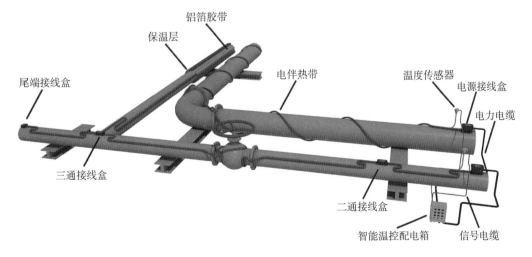

图 7-1-5　电伴热系统

2. 原油处理

（1）油气水分离

利用离心力、重力等机械方法，将井产物分离成气、液两相；在出砂的井中，还要除掉固体混合物。在溶解气和重力驱动的油田开采时，采用气、液两相分离器；在水驱和注水开采时，还需将液相再进一步分离成游离水和含水原油，采用油、气、水三相分离器（图7-1-6）；低含水期可气、液两相运行。油井有较高剩余压力时，采用多次压力分离。

图7-1-6　三相分离器

（2）原油脱水

轻质、中质含水原油采用热沉降、化学沉降法脱水，使油、水一次达到合格标准。中质或重质的高含水原油，先采用热化学沉降法脱水，使原油含水率降到20%~30%，为原油电脱水奠定良好基础。中质、重质的高黏度、高含水原油，乳化程度较高，采用固体聚结床破乳、沉降，使油水一次达到合格指标或再进行脱水。含水率低于30%的含水原油，可直接采用电－热－化学方法破乳沉降，使油水一次达到合格指标。

（3）原油稳定

轻质原油采用提馏法，中质原油采用负压闪蒸法，重质原油一般不需进行稳定处理。

（4）原油、天然气及凝液产品的储存

盛装含水原油、脱水原油和收发作业频繁的油罐采用钢制拱顶立式油罐；出矿原油采用钢制浮顶立式油罐；大量储存液化石油气采用中压钢制球形储罐，小量储存采用中压钢制卧式油罐；大量储存饱和蒸气压小于74kPa的稳定轻烃采用压力略高于常压的钢制拱顶立式油罐，小量储存采用低压钢制卧式油罐；储存高压天然气采用钢制球形罐或钢制卧式储罐，储存低压天然气采用湿式气柜。

3. 天然气处理

天然气在一定的温度和压力条件下，所含的水会与烃类形成固体状态的水合物。在管道输送天然气时，水合物会堵塞管道，破坏正常输送。天然气中的酸性气体（H_2S、CO_2

等），遇水会生成酸性液体，腐蚀管道和设备。因此，对天然气必须进行脱水、脱酸性气的净化处理。除脱酸、脱水外，商品天然气还须进行凝液回收，把气体燃烧热值控制在要求的范围内。天然气处理常用的工艺计算软件有 HYSYS 和 PRO II。

（1）天然气脱除酸性气体

天然气脱除酸性气体的方法分三类，即固体脱法（干法）、液体脱法（湿法）和低温分离法。

固体脱法中常用的脱硫剂有氧化铁（海绵铁）和分子筛等，通常只适用于含硫量很低的天然气处理。

液体脱法按溶液的吸收和再生方式可分为氧化还原法、化学吸收法和物理吸收法三种。氧化还原法又称直接氧化法，在工业应用上最具代表性的是蒽醌（A.D.A）法，它是由碱性溶液吸收后，直接被空气氧化再生，生成元素硫。化学吸收法是以弱碱性溶液为吸收剂与酸气反应，生成某种化合物，其中最具代表性的是醇胺法。物理吸收法以有机化合物为溶剂，在高压、低温下使酸气组分和水溶解于溶剂内，其中具代表性的是砜胺法。

低温分离法是根据各组分间相对挥发度不同，用分馏的方法将 CO_2 分离出来。

（2）天然气脱水

天然气脱水常用的方法有三种：液体吸收法，固体吸附法和低温法。其中液体吸收法和固体吸附法主要应用于天然气水露点的控制，低温法可用于同时控制天然气的水露点和烃露点。

在要求气体的水露点降低 20~50℃的场合，一般采用液体吸收法，液体吸收水分的吸收剂是甘醇，其中三甘醇使用最普遍。

气体低温处理时常用固体吸附法脱水。固体吸附水分常用的吸收剂有分子筛、硅胶、活性氧化铝。

低温法即冷凝脱水，通过降低气体的温度，使气体中饱和的水蒸气变成液体从气体中分离出来，脱出天然气中的水分。为防止低温下形成水合物，在降温过程中需加防止水合物形成的抑制剂，如甲醇或甘醇。

（3）天然气凝液回收

回收天然气凝液通常采用冷凝分离法，就是利用天然气中各烃类组分冷凝温度不同的特点，通过制冷将天然气冷至一定温度，从而将其中沸点较高的烃类冷凝分离，分离出来的凝液再经凝液分馏分离成合格产品的方法。按制冷温度的不同，可分为浅冷和深冷工艺。

（二）水处理及注水工艺技术

1. 水处理工艺技术

（1）聚结除油工艺技术

在聚结材料的作用下，油田采出水中的细微油珠聚集成大油珠，从而加速浮升达到油水分离的目的。聚结后的采出水在储罐或构筑物中通过重力沉降，去除水中含油的技术，形成聚结除油工艺或设施，如重力聚结除油罐、压力聚结除油罐等。

（2）混凝沉降工艺技术

在重力作用下，采出水中的含油、悬浮物上升或下降而与水分离的过程为沉降。为增强沉降效果，选用合适的水质净化药剂与采出水充分混合、反应并絮凝成大的絮体的过程为混凝，将采出水的混凝和沉降过程融合一体的工艺为混凝沉降工艺，一般主要功能为去除采出水中的悬浮物，主要设施有重力混凝沉降罐、压力混凝沉降罐等。

（3）气浮工艺技术

在油田采出水中原油粒径较小、油水密度差小、乳化严重等沉降不易分离的情况下，考虑加入气体与悬浮物、细小油珠充分结合，提升上浮速度，从而快速去除水中含油和悬浮物的工艺技术，气浮的类型及气源的选择应根据采出水的特性，通过试验或类似工程经验，经过技术比较后确定。

（4）过滤技术

悬浮液流经颗粒介质或表层层面进行固液（或液液）分离的过程称作过滤。过滤装置的类型很多，但在油田采出水中，绝大多数过滤工艺采用粒料层过滤。在水质要求较高的采油回用水也采用表面过滤装置，如微孔过滤器、烧结材料过滤器和硅藻土过滤器等。

2. 注水工艺技术

（1）注水工艺

按注水站类型一般分为离心泵站、往复泵（柱塞泵）站、增压泵站三种工艺。离心泵站工艺适用于注水压力 18MPa 以下、规模较大的油田；往复泵站工艺适用于中小油田以及注水压力高的区块；增压泵站工艺是将注水管网中压力较低的支管接入，经增压泵进一步升压的工艺，适用于系统中局部注水压力要求较高、现有系统无法满足的工况。

（2）老油田注水节能技术

针对已建泵站及管网与注水需求矛盾大、注水能耗高、设备运行工况差等问题，通过采取大排量高效注水泵、多级离心泵撤级、大小泵阶梯组合运行、分压注水、变频调速、局部增压等措施，提高系统效率，实现节能降耗和优化系统运行的技术。主要用于老油田注水系统的提效节能改造工程。

（3）碳酸盐岩油藏不稳定注水技术

针对注水量和压力变化大、注采交替开发的特点，采取统筹管网输水与就地分水、优化集输 / 注水站场布局、"一管双用"（单井管线集油 - 注水合一）、集中增压配水与井口增压注水相结合等措施，实现优化系统运行、满足油藏开发的不稳定注水技术。主要用于缝洞型碳酸盐岩油藏的注水开发工程。

（三）油气长输管道工程技术

1. 管道敷设技术

油气长输管道一般地段应采用埋地方式敷设，特殊地段可采用土堤或管架敷设。

采用埋地敷设时，需保证管道埋深满足规范要求。常用的管沟断面形式有矩形沟、梯形沟和混合沟，具体形式需结合土壤性质和管沟深度确定。

当采用土堤敷设时，土堤高度和土堤顶部宽度除应考虑本身的稳定以外，还应考虑管道的内压和温度变化所产生的纵向压力对管道纵向稳定的影响并满足工艺设计的要求。管道在土堤中的覆土厚度应不小于0.8m，土堤顶部宽度应不小于管道直径的两倍且不得小于1.0m。

管架敷设是把管道架设在构筑于地面的支架上，一般用于跨越人工或自然障碍物，敷设形式施工复杂、费用较高，地面上造成人工障碍，易受外力损坏，只能用于其他敷设形式不宜采用的地区。

2. 输送工艺技术

（1）输气管道工艺

输气管道的输送方式分为加压输送和不加压输送。加压输送是设置压缩机增压来满足管道输送要求和用户用气需求。不加压输送是直接利用天然气已具有的原始压力进行输送即可满足用户的用气需求，主要用于天然气压力较高且输送距离较短的情况。

输气管道工艺分析包括水力计算、热力计算、最大输送能力计算、各输送工况分析、事故工况分析、储气调峰分析、内减阻涂层设置分析等，用于确定管道的输送方式、管径、设计压力、压气站设置、内涂层设置、各站工艺参数及压缩机功率等设备参数。常用的输气管道工艺分析软件为 TGNET 和 SPS。

（2）输油管道工艺

输油管道的输送方式一般分为常温输送、加热输送、加剂输送等。当输送原油的凝点高于管道管顶埋深处的地温时，宜采用加热或对原油进行改性处理后输送。输送工艺流程分为旁接油罐输送和密闭输送，一般采用密闭输送方式。密闭输送也称"从泵到泵"输油，可基本消除油品蒸发损耗，重复利用上站余压，减少节流损失，但要求有可靠的自动调节和保护装置。

输油管道工艺分析包括水力计算、热力计算、水击分析、顺序输送混油计算等，用于确定管道的输送方式、管径、设计压力、泵站设置、加热站设置、水击保护措施、各站工艺参数、顺序输送批次、混油量及油罐容量、输油泵功率、加热炉负荷等设备参数。常用的输油管道工艺分析软件为 TLNET 和 SPS。

第二节　工程施工

石油工程施工是围绕石油工程建设项目，根据设计文件要求，对建设工程进行新建、扩建、改建的活动，是国家能源建设重要保障。施工领域主要包括：长输管道工程、油气储运工程、海洋石油工程、公路工程、建筑工程、水利工程和市政工程等。

（一）长输管道工程施工

长输管道是指产地、储存库、使用单位之间用于输送商品介质的管道。长输管道工程施工主要包括线路和站场两部分。线路部分包括管道、阀室和阴极保护等设施；站场可分为首站、末站和中间站场。

长输管道工程主要特点是线路长，沿线自然地理环境复杂，沿途可能要翻越山岭，穿越大河巨川、沼泽地带，或是沙漠地区、永冻土地带，比如西气东输工程沿线既有土石山区、戈壁荒漠，又有黄土丘陵沟壑，一些区段生态环境极其脆弱，因此长输管道工程施工具有施工难度大、质量要求严、建设周期长等特点。

长输管道工程施工内容包括：施工准备；材料及设备检验；交接桩及测量放线；施工作业带清理及施工便道修筑；材料、防腐管的装卸、运输及保管；管沟开挖；布管及现场坡口加工；管口组对、焊接及验收；管道防腐及保温工程；管道下沟及回填；管道穿越、跨越工程；管道清管测径、试压及干燥；管道连头；管道附属工程；工程交工等。

国际上长输管道向超大口径、高压力、高钢级、特殊环境及数字化发展。目前国际上天然气管道管径已达到1420mm，管道压力普遍都在10MPa以上，已拥有X100、X120高钢级管材。数字化管道技术是当前石油天然气管道的发展方向。

（二）油气储运工程施工

油气储运工程是连接油气生产、运输、分配、销售诸环节的纽带，它主要包括油气田油气集输与处理、油气长距离运输、各转运枢纽的储存与装卸、终点分配油库（或配气站）的营销、炼油厂和石化厂的油气储运等。

油气储运工程施工主要包括油气田集输地面工程、站库工程（图7-2-1）、LNG工程等。

图7-2-1 东营原油库迁建工程

油气储运工程管道材质、管径繁多，涉及建筑工程、安装工程、电气工程、仪表自控工程、通信工程等专业，具有综合性强、专业性高、技术性强的特点。

1. 油气田集输地面工程

油气田集输地面工程是指油和气加工处理、储存与运输等工艺的总称。施工内容主要包括油气管道、注水管道、高压注汽管道、高含硫集输管道、井场、接转站、注水站、注气站、联合站、供配电等油气集输及配套工程建设。

2. 站库工程

（1）管道站工程

按站所处位置可分为起点站（首站）、中间站和终点站（末站）。按输送的介质和作用不同，站又可分为管道输油站和管道输气站。管道输油站包括增压站、加热站、热泵站、减压站和分输站等；管道输气站包括压气站、调压计量站、配气站等。

（2）储油（气）库工程

储油（气）库工程施工是指油气储存设施及配套工程的建设，主要包括油库、储气库、商储库等。一般由钢制储罐、配套的消防、自控、通信、外输等辅助系统以及周边的交通、给水、排水、燃气、环卫、供电、通信、防灾等各项工程系统构成。

国际上油气田地面站库工程技术逐渐向专业化、标准化、模块化方向发展。焊接技术作为关键技术，未来会向高效化、自动化、智能化、数字化、环境友好化的方向发展，"标准化设计、模块化建设"是油气田建设工程技术发展的趋势。

3. LNG 工程

LNG 工程主要包括接收、预处理、液化、储存、装车、汽化、输送以及其他配套系统。建设内容主要有 LNG 储罐、大型压缩机组、低温管道、火炬塔等设施。

（三）海洋石油工程施工

海洋工程主要包括围填海、海上堤坝工程，人工岛、海上和海底物资储藏设施、海底管道、海底电（光）缆工程，海洋矿产资源勘探开发钻井、采油等及其附属工程，海上风力电站、波浪电站等海洋能源开发利用工程，以及国家海洋主管部门会同国务院环境保护主管部门规定的其他海洋工程。

海洋工程施工主要包括海洋平台建造、海底管道敷设、海底电缆敷设和海上构筑物拆除等。

1. 海洋平台建造

海洋平台（图7-2-2）是用于油气资源勘探开发的移动性、固定性平台的统称。利用海洋平台可以在海上进行钻井、采油、集输、观测、导航、施工等活动。

海洋平台结构复杂、体积庞大、造价昂贵，特别是与陆地设备相比，它所处的海洋环境十分复杂和恶劣，台风、海浪、海流、海冰和潮汐还有海底地震对平台的安全构成严重威胁。因此，海洋平台建造施工具有建造工艺复杂、涉及专业多、安全要求高及建造周期长等特点。

图 7-2-2　海洋平台工程

海洋平台建设一般包括开工前准备、陆地建造、海上安装、调试和交工阶段。

建设内容：测量放线；切割下料；桩管卷制；结构分片预制；结构总装；机、管、电、仪、讯安装；防腐刷漆；装船；海上运输；海上安装；调试、交工等。

2. 海底管道敷设

海底管道是敷设在水下或埋于海底一定深度输送石油、天然气、水等的管道。随着海上油气田不断开发，海底输油（气）管道已成为广泛应用于海洋石油工业的一种有效运输手段。

海底管道施工主要取决于路由区地形地貌及海洋水文状况、海底管道设计、社会环境因素等。具有海况复杂多变、安全风险高、对生态环境影响大的特点。

海底管道施工主要包括管道的加工制作、运输、管道位置测量定位、管道铺设、埋深、试压、通球和试运作业等环节。

海底管道敷设方法有：漂浮铺设法、牵引铺设法和铺管船铺设法。其中最常用方法是铺管船铺设法。铺管船铺设法施工包括海上定位、铺设管道和开沟等多项作业。

（1）海上定位

海上定位是指导铺管船沿着路由方向移动和确定在海域中施工船队位置的作业。海上定位方法是在岸上设置两座以上已知其经纬度的定向电台，定向电台发射微波定向信号。作业船上安装有无线电定向仪，可以精确地测定船与岸上各电台间的夹角，从而准确地测出船所在位置。在近海作业时可以用微波发射信号，在远海作业时一般用 200m 无线电长波发射信号。

（2）铺设管道作业

铺管作业一般采用铺管船敷设，铺管作业过程是将管子经陆上预制厂加上水泥加重层后，用船运到铺管船上，将管子逐段组装焊接，焊好的管段在铺管船向前移动时，从船尾部的托管架上滑入海中。整个铺管作业过程中管段下滑的长度必须与船的位移量同步，同时，铺管船必须处于较稳定的状态。为此，在铺管船的前后左右布置有 4~6 个船锚，调节锚缆的松紧可稳定船只；调节锚缆的长短可移动船位。

（3）开沟作业

开沟作业通常采用挖沟船进行挖沟。具体做法是：挖沟船把挖沟装置放到海底，骑在管道上，采用铰、冲、排原理实现挖沟，依靠松紧锚绳使挖沟船拖着挖沟装置一起前进，实现连续挖沟。

国际上海洋石油工程技术服务领域向深水、超深水发展。海上油气生产设施从固定式生产设施向浮式生产系统、水下生产系统发展。

（四）公路工程施工

公路工程，指公路构造物的勘察、测量、设计、施工、养护、管理等工作。

公路施工特点：施工流动性大，公路施工线长点多，因而对工作人员和施工机械都需要科学地进行时间和空间上的安排；施工周期长，公路形体庞大，需要大量的人工、材料和机械，需要较长的工期；受外界干扰及自然因素影响大，公路工程施工大部分是露天作业，路线往往要穿越很多地质情况复杂的地带，即使在平原地区，也时刻受到阳光的照射和雨水的侵蚀。

公路工程构造物包括：路基、路面、桥梁、涵洞、隧道、排水系统、安全防护设施、绿化和交通监控设施，以及施工、养护和监控使用的房屋、车间和其他服务性设施。

路基施工主要包括：路基施工前技术准备、原地基处理要求、挖方路基施工、路基爆破施工、填方路基施工、路基季节性施工、路基改建施工、特殊路基施工等；路面施工依据结构层次和所用材料主要分为：路面基层底基层施工、沥青路面施工、水泥混凝土路面施工、中央分隔带及路肩施工、路面工程质量通病及防治措施等。

桥梁一般由上部结构、下部结构、支座系统和附属设施四个基本部分组成。上部结构通常又称为桥跨结构，是在线路中断时跨越障碍的主要承重结构；下部结构包括桥墩、桥台和基础；桥梁附属设施包括桥面系、伸缩缝、桥头搭板和锥形护坡等，桥面系包括桥面铺装、排水防水系统、栏杆、灯光照明等。桥梁按照结构体系划分为梁式桥、拱桥、钢架桥、悬索桥四种基本体系，还有以基本体系组合而成的组合体系；按照桥梁全长和跨径的不同分为特大桥、大桥、中桥和小桥；桥梁施工主要包括：常用模板、支架和拱架的设计与施工、钢筋与混凝土施工、桥梁基础工程施工、桥梁下部结构施工、大跨径桥梁施工、桥梁工程质量通病及防治措施。

公路隧道是供汽车运输行驶的通道，其结构构造由主体构造物和附属构造物两大类组成。主体构造物通常指洞身衬砌和洞门构造物，附属构造物是指主体构造物以外的其他建筑，是为了运营管理、维修养护、给水排水、供蓄发电、通风、照明、通信、安全等而修建的构造物；公路隧道施工主要包括：公路隧道洞口、明洞施工、公路隧道开挖、公路隧道支护与衬砌、公路隧道防水与排水、隧道通风防尘及水电作业、公路隧道辅助坑道施工、公路隧道盾构施工、特殊地段施工、隧道工程质量通病及防治措施等。

公路交通工程包括：交通安全设施、监控系统、收费系统、通信系统、供配电及照明系统等五方面内容，其中交通安全设施主要包括交通标志、交通标线、防撞设施、隔离栅、轮廓标、防眩设施、桥梁护网、里程标、百米标、公路界碑等。

（五）建筑工程施工

建筑工程，指通过对各类房屋建筑及其附属设施的建造和与其配套的线路、管道、设备的安装活动所形成的工程实体。其中"房屋建筑"指有顶盖、梁柱、墙壁、基础以及能够形成内部空间，满足人们生产、居住、学习、公共活动需要的工程。

在建筑工程中，最为突出的特点便是多样性，一方面，建筑的类型不同，而且建筑物都有自己的特点。另一方面，在施工建设时，会将本地的文化考虑进去，结合本地人文，加之自然因素的差异。因此，需要多方位地充分考虑，打造出独具特色风格的建筑。

一般工业与民用建筑工程的分部工程包括：地基与基础、主体结构、建筑装饰装修、建筑屋面、建筑给排水及采暖、建筑电气、智能建筑、通风与空调、电梯、建筑节能十个分部工程。

地基与基础结构主要工序：基坑放线、基坑降水施工、第一次土方开挖为桩基施工作准备、基坑支护、桩基施工、单桩静载检测、第二次大开挖至基底设计标高、机械截桩头、桩基小应变检测桩、地基验槽验收、基础垫层砼浇筑、桩芯钢筋笼制作、安放、砼浇筑、防水层及保护层施工、基础筏板施工、地下室外墙防水、基础回填土等。

主体结构主要工序：模板支架搭设、墙柱钢筋绑扎、梁板支模、梁板钢筋绑扎、安装管线预埋、砼浇筑等；砌体及二次结构施工内容：卫生间、空调板止水带支模、砼浇筑，砌体拉结筋、构造柱、构造梁、圈梁、植筋、砌体砌筑、砼构件钢筋绑扎、支模、砼浇筑等。

建筑装饰装修主要工序：内外墙抹灰施工、墙面砖粘贴、铝合金门窗、室内砼（砂浆）楼地面施工、卫生间防水层施工、楼梯扶手栏杆施工、室内外涂饰施工、吊顶施工等。

屋面工程主要工序：基层处理、保温层、找坡层、找平层、刷基层处理剂、防水层铺设、防水隔离层、保护层等。

室内电梯安装调试主要工序：设备进场验收，土建交接检验，驱动主机、导轨、门系统、轿厢、对重（平衡重）、安全部件、悬挂装置、随行电缆、补偿装置、电气装置、整机安装验收等。

室内给、排水及采暖系统安装主要工序：给水管道及配件安装、室内消火栓系统安装、给水设备安装、管道防腐及绝热、排水管道及配件安装、雨水管道及配件安装、系统试验等。

室外给、排水及供热管网施工内容：给水管道安装，消防水泵接合器及室外消火栓安装，管沟及井室、排水管道安装，排水管道与井池、管道及配件安装，防腐及绝热，系统水压试验及调试等。

通风与空调主要工序：风管与配件制作、部件制作、风管系统安装、防排烟风口、常闭正压风口与设备安装、风管与设备防腐、风机安装、系统调试等。

建筑工程行业是拉动国民经济发展的重要支柱产业之一。目前，建筑施工项目管理向数字化、信息化、智能化方向发展，在超高层、大跨度等复杂建筑广泛应用建筑信息模型（BIM，Building Information Modeling），工业化技术基本成熟。

（六）水利水电工程施工

水利水电工程主要研究水资源、水工结构、水力学及流体动力学、水利工程技术等方面的基本知识和技能，进行水利水电工程的勘测、规划、设计、施工、管理等。

水利水电施工受水流、地质、水文、气象条件影响较大，在河流上施工时，为了顺利施工，必须适当控制水流，施工组织复杂，涉及部门多。

水工建筑物包括土石方工程、土石坝、混凝土坝、渠道、堤防与河湖整治工程、水闸、泵站与水电站施工等。主要施工内容：

①施工准备，包括施工交通、施工供水、施工供电、施工通信、施工供风及施工临时设施等；

②施工导流工程，包括导流、截流、围堰及度汛等；地基处理，包括固结灌浆、帷幕灌浆、基础换填、锚杆、锚筋桩等；

③土石方施工，包括土石方开挖、土石方运输、土石方填筑等；

④混凝土施工，包括骨料制备、储存，混凝土制备、混凝土运输、混凝土浇筑、混凝土养护，模板制作及安装，钢筋加工及安装，埋设件加工及安装等；

⑤金属结构安装，包括闸门安装、启闭机安装等；

⑥水电站机电设备安装，包括水轮机安装、水轮发电机安装、变压器安装、断路器安装以及水电站辅助设备安装等。

（七）市政工程施工

市政工程是指市政设施建设工程，市政设施是指在城市区、镇（乡）规划建设范围内设置、基于政府责任和义务为居民提供公共产品和服务的各种建筑物、构筑物、设备等。

市政工程分为大市政和小市政。大市政是指城市道路、桥梁、排水、污水处理、城市防洪、园林、道路绿化、路灯、环境卫生等城市公用事业工程，主要有道路交通工程、河湖水系工程、地下管线工程、架空杆线工程、街道绿化工程；小市政是指民居小区、厂区排水及道路工程。

市政工程施工专业分项多，主要包括道路工程、绿化工程、交通设施工程、排水工程、铺装工程和照明工程等，任务重工期紧，施工难度大；文明施工要求高；按实计量工程量较多；协调组织要求高。

市政工程施工内容包括道路交通工程，如道路、立交、广场、交通设施、铁路及地铁等轨道交通设施。

（一）长输管道工程施工技术

1. 焊接技术

常用的焊接技术主要有：焊条电弧焊接、半自动焊接和自动焊接。

（1）焊条电弧焊

焊条电弧焊是利用焊条和工件间的稳定电弧，使焊条和工件熔化，以获得牢固的焊接接头的一种方法，具有设备简单、移动便利、操作灵活等特点，是野外焊接施工中最常用的一种方法。按焊接的施焊方向，可分为上向焊和下向焊两种。上向焊是从管道环焊缝的管底起弧，向上运条焊接到管顶的一种自下而上的焊接方式。下向焊是从管道上顶部引弧，自上而下的全位置焊接方式。一般情况下，下向焊比上向焊速度快，薄层多焊，焊接质量更优。

（2）半自动焊

半自动焊是电焊工手持半自动焊枪施焊，由送丝机构连续送丝的一种焊接方式。该焊接方法可节省更换焊条等辅助作业的时间，具有熔敷速度快、焊接接头少、焊接收弧及引弧产生的焊接缺陷少等优点，焊接合格率明显高于手工电弧焊。目前，国内比较成熟的半自动焊工艺为自保护药芯焊丝和气体保护焊丝进行填充、盖面。半自动焊接设备较手工电弧焊设备复杂，适宜在地形较好的平原、低矮丘陵和坡度较缓的山区地段机械化流水线作业上应用。

（3）自动焊

自动焊接技术是将焊接原理、自动控制原理和机械运动原理等有机结合的加工技术，实现了焊接过程的自动化。主要包括实芯焊丝气体保护自动焊和药芯焊丝气体保护自动焊两种。自动焊接技术可实现全位置多机头同时工作，可从管道内部和外部实现根焊，多用于大口径、大壁厚管道焊接。具有操作简单、焊接质量高、焊接速度快、焊缝成形美观等特点。但对接头坡口加工的精度、管口组对及焊接环境要求较高。主要适用于地形较为平坦地段的管道焊接施工，在自然环境条件比较恶劣的地区，如戈壁、沙漠、无人区等，自动焊技术具有不可替代的应用空间和优势。

2. 穿跨越施工技术

（1）定向钻穿越技术

水平定向钻穿越是在不开挖地表面的条件下，铺设多种地下公用设施（管道、电缆等）的一种施工工艺。主要技术工序包括：导向孔施工、扩孔施工、管道回拖。主要适用于淤泥、黏土、砂层、岩石等地质，不适合地下水位较高及卵石地层，广泛应用于供水、煤气、电力、电讯、天然气、石油等管线铺设施工工程。其特点是施工简单，施工周期短，穿越距离长，相比于隧道及盾构，其施工成本低，安全性高。

（2）顶管穿越技术

常用的顶管穿越技术主要有人工顶管、泥水平衡顶管。

人工顶管：利用人工挖掘顶进套管断面前方土体的顶管穿越施工方法。该方法具有设备简单、操作灵活、成本低等特点，是短距离（≤30m）最常用的一种顶管穿越方法。

泥水平衡顶管：采用泥水平衡顶管机进行施工，并利用顶管机泥水仓内的泥水压力来平衡顶管机所处土层中的土压力和地下水压力，同时利用排出的泥水来输送弃土的一种顶管施工工艺。

（3）直铺管技术

直铺管结合微型隧道和水平定向钻技术优势，采用掘进设备前方掘进、推管机后面顶推的方式，实现了预制管道和微型隧道掘进的同步进行，使得预制管道仅通过一次推进即可铺设完毕。该技术无须顶进套管，施工成本低；掘进钻孔和预制管道一次性推进，连续作业性强，工期短、施工效率高；埋深浅、钻孔小，施工经济性高。适用于公路、铁路、河流、自然保护区、山体、陆海等各种地质。直铺管控向精度高，可有效规避地下建筑物及管线，实现精准穿越。

3. 带压封堵技术

带压封堵技术是一种安全、经济、快速、高效的在役管道抢维修特种技术，分为不停输封堵工艺和停输封堵工艺。不停输封堵工艺是在管道上带压焊接旁通三通并开旁通孔，建立旁通管路，达到不停输封堵的目的。该技术安全可靠，无污染，不影响管线的正常输送，具有较高的社会效益和经济效益。停输封堵工艺是对于允许停输的管道，能够在规定停输时间内完成维修改造工作。

4. 隧道内管道穿越技术

隧道按照坡度形式，分为"一"字形坡、"V"字形坡、"人"字形坡。隧道内施工时可从隧道一端向另一端顺序焊接安装，也可以从隧道中间向隧道两端同时焊接安装。隧道内管道穿越小于10°斜坡时，使用特制牵引车、独轮运管小车进行单管运输，将加工好坡口的管材在隧道内布管，制作全自动焊接集成平台，实现焊接环境下的封闭，进行顺序组对焊接。隧道坡度大于10°时，采用变频调速卷扬机、轻轨和自带龙门架的轨道小车进行单管运输。

（二）油气储运工程施工技术

1. 储罐安装技术

立式储罐的安装方法有正装法和倒装法两种。

正装法是以罐底为基准平面，将罐壁板由底圈开始单块组装，逐节向上直到全罐安装完毕的安装方法。正装法的优点是可以充分利用大型吊装设备，加大预制深度，易于掌握，有利于推广储罐的自动焊接技术，实现焊接数据采集、上传、智能化过程监控的目的，适用于50000~100000m³浮顶罐。

倒装法是以罐底为基准平面，先安装顶圈壁板，然后将已装壁板吊起（或顶起），为组装下圈壁板留下施工的位置，待组装下圈壁板后，再将与其相连的壁板向上升起，依次直到底圈壁板安装完毕。

2. 钢结构制作技术

钢结构工程是以钢材制作为主的结构，主要由型钢和钢板等制成的钢梁、钢柱、钢桁架等构件组成，各构件或部件之间通常采用焊缝、螺栓或铆钉连接，是主要的建筑结构类型之一。钢结构常用的焊接方法是电弧焊，包括手工电弧焊、自动或半自动电弧焊以及气体保护焊等，手工电弧焊是钢结构中最常用的焊接方法。现场安装一般采用起重机吊装就位，因其自重较轻，且施工简便，所以广泛应用于厂房、泵棚、管廊、管支架等。

3. 吊装技术

油气储运工程主要的吊装范围按大类分为动设备和静设备。动设备是指由驱动机带动的转动设备，如泵、压缩机、风机、电机以及成型机、包装机、搅拌机等；静设备主要是指炉类、塔类、反应设备类、储罐类、换热设备类等。

吊装方法：场外到货的立式设备、分段到货设备采取"双机滑移法"吊装；现场组焊的立式设备采用"单机提吊法"吊装；卧式设备均采取"单机提吊法"吊装。

4. 模块化施工技术

模块化施工是通过加大预制和组装深度，将散件制成模块后运至现场经过相对简单的吊装，完成安装工作。模块的分解和设计是项目模块化施工的关键。结合设计方案对项目施工模块进行二次设计，将模块制作流程进行拆分，形成众多单元，分段展开制作。模块化施工有利于及时发现和整改施工中出现的问题，最大限度地减少散材到场安装出错的概率。模块化技术变现场施工为厂房内作业，实现了不同专业平行同步作业，减少了交叉作业。

（三）海洋工程施工技术

1. 海洋平台建造安装技术

海洋平台建造安装技术主要包括固定平台建造安装技术和移动式平台建造安装技术。

（1）固定平台建造安装技术

固定平台建造安装技术，是一种海洋固定平台陆地预制和海上运输安装的施工方法，主要包括钢管桩、导管架和上部组块的陆地预制、焊接和组装，大型模块的称重、码头滑移装船、海上打桩、灌浆、整体浮装及吊装就位等。

（2）移动式平台建造安装技术

移动式平台建造安装技术是一种海上移动式平台模块化预制、滑道下水和海上就位的施工方法。主要包括圆柱式桩腿预制组装，齿条高精度安装，主体分段建造、高精度船台合拢，液压升降系统和齿轮齿条式升降系统安装调试，以及大跨度悬臂梁高精度预制组装，平台下水和海上就位等。

2. 海底管道敷设技术

常用的海底管道敷设技术主要有：浮拖法施工技术、铺管船常规 S 形铺管技术。

（1）浮拖法施工技术

在近海浅水区铺设海底管道时，通常采用浮拖法。浮拖法中的管道一般在陆上组装场地先组装成规定的长度，然后用起吊装置将管道吊到发送轨道上，再绑上浮筒和拖管头，用拖船将管道拖下水，按预定航线将管道就位、下沉，最后将各段管道对接，完成管道铺设。

（2）铺管船常规 S 形铺管技术

以铺管船为中心和其他辅助船组成施工船队，铺管船上设有一条铺管流水作业线，在作业线上完成管段对中、焊接、无损检测、阳极安装、防腐补口等工序，每接好一根管段，利用锚机系统或动力系统移船下放管段，铺管船沿管线设定路由移动完成整体管线铺设。

3. 海洋构筑物延寿加固及弃置拆除技术

海洋构筑物延寿加固及弃置拆除施工技术，主要包括海洋构筑的延寿加固和弃置拆除两部分。延寿加固，是对现役平台结构进行加固改造以延长平台使用寿命，在海底管道强冲刷区通过增加仿生水草和抛沙治理的方法来延长海底管道使用寿命；弃置拆除，是使用海底管道带压开孔、高压水磨料射流切割等施工方法对海上平台导管架、上部组块、独立桩、隔水管等构件进行海上弃置拆除。

（四）公路工程施工技术

1. 路基碾压技术

路基压实应遵循"先轻后重、先慢后快、先边后中"的碾压原则。"先轻后重"即初压轻，复压重；先静力碾压，后振动碾压，这也是路基分层压实压路机选型的原则；"先慢后快"是指压路机的碾压速度随着碾压遍数增加应逐渐加快，即初压时要以较低的速度进行碾压，这样可以延长碾压力作用时间，增加影响深度，加快土体变形，避免产生碾压轮拥土现象，防止压路机陷车等异常情况发生，随着碾压遍数增加，铺筑层的密实度也迅速增加，加快碾压速度则有利于提高铺筑层表层的平整度和提高压路机的作业效率；"先边后中"的碾压顺序，是压路机在压实作业过程中应始终坚持的一条规则，也就是说，作业时压路机必须先从路基的一侧（距路基边缘 30~50cm 处），沿路基延伸方向，逐渐向路基中心线处进行碾压，在越过路基中心线 30~50cm 后，再从路基的另一侧边缘开始向路基中心线处碾压。值得注意的是：实施弯道碾压作业时，应先从路基内侧逐渐压向路基外侧，即从路基低处向路基高处；碾压一遍后，再从内侧开始向外侧碾压，如此循环。对傍山路基的碾压，则应从靠山坡的一侧开始，逐渐向沟谷一侧碾压。为防止发生陷车和翻车事故，在碾压山区公路路基沟谷一侧时，碾压轮应距离路基边缘 100cm。

2. 路面摊铺技术

在合格的基层上按规定撒布透层、黏层、铺筑下封层后，可进行混合料的摊铺。首先进行施工放样。准确的施工放样避免基准钢线的重度影响，其钢支柱纵向间距不宜过大，一般 5~10m，并用紧线器拉紧。同时要加强监视，防止现场人员扰动，造成摊铺面的波动。摊铺前，还要及时进行立柱、横坡度、厚度等项指标的检查，发现问题及时处理。摊铺机摊铺速度匀速行驶不间断，借以减少波浪和施工缝，试验人员随时检测成品料的配比和沥青含量，及时反馈拌和厂，及时调整。设专人消除粗细集料离析现象，如发现粗集料窝应予铲除，并用新料填补。此项工作必须在碾压之前进行，严禁用薄层贴补法找平，以免贴补层在使用过程中脱落压碎，引起面层推移破裂。

3. 桥梁顶推施工技术

桥梁的顶推施工的方法步骤：①搭设顶推施工平台；②将多个预制的桥梁节段在顶推施工平台上拼装为当前桥梁片段；③利用顶推施工平台将当前桥梁片段顶推至已顶出的桥梁片段的尾端以进行拼接；④利用顶推施工平台继续顶推已经与已顶出的桥梁片段拼接好的当前桥梁片段，直至用于保持桥梁拼装线形的部分的当前桥梁片段预留在顶推施工平台上方；其中，顶推施工平台的最小长度为当前待拼接的桥梁片段的长度与用于保持桥梁拼装线形部分的已顶出的桥梁片段的长度之和。该技术既保证了桥梁拼装的准确性，也保证了施工质量，具有广泛的适用性。

4. 新奥法隧道施工技术

新奥法即新奥地利隧道施工方法的简称，新奥法概念是奥地利学者拉布西维兹（L.V.Rabcewicz）教授于 20 世纪 50 年代提出的，它是以隧道工程经验和岩体力学的理论为基础，将锚杆和喷射混凝土组合在一起，作为主要支护手段的一种施工方法，经过一些国家的许多实践和理论研究，于 20 世纪 60 年代取得专利权并正式命名。之后这个方法在西欧、北欧、美国和日本等许多地下工程中获得极为迅速发展，已成为现代隧道工程新技术标志之一。60 年代新奥法被介绍到我国，70 年代末至 80 年代初得到迅速发展。可以说在所有重点难点的地下工程中都离不开新奥法，新奥法几乎成为在软弱破碎围岩地段修筑隧道的一种基本方法。

（五）建筑工程施工技术

1. 长螺旋钻孔灌注桩技术

长螺旋钻孔灌注桩系用长螺旋钻机钻孔，至设计深度后进行孔底清理，下钢筋笼，灌注混凝土成柱。其特点是成孔不用泥浆或套管护壁，施工无噪声、无振动，对环境无泥浆污染；机具设备简单，装卸移动快速，施工准备工作少，工效高，降低施工成本等。适用于民用与工业建筑地下水位以上的一般黏性土、砂土及土方回填等地基基础。

2. 塑料模板技术

塑料模板技术可适用于各类型的公共建筑、工业与民用建筑的墙、柱、梁、板及土木工程现浇混凝土结构等。塑料模板采用的增强塑料是以高分子材料聚丙烯为主要基材，通过物理改性，并填充植物纤维增强，同时采用先进的生产工艺和设备，一次挤出成型。增强塑料模板的原料以回收的废旧塑料为主，既解决了白色污染的问题，又有效利用废旧资源。塑料模板施工散支散拆是一种常见的施工方法，采用 12mm 塑料模板，直接与木方连接。

3. 液压爬模施工技术

液压爬模施工利用爬架与导轨互为支撑，交替顶升，模板随架体就位并依靠架体进行操作，导轨依靠附着架体上的液压系统提升，到位后与挂座体连接，架体与模板体系则通过液压系统沿导轨爬升，完成架体及模板的爬升、定位等作业和各节段混凝土结构工序循环施工。液压爬模施工安全性能好，爬升速度快，周转次数多，劳动效率高，有利于降本增效、绿色施工。

4. 脚手架技术

脚手架是为了保证各施工过程顺利进行而搭设的工作平台。按搭设的位置分为外脚手架、内脚手架；按构造形式分为立杆式脚手架、桥式脚手架、门式脚手架、悬吊式脚手架、挂式脚手架、挑式脚手架、爬式脚手架。现阶段，常用脚手架是盘扣式脚手架，盘扣式脚手架是从国外引进来的，属于一种新型脚手架，它的轮廓和盘扣一般都是采用热镀锌材料，具有搭建牢固的特点，全国各地依次颁布系列推广盘扣式脚手架政策，未来发展前景广阔。不管搭设哪种类型的脚手架，脚手架所用的材料和加工质量必须符合规定要求，绝对禁止使用不合格材料搭设脚手架；脚手架必须按脚手架安全技术操作规程搭设；对于危险性大而且特殊的吊、挑、挂、插口、堆料等架子必须经过设计和审批；编制单独的安全技术措施，才能搭设。

（六）水利水电施工技术

1. 大体积混凝土技术

混凝土结构物实体最小几何尺寸不小于1m的大体量混凝土，或预计会因混凝土中胶凝材料水化引起的温度变化和收缩而导致有害裂缝产生的混凝土，称为大体积混凝土。现代建筑中时常涉及大体积混凝土施工，如高层楼房基础、大型设备基础、水利大坝等。它主要的特点就是体积大，最小断面的任何一个方向的尺寸最小为1m。它的表面系数比较小，水泥水化热释放比较集中，内部升温比较快。混凝土内外温差较大时，会使混凝土产生温度裂缝，影响结构安全和正常使用。所以必须从根本上分析它，来保证施工的质量。

2. 水利明渠施工技术

水利明渠施工技术是指利用渠道一体化衬砌机，实现拌合摊铺振实成型机械化快速作业，利用新型高寒区渠道大型混凝土制缝机、表面成型机等关键设备，采用大平面混凝土在塑性阶段制缝和平曲表面一次成型施工工艺，实现混凝土塑性阶段平面分格，一次性置入制缝材料，颠覆了传统混凝土渠道施工技术。

（七）市政工程施工技术

市政工程施工技术向地上（下）大型空间建设、老旧道路改造技术、绿色环保的污水处理等方向发展。已形成彩色沥青、橡胶沥青路面施工技术，工业污水厂超高混凝土池壁抗渗、高压注浆带水堵漏等系列技术，盐碱地区园林绿化施工、大树移植、绿地养护管理等特色技术。

（一）长输管道工程施工设备

长输管道施工设备包括管道工程机械设备、动力设备、管道焊接切割设备、起重搬运设备等。

1. 管道工程机械设备

主要包括吊管机、弯管机、定向穿越机、挖掘机等。

①吊管机用于管道焊接对口、管道下沟等，适合平地、山地、沼泽等地形，主要类型包括旱地型和湿地型，施工能力有 40t、70t、90t。

②弯管机用于管道的弯头、弯管的制作，可以煨制管径为 102~1422mm，该系列弯管机具有结构紧凑、油路高度集成化、阀组化等特点。

③定向穿越机用于管道从地下穿越公路、铁路、河流、水塘、建筑物等施工，广泛应用于供水、煤气、电力、电讯、天然气、石油等管线铺设施工工程中，工作环境温度为 –15~45℃，最大牵引能力 1000t 以上。

④挖掘机用于管道对口焊接、管沟开挖、地貌恢复等工作，具备操控灵活，用途多样化等特点，规格型号主要有 18~40t。

2. 动力设备

主要包括液压移动电站、胶轮移动电站、空气压缩机等。

①液压移动电站用于为管道焊接提供电源，具备输出电流、电压稳定的优点，配备有 5t 随车吊（直臂或折臂），以及自动升降气瓶（4~8 个）装置，主要包括 80kW、100kW、140kW 等型号。

②胶轮移动电站用于为管道焊接提供电源，具备拖拽设备、转场灵活的优点，主要型号为 50kW。同时可根据现场需求在车身前端加装起重载荷为 1~3t 的小型随车折叠起重机，方便焊接现场施工机具的吊装就位。

③空气压缩机主要是将空气的机械能转换成动能然后运用在管道的试压、吹扫、风沙除锈等。具有效率高、噪声低、可靠性高、稳定性高、维护简单、设计功率高、排量范围广等优点。

3. 管道焊接切割设备

主要包括全自动外焊机、全自动内焊机、坡口机等。

①全自动外焊机分为全自动双枪外焊机和全自动单枪内焊机，用于在管道外部焊接，填充与盖面工序，是一种高度自动化、机械化的焊接设备，具有焊接速度快、焊接质量高等优点，带有数据管理接口，可采集焊接工艺参数，满足施工管理需要。也可升级到焊接智能管理系统，能够实时采集、监控、传输焊接数据。主要适应管径类型包括：全自动双枪外焊机 ≥ 711 mm，全自动双枪外焊机 ≥ 508 mm。

②全自动内焊机用于在管道内部焊接，打底工序，同样具备全自动外焊机的自动化、

机械化等优势。主要适应管径类型包括：813mm、914mm、1016mm、1219mm、1422mm。

③坡口机用于管口切削，按照坡口角度要求，将管口切削平滑，确保焊接质量。主要包括 12″~56″ 等各种型号，加工一道坡口仅需 2~5min，加工坡口一次性合格率在 98% 以上，能在环境温度 −35~60℃、湿度 ≤ 90% 的条件下正常使用。

主要包括汽车吊、履带吊等。

汽车吊、履带吊用于管道、设备等吊装作业。主要包括：25t、50t、150t 等型号。

（二）油气储运工程施工设备

油气储运工程施工设备包括焊接设备、切管设备、起重吊装设备、液压成型设备等。

1. 焊接设备

①金属储罐自动焊横焊机主要焊接横向水平直焊缝和横向水平环焊缝，是适用于焊接筒形钢结构横向焊缝的专用焊接操作机，是普通埋弧自动焊的一种特殊形式，采用特制的焊剂托附装置，始终跟随焊接点位置沿焊缝方向运动，利用较小的焊接电流、电弧电压和高的焊接速度，获得在横向上的焊缝成形。

②金属储罐自动焊气电立焊机主要焊接垂直和接近于垂直位置的立向焊接接头。焊缝正面用水冷滑块，焊缝背面用水冷铜挡排或陶瓷衬垫，焊缝水冷强制一次成形，可获得美观的焊缝成形和优良的焊接质量。焊接速度自适应焊接熔池的上升速度，焊接过程全自动化。

2. 切管设备

①铰链式切管机：适合切割碳钢、不锈钢、球墨铸铁及铸铁管，适用于 48~355mm 管径，设备体积较小，需要操作空间小，携带方便，无须动力源，广泛应用于小管道切割施工，轻便易携带，安全易操作。

②旋转式切管机：适合切割碳钢、不锈钢、球墨铸铁及铸铁管，切割管径范围59~915mm，操作简便，需要操作空间相对较小，无须动力源，但需人力拉动旋转，广泛应用于中小型管道切割施工，管径小，人力消耗较小，占用操作空间较小。

③自爬式切管机：适用于切割碳钢、铸铁管等，切割管径范围 219~1020mm，需要一定的操作空间，需要提供动力源，但人力消耗较小，普遍应用于中大型管道切割施工。

3. 起重吊装设备

各种行吊，包括门式起重机、单梁式起重机、双梁式起重机等，规格型号包括 3~30t，主要用于场地预制、货物装卸等，是场地作业的重要设备。

4. 液压成型设备

①各种压力机主要用于球罐球壳板的压制，主要有 2000t 压力机和 3000t 压力机，工作能力范围包括厚度 16~65mm 的球形罐压制，体积 300~5000m³ 的球形储罐压制。

②各种卷板机主要用于钢板、型钢的卷制。包括 20 型、30 型、50 型、80 型等，工作能力范围包括厚度 2~80mm，长度单节筒体 3200mm，直径 50~30000mm 的筒体容器板体卷制。

（三）海洋工程施工设备

海洋工程施工设备是专用工程船，包括：起重船、打桩船、海底挖泥船和铺管船。

1. 起重船

起重船（图 7-2-3）又称浮吊，船上有起重设备，吊臂有固定式和旋转式的。起重量一般从数百吨至数千吨，起重船一般不能自航。起重船由于其工作的特点，决定其总体受力大，局部区域受力集中且分布不均，对船体结构强度及结构布置的要求较高。

图 7-2-3　起重船

2. 打桩船

打桩船（图 7-2-4）是指用于水上打桩作业的船只，船体为钢箱形结构，在甲板的端部装有打桩架，可前俯后仰以适应施打斜桩的需要。船艏正中设有坚固的三角桁架式桩架机构和打桩锤。作业时，通过钢缆、滑轮、绞车等连动机构完成吊桩、移船、定位工作，借助桩锤爆发力将桩打入水下。作业时需要抛锚船、拖船、桩驳配合。

图 7-2-4　打桩船

3. 铺管船

铺管船（图 7-2-5）是用于铺设海底管道专用的大型设备。多用于海底输油管道、海底输气管道、海底输水管道的铺设。铺管船的船体是铺管设备的载体，铺管船的核心是铺管设备及铺管工艺。铺管设备有张紧器、A/R 绞车、船舷吊、坡口机、对口器、无损检测设备（X 射线或 AUT）、退磁器、加热器、辅助作业线、主作业线、移管机构、托管架、电焊机等。

图 7-2-5　铺管船

4.海底挖泥船

挖泥船（图 7-2-6）的任务是进行水下土石方的施工，挖深、加宽和清理现有的航道和港口，是吹沙填海的利器。按施工特点又可分为耙吸式、铰吸式、链斗式、抓斗式和铲斗式等类型。

图 7-2-6　挖泥船

（四）公路工程施工设备

公路工程施工设备包括推土机、压路机、架桥机、平地机、沥青混合料拌合站、沥青混合料摊铺机、稳定土拌合站、凿岩台车、衬砌台车等。

①推土机：平整场地、清表，堆集分散的物料等。

推土机可分为履带式和轮胎式两种。履带式推土机附着牵引力大，接地比压小，爬坡能力强，但行驶速度低。轮胎式推土机行驶速度高，机动灵活，作业循环时间短，运输转移方便，但牵引力小，适用于需经常变换工地和野外工作的情况。

②压路机：压路机主要依靠机械本身的重力作用，适用于各种压实作业，使被碾压层

产生永久变形而密实。

按碾轮分，碾轮构造有光碾、槽碾和羊足碾等。光碾应用最普遍，主要用于路面面层压实。采用机械或液压传动，能集中力量压实凸起部分，压实平整度高，适于沥青路面压实作业。

③架桥机：将预制好的梁片放置到预制好的桥墩上的设备。

常用的架桥机有三种，主要为双悬臂式架桥机、双梁式架桥机、单梁式架桥机，用来分片架设钢筋或预应力混凝土梁。

④平地机：利用刮刀平整地面的土方机械。平地机是一种高速、高效、高精度和多用途的土方工程机械。它可以完成公路、农田等大面积的地面平整和挖沟、刮坡、推土、排雪、疏松、压实、布料、拌和、助装和开荒等工作。

⑤沥青混合料拌合站：是生产拌制各种沥青混合料的机械装置，用于公路、城市道路、机场、码头、停车场、货场等建设工程。

⑥沥青混合料摊铺机：指按规定要求将沥青混合料均匀平整地摊铺开的专用机械，按行走装置不同，分为履带式和轮胎式两种，其构造和技术性能大致相同，是沥青路面专用施工机械之一，广泛用于公路、城市道路、大型货场、停车场、码头和机场等工程中的沥青混合料摊铺作业。

⑦稳定土拌合站：生产稳定土的机器设备集合，把各种混合料拌制成稳定土。由水泥罐体、计量输送设备、搅拌设备、控制室、料仓等组成，是路面工程机械的主要机种之一，广泛用于公路和城市道路的基层、底基层施工，也适用于其他如货场、停车场、机场等需要稳定材料的工程。

⑧凿岩台车（也称钻孔台车）：是一种隧道及地下工程采用钻爆法施工的凿岩设备。它能移动并支持多台凿岩机同时进行钻眼作业。工作机构主要由推进器、钻臂、回转机构、平移机构组成。凿岩台车可分为平巷掘进钻车、采矿钻车、锚杆钻车和露天开采用凿岩钻车等；按照钻车的行走机构可分为轨轮、轮胎和履带式；按照架设凿岩机台数可分为单机、双机和多机钻车。

⑨衬砌台车：是隧道施工过程中二次衬砌不可或缺的非标设备，边顶拱式台车应用最为普遍，常用于公路、铁路隧道和地下洞室等施工，台车一般由模板总成、顶模架体、平移机构总成、门架总成、主从行走机构、丝杠千斤顶、液压系统、电气系统等组成。

（五）建筑工程施工设备

建筑工程施工设备按设备大小可分为大型设备和小型设备，大型设备主要有：塔吊，升降机，外用吊篮，物料提升机，挖掘机，推土机，装载机，压路机，起重机，运输车辆等；小型设备主要有：搅拌机，钢筋加工机械，电焊机，卷扬机，打夯机等。施工机具主要指小设备和手提设备，包括点焊机，对焊机，振动机，物料提升机，起重机，施工电梯，卷扬机，木工平刨床，木工压刨床，圆盘锯，钢筋调直机，钢筋切断机，钢筋弯曲机等。

①塔吊：是建筑工地上最常用的一种起重设备，一节一节地接长（高），好像一个铁

塔，也称塔式起重机，作用是吊运钢筋、木楞、脚手管等施工原材料。

②升降机：在垂直上下通道上载运人或货物升降的平台或半封闭平台的提升机械设备或装置。

③吊篮：是建筑工程高空作业的建筑机械，用于幕墙安装，外墙清洗。

④物料提升机：是一种固定装置的机械输送设备，主要适用于粉状、颗粒状及小块物料的连续垂直提升，设置了断绳保护、停靠、缓冲、上下高度及极限限位器、防松绳等安全保护装置。

⑤挖掘机：用铲斗挖掘高于或低于承机面的物料，并装入运输车辆或卸至堆料场的土方机械。按铲斗来分，挖掘机可以分为正铲挖掘机、反铲挖掘机、拉铲挖掘机和抓铲挖掘机。正铲挖掘机多用于挖掘地表以上的物料，反铲挖掘机多用于挖掘地表以下的物料。

⑥混凝土搅拌机：把水泥、砂石骨料和水混合并拌制成混凝土混合料的机械。按工作性质分间歇式（分批式）和连续式；按搅拌原理分自落式和强制式；按安装方式分固定式和移动式；按出料方式分倾翻式和非倾翻式；按拌筒结构形式分梨式、鼓筒式、双锥、圆盘立轴式和圆槽卧轴式等。

⑦装载机：用于铲装土壤、砂石、石灰、煤炭等散状物料，也可对矿石、硬土等作轻度铲挖作业。在施工中主要用于路基工程的填挖，沥青和水泥混凝土料场的集料、装料等作业。由于它具有作业速度快，机动性好，操作轻便等优点，成为土石方施工中的主要机械。

（六）水利水电工程施工设备

按照功能作用分为：①土石方开挖机械：挖掘机、推土机、钻孔机；②土石方填筑机械：羊角碾、振动碾、振动夯；③混凝土生产机械：破碎机、筛分机、拌合楼；④混凝土运输机械：皮带机、侧卸车、自卸车、缆式起重机、塔吊、顶带机；⑤混凝土浇筑设备：振捣棒、振捣机；⑥洞挖设备：潜孔钻、反井钻、多臂钻、自卸汽车、有轨矿车等。

（七）市政工程施工设备

按机械种类分为：①挖掘机械：单斗挖掘机，多斗挖掘机，挖掘装载机；②铲土运输机械：推土机，铲运机，翻斗机等；③压实机械：压路机，夯实机等；④工程起重机械：塔式起重机，履带起重机，施工升降机等；⑤桩基机械：振动桩锤，液压锤，压桩机等；⑥路面机械：沥青洒布机，沥青混凝土摊铺机等；⑦混凝土机械：混凝土搅拌机，混凝土搅拌输送车，混凝土泵等。

本章要点

1. 石油工程设计专业包括：油气集输及处理工程设计、水处理及注水工程设计和油气长输管道工程设计。

扫一扫
获取更多资源

2. 石油工程设计专业技术包括：油气集输工程技术、水处理及注水工艺技术和油气长输管道工程技术。

3. 石油工程施工包括：长输管道工程施工、油气储运工程施工、海洋石油工程施工、公路工程施工、建筑工程施工、水利工程施工和市政工程施工。

4. 长输管道工程施工技术包括：焊接技术、穿跨越施工技术、带压封堵技术和隧道内管道穿越技术。

5. 油气储运工程施工技术包括：储罐安装技术、钢结构制作技术、吊装技术和模块化施工技术。

6. 海洋工程施工技术包括：海洋平台建造安装技术、海底管道敷设技术和海洋构筑物延寿加固及弃置拆除技术。

7. 公路工程施工技术包括：路基碾压技术、路面摊铺技术、桥梁顶推施工技术和新奥法隧道施工技术。

8. 建筑工程施工技术包括：长螺旋钻孔灌注桩技术、塑料模板技术、液压爬模技术和脚手架技术。

9. 石油工程施工设备可分为：长输管道工程施工设备、油气储运工程施工设备、海洋工程施工设备、公路工程施工设备、建筑工程施工设备、水利工程施工设备和市政工程施工设备。

第八章

安全环保

PART

石油工程属于高危行业，具有易燃易爆、高温高压、有毒有害、环境恶劣、连续作业、点多线长等特点。需不断强化 HSE 管理体系运行，防控 HSE 重大风险，夯实 HSE 管理基础，提升本质安全水平。

第一节　HSE 法律法规与管理体系

一　HSE 法律法规

安全生产法、职业病防治法、环境保护法是 HSE 方面的三个主要法律，此外还有矿山安全法、消防法、道路交通安全法等专业领域 HSE 法律，以及 HSE 标准和国际劳动公约，以上这些共同形成了 HSE 法律法规体系。

（一）中华人民共和国安全生产法

《中华人民共和国安全生产法》是为了加强安全生产工作，防止和减少生产安全事故，保障人民群众生命和财产安全，促进经济社会持续健康发展而制定的安全生产的基础性、综合性法律。

①总体方针是安全生产工作应当以人为本，坚持人民至上、生命至上，坚持安全第一、预防为主、综合治理。

②总体机制是管行业必须管安全、管业务必须管安全、管生产经营必须管安全。

③生产经营单位必须遵守本法和其他有关安全生产的法律、法规，加强安全生产管理，建立健全全员安全生产责任制和安全生产规章制度，加大对安全生产资金、物资、技术、人员的投入保障力度，改善安全生产条件，加强安全生产标准化、信息化建设，构建安全风险分级管控和隐患排查治理双重预防机制，健全风险防范化解机制，提高安全生产水平，确保安全生产。

④明确了生产经营单位主要负责人是本单位安全生产第一责任人和七条职责，规定了安全生产管理人员七条职责，同时赋予从业人员以下权利：

a. 知情权：有权了解其作业场所和工作岗位存在的危险因素、防范措施和事故预防措施。

b. 建议权：有权对本单位的安全生产工作提出建议。

c. 批评权、检举权、控告权：有权对本单位的安全生产管理工作中存在的问题提出批评、检举、控告。

d. 紧急避险权：发现危及人身安全的紧急情况时，有权停止作业或在采取可能的应急措施以后撤离作业场所。

e. 拒绝权：有权拒绝违章作业指挥和强令冒险作业。

f. 赔偿权：有依法向本单位提出赔偿的权利。

g. 劳保用品使用权：有获得符合国家标准或者行业标准劳动保护用品的权利。

h. 受教育权：有获得安全生产教育和培训的权利。

（二）中华人民共和国职业病防治法

《中华人民共和国职业病防治法》是为了预防、控制和消除职业病危害，防治职业病，保护劳动者健康及其相关权益，促进经济社会发展，根据宪法制定的专项法律。

①总体方针是坚持预防为主、防治结合。建立用人单位负责、行政机关监管、行业自律、职工参与和社会监督的机制，实行分类管理、综合治理。

②企业应建立健全职业病防治责任制，加强对职业病防治的管理，提高职业病防治水平，对本企业产生的职业病危害承担主体责任；提供职业病防护设施和个人使用的职业病防护用品，改善工作条件，为劳动者创造符合国家职业卫生标准和卫生要求的工作环境和条件，让劳动者获得职业卫生保护。

③劳动者享有的职业卫生保护权利：

a. 获得职业卫生教育、培训。

b. 获得职业健康检查、职业病诊疗、康复等职业病防治服务。

c. 了解工作场所产生或者可能产生的职业病危害因素、危害后果和应当采取的职业病防护措施。

d. 对违反职业病防治法律、法规以及危及生命健康的行为提出批评、检举和控告。

e. 拒绝违章指挥和强令进行没有职业病防护措施的作业。

f. 参与用人单位职业卫生工作的民主管理，对职业病防治工作提出意见和建议。

（三）中华人民共和国环境保护法

《中华人民共和国环境保护法》是为了保护和改善环境，防治污染和其他公害，保障公众健康，推进生态文明建设，促进经济社会可持续发展而制定的环境保护方面的综合性法律。

①环境保护坚持保护优先、预防为主、综合治理、公众参与、损害担责的原则。

②主要职责：一切单位和个人都有保护环境的义务。公民应当遵守环境保护法律法规，配合实施环境保护措施，按照规定对生活废弃物进行分类放置，减少日常生活对环境造成的损害。

③对企业的要求：排放污染物的企业事业单位和其他生产经营者，应当采取措施，防治在生产建设或者其他活动中产生的废气、废水、废渣、医疗废物、粉尘、恶臭气体、放射性物质以及噪声、振动、光辐射、电磁辐射等对环境的污染和危害。排放污染物的企业

事业单位，应当建立环境保护责任制度，明确单位负责人和相关人员的责任。

二　HSE 管理体系

HSE 管理体系指的是健康（Health）、安全（Safety）和环境（Environment）三位一体的管理体系，是国际石油行业通行的一套用于油气勘探开发和施工行业的管理体系，也是当前国际石油、石油化工大公司普遍认可的管理模式，具有系统化、科学化、规范化、制度化等特点。

（一）发展历程

从 1984 年起，国际石油石化行业接连发生重大安全事故，社会普遍意识到石油石化行业是高风险的行业，必须建立完善的安全、环境、健康管理系统，以削减或避免重大事故和重大环境污染事件发生。1991 年，壳牌公司率先颁布健康、安全、环境（HSE）方针指南；同年，在荷兰海牙召开了第一届油气勘探、开发的健康、安全、环境（HSE）国际会议；1994 年在印度尼西亚的雅加达召开了油气开发专业的安全、环境、健康国际会议，HSE 活动在全球范围内快速展开。

HSE 管理体系是石油石化行业发展到一定阶段的必然产物，它的形成和发展是石油石化行业多年工作经验积累的成果。国内石油石化行业和石油工程企业近年来陆续建立并不断完善了 HSE 管理体系。

（二）HSE 管理体系基本框架

HSE 管理体系是以安全、健康和环境为一体，以风险识别与管控为主线，遵循 PDCA（计划 – 实施 – 检查 – 持续改进）管理原则，具有系统性、可持续性的现代管理模式。

HSE 管理体系文件包括管理手册、程序文件和支持性文件，自上而下形成金字塔形状；程序文件主要指企业的规章制度；支持性文件主要指 HSE 作业指导书、HSE 记录等基础性文件。

管理手册由若干个要素组成，关键要素有：领导和承诺，方针和战略目标，组织机构，资源和文件、风险评估和管理，规划，实施和监测，评审和审核等。

各要素不是孤立的，这些要素中，领导和承诺是核心；方针和战略目标是方向；组织机构，资源和文件作为支持；规划、实施、检查改进是循环链过程。

第二节　石油工程领域 HSE 重大风险

石油工程常年以野外施工为主，施工项目、用工人数多，专业跨度大，施工区域广，属于典型的高风险行业，也是国家应急管理部门重点关注的高风险领域。在 HSE 方面主要存在八项重大风险。

一　井控及硫化氢泄漏风险

井控及硫化氢风险是石油工程领域最大风险，主要体现在以下方面。

（一）油气藏类型及井下情况复杂多变带来的井控固有风险

风险探井地质条件复杂、地层压力预测困难，普光、元坝、川西海相等酸性气田地层压力高且高含硫化氢，四川盆地过路气和裂缝气突发性强，西北超深"三高"油气井井漏后漏溢转换，东部老区长期开采后地层压力紊乱，各类平台井相碰和压窜次生井控风险，海上浅层气风险高、处置难度大。

（二）井控装备工具不能完全满足需要

深井超深井井位不断增加，井口井控装置压力级别一再提高，但井口套管抗内压强度不高的矛盾一直存在；节流阀、内防喷工具、三联作测试工具可靠性难以保证，在深井超深井的使用寿命偏短。国内外石油工程企业在近些年均发生过因井控装备问题导致的井喷事故及关井极限高压的井控事件。

（三）井控岗位人员技能素质参差不齐

各工区对井控的要求不尽一致，跨区域施工队伍存在井控技能不足、实战经验少等问题，不能完全满足井控高风险地区施工要求。钻井队、井下作业队等一线队伍班组人员社会化用工占比高，作业人员井控培训时间短、实操训练不足，人员岗位技能难以满足现场需要。

（四）硫化氢泄漏风险

海相井高含硫化氢、安全管控难度大等风险。西南地区普光、元坝、彭州及西北顺南顺北及塔河等区块的海相深井硫化氢含量高。尤其是普光、元坝处于山区，救援难度大，彭州海相井周边人口稠密，一旦发生硫化氢泄漏，疏散难度大，社会影响大。

二　海（水）上作业风险

石油工程海（水）上作业涉及地球物理勘探、钻井、井下作业以及石油工程建设，面临的主要风险有平台倾覆、火灾爆炸、井喷及硫化氢泄漏、高危作业和复杂作业环境。

（一）平台倾覆风险

危险因素有插拔桩、拖航移位高风险作业，平台老化、腐蚀变形等导致的结构性失稳，水深、波浪、海冰等环境条件影响。

（二）火灾爆炸风险

危险因素有电力系统老化，检测报警系统失效，防护隔离、紧急关断不到位等；井喷及硫化氢的危险因素有钻遇异常高压、气侵等地层原因。

（三）井喷失控风险

危险因素有井控设备设施检查维护保养不到位导致关井失败，人员应急能力不足等。

（四）高危作业风险

自升式平台升降、插拔桩，半潜式平台锚泊固定以及拖航移位等高风险作业频繁；海上平台、船舶生产、生活空间密集，吊装、动火、受限空间、舷外高处作业等直接作业环节易发生人身伤害；海上平台远离陆岸基地，通信网络受限，一旦出现险情，救援力量不能第一时间到达。

（五）复杂环境风险

遭遇强台风强风暴潮极端天气，存在防台撤离工作不及时造成重大人员伤亡和财产损失的风险；海浪、海冰、大雾等恶劣气象对平台拖航移位造成较大风险，可能造成海上平台船体失稳倾斜翻覆风险、载人器具落水风险。

三　放射源及民爆物品失控风险

（一）放射源失控风险

放射源运输过程中车门、源仓未锁紧，路途颠簸，中途停车无人值守，导致放射源丢失或被盗；作业过程中因操作不当将放射源遗失在井场、刻度场所导致丢失、失控。放射源装卸时未有效封盖井口，操作不当导致放射源落井；放射源测井过程中，因电缆吸附、仪器（钻具）遇卡，加之人员操作失误导致放射源仪器落井，如后续打捞不成功进行封井，可能造成环境事件。装卸放射源时由于人员技能不足、装卸源工具保养不到位导致操作时间过长，受到过量照射，作业人员因防护不当或未防护受到过量照射，其他无关人员意外接触放射源受到过量照射。

（二）民爆物品失控风险

民爆物品使用环节多、程序严（采购、运输、储存、交接、包（下）药、激发和废哑炮处置等环节和流程），地方政府监管严，对设备设施防火、防爆、防雷、防静电、防射频等本质安全要求高，接触人员多，作业点多面广，一旦哪个环节、流程管控不到位，就可能造成丢失（被盗）、遗漏或未激发（爆炸不全或盲哑炮）等风险，甚至造成意外爆炸或丢失，给社会治安带来影响。

四　直接作业环节风险

石油工程业务领域多、作业范围广、覆盖面大，直接作业环节频繁，各专业主要存在以下风险。

（一）井筒作业方面

钻井设备拆安过程中起重、高处等直接作业环节频繁，存在指挥和监护不当导致物体打击、高处坠落及井架倒塌风险；井架整拖过程中，存在井架底座、平移导轨等承重部件未按要求及时开展检测或重量计算不准确导致的井架变形、倒塌风险。同一井场内可能存在多个队伍同时施工，同一施工现场吊装、动火、动土等各类作业相互交叉，人员相对密集，不可控因素多，监管难度大。

（二）地震勘探方面

流动性大、施工区域线长、作业面广、人员分散、运载设备类型多、施工环境复杂多变，作业过程中主要存在火灾爆炸、机械伤害、车辆伤害、物体打击、中毒、淹溺等风险。

（三）石油工程建设方面

涉及油气田建设、油气长输管道、海洋油气工程、路桥工程、建筑工程等，作业过程中主要存在灼烫、中毒、火灾爆炸、高处坠落、物体打击、机械伤害、坍塌、淹溺、船舶倾覆等风险。

五　承（分）包商安全风险

石油工程根据专业性质不同，分包业务各有侧重。

井筒专业主要有网电服务、燃气动力、顶驱服务、钻井液服务、定向服务、井下作业压裂、钻后治理、搬迁运输等分包商。

石油工程建设专业以工程分包为主，主要有土方作业、道路涵洞、管道铺设、顶管穿越、脚手架搭建等；地球物理专业以工程分包为主，主要有排列布设、钻井、运输等。承（分）包商数量多、能力参差不齐，承（分）包商人员流动性大、安全技能和意识偏弱等情况一直是承（分）包商安全管理的重点和必须面对的实际情况。主要表现在以下方面：一是部分承（分）包商引入把关不严，高资质、低能力，带来自我安全管理能力不足。二是部分承（分）包商人员教育培训管理不到位，安全意识和技能较差。三是部分承（分）包商组织机构不健全，关键岗位人员现场管理缺失。四是部分承（分）包商直接作业环节管控不严，隐患排查不及时、整改不到位，"低老坏"现象屡禁不止。

六　环保依法合规风险

近几年，国家相继出台了水、大气、土壤、固废等方面的污染防治法律法规，地方环保执法督查力度也越来越大，给环保工作提出了更高的要求、更高的标准。石油工程生产现场涉及一般固废、危险废物、废（污）水、建筑垃圾、噪声等各方面，无害化和资源化利用手段不够，污染物合规处置仍存在一定的法律风险。

（一）现场污染风险

现场管理和污染防治措施落实不到位，存在固体废物扬散，钻井作业液体落地，危险废物渗漏导致土壤、水体污染事件的风险。

（二）污染物处置不合规风险

对各类污染物处置过程监管不严，存在违规倾倒、遗撒或偷排偷放、超标排放导致环境事件的风险。

（三）行政处罚风险

施工现场防护措施不到位，存在跑冒滴漏、管理不规范、尾气噪声超标、未按要求恢复地容地貌等导致地方政府部门行政处罚的风险。

七　员工健康风险

（一）职业健康风险

工作过程中存在噪声、粉尘、毒物、电离辐射等职业危害因素。在电机、发动机运行中易导致噪声性耳聋；生产过程中微量有毒有害物质接触后易通过皮肤、口、鼻进入人体，聚集形成职业性损害。在接触电离辐射的工作中，如果防护措施不当，违反操作规程，人体受照射的剂量超过一定限度，可能引起放射病。

（二）身体健康风险

员工身体健康管理存在薄弱环节，目前主要是心脑血管疾病对身体健康危害大，严重者并发心律失常、心源性休克、心力衰竭等并发症，甚至死亡。

（三）心理健康风险

员工心理一般会影响员工的工作、生活、学习，影响人际关系，长期的心理疾病会导致生理疾病，如高血压、冠心病、消化性溃疡、慢性湿疹、免疫系统疾病、肿瘤等。

八 公共安全风险

石油工程技术服务境外业务主要面向中东、非洲、南美等地，部分国家和地区存在地缘政治、恐怖袭击、交通安全、传染病等突发因素，公共安全风险较大；国内部分敏感地区反恐防暴压力较大，民爆品库、放射源库属于国家反恐防范重点管控目标；作业环境经常面临沙尘暴、泥石流等自然灾害。

（一）境外公共安全

部分境外工区位于民族、宗教矛盾交织区或经济欠发达区，族群对抗多发，社会治安基础薄弱，绑架、抢劫案件频发，暴恐袭击时有发生。

（二）境内反恐防暴

石油工程反恐防范重点目标均为放射源及民爆物品库，所处地区分散、偏远，地区极端分子、分裂势力可能发动恐怖袭击，特殊时期需重点防范。

（三）自然灾害

西南地区主要面临地震、洪涝、山体滑塌、泥石流等地质气象灾害，海（水）上主要面临台风、风暴潮、海冰等气象灾害，新疆、内蒙古、东北地区主要面临低温寒潮和沙尘暴等气象灾害。

第三节　HSE 常识

一 HSE 标识

生产经营单位应当在施工现场存在较大危险因素的场所、设施、设备上，设置禁止、警告、指令、提示等安全警示标识，职业病危害警示标识和环境保护图形标志等 HSE 标识，以起到提醒和引起注意的作用。

（一）禁止标志

禁止人们不安全行为的图形标志。常见禁止标志见表 8-3-1。

表 8-3-1 禁止标志名称、图形（彩色图形见书后附录）

编号	禁止标志名称	图形	编号	禁止标志名称	图形
1	禁止烟火		7	禁止逗留	
2	禁止非工作人员入内		8	禁止乱动阀门	
3	禁止酒后上岗		9	禁止乱动消防器材	
4	禁止使用手机		10	高压危险 禁止靠近	
5	禁止抛物		11	禁止混放	
6	禁止吊物下过人		12	正在检修 禁止合闸	

（二）警告标志

提醒人们对周围环境引起注意，以避免可能发生危险的图形标志。常见警告标志见表 8-3-2。

表 8-3-2 警告标志名称、图形（彩色图形见书后附录）

编号	警告标志名称	图形	编号	警告标志名称	图形
1	当心滑跌		5	当心缠乱	
2	当心溢流		6	当心机械伤人	
3	当心坠落		7	当心超压	
4	当心坑洞		8	当心落物	

编号	警告标志名称	图形	编号	警告标志名称	图形
9	当心高压管线		13	当心有毒气体	
10	噪声有害		14	注意防尘	
11	当心触电		15	当心腐蚀	
12	当心障碍物		16	当心自动启动	

（三）指令标志

强制人们必须做出某种动作或采用防范措施的图形标志。常见指令标志名称、图形见表 8-3-3。

表 8-3-3　指令标志名称、图形（彩色图形见书后附录）

编号	指令标志名称	图形	编号	指令标志名称	图形
1	必须穿戴防护用品		6	必须戴防护手套	
2	必须戴防火帽		7	必须戴防尘口罩	
3	必须系安全带		8	必须戴防护眼镜	
4	必须戴护耳器		9	必须消除静电	
5	注意通风		10	车体接地	

（四）提示标志

向人们提供某种信息（如标明安全设施或场所等）的图形标志。常见提示标志名称、图形如图 8-3-1 所示。

(a) 疏散方向　　　　　　　(b) 紧急集合点

图 8-3-1　提示标志名称、图形

二　HSE 设备设施

HSE 设备设施是指在生产经营活动中，将健康、环境和安全危险因素、有害因素控制在规定范围内以及预防、减少、消除 HSE 危害所配备的设备、设施或器材。HSE 设备设施分为预防事故发生的 HSE 设备设施和减少事故损失的 HSE 设备设施两大类。作业现场HSE 设备设施的分类如下。

（一）检测报警设施

①常用的检测报警设施是用于检测报警的便携式可燃气体和有毒气体检测报警仪，氧气检测报警仪，比如：便携式硫化氢检测仪［图 8-3-2（a）］、固定式硫化氢检测仪［图 8-3-2（b）］、氧气检测报警仪等。

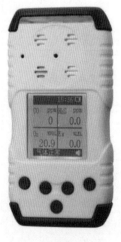

（a）便携式硫化氢检测仪　　　　　　　　　（b）固定式硫化氢检测仪

图 8-3-2　硫化氢检测仪

②常用的用于安全与测量的压力、温度、液位等报警设施，比如：压力表、温度表、钻井液液位计（图 8-3-3）等。

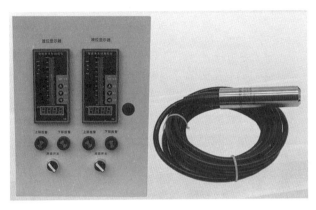

图 8-3-3 钻井液电子液位计

③用于作业安全的视频监控、应急联络、应急广播系统，比如：视频监视器、对讲机、手摇报警器等。

（二）设备安全防护设施

常用于设备安全防护的安全锁闭（挂牌落锁）、电器过载保护、天车防碰装置 [图 8-3-4（a）]、防雷、静电接地、机械互锁，电气互锁设施，比如：警示牌、锁具、天车防碰、避雷器、人体静电释放器、绞车驻车装置、电动钻井泵紧急停车装置 [图 8-3-4（b）]等。

（a）电子式天车防碰装置　　　　　（b）电动钻井泵紧急停车装置

图 8-3-4 设备安全防护设施

（三）防爆设施

常用于电气火灾爆炸的防爆电路、照明电路、阻火器等，比如：配电柜（图 8-3-5）、灯具、阻火器等。

（四）作业场所防护设施

常用于作业场所防护的防噪声、通风、防坠落设施，比如：噪声防护墙、轴流风机、防护栏杆、速差自控器（图 8-3-6）、水平生命线等。

图 8-3-5　防爆配电柜

图 8-3-6　速差自控器

（五）泄压与止逆设施

主要包括用于泄压与止逆的安全阀、节流管汇、防喷器及控制装置，比如：钻具止回阀、旋塞、泄压阀等。

（六）公共安全设施

主要包括用于公共安全的周界报警、门禁系统，防暴设施，比如：井场周边设置的电子围栏。

（七）消防设施

主要包括用于消防灭火的消防器材，比如：移动式灭火器、消防水泵、消防炮、消防斧、消防钩等，部分消防器材见图 8-3-7。

（a）橇装式消防泵组

（b）消防炮

图 8-3-7　消防设施

（八）应急救援设施

主要包括用于紧急个体处置和逃生的器材，比如：洗眼器、逃生滑道、井架二层台逃生装置等；用于应急救援的器材，比如正压式空气呼吸器、救生艇筏、担架、三脚架、应急急救包、自动体外除颤仪（AED）（图8-3-8）等。

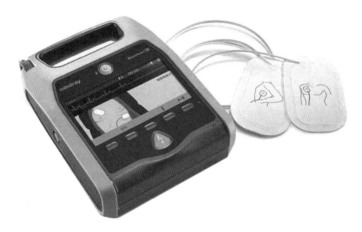

图8-3-8　自动体外除颤仪（AED）

（九）环保设施

主要包括用于处理生活污水的生活污水处理设施、环保厕所，用于降低噪声的消声器、隔声墙等，用于防治污染物泄漏、渗漏或扩散的废弃物回收容器（如软体罐）、应急污水池、防渗布、环保围堰、接油盒、围油栏、吸油毡、防尘遮网等，以及用于监测污染物排放的噪声检测仪、颗粒物检测仪和有毒有害气体检测仪等见图8-3-9。

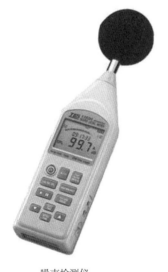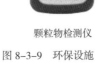

噪声检测仪　　　　　　　　颗粒物检测仪　　　　　　有毒有害气体检测仪

图8-3-9　环保设施

（十）职业危害防护设施

主要包括用于降低粉尘、有害气体浓度的抽风机，排风装置等和用于职业危害因素监测的辐射计（图 8-3-10）等。

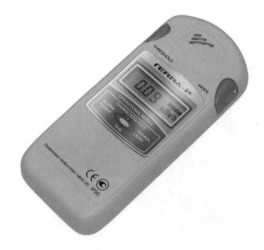

图 8-3-10　辐射计

三　危险物品

危险物品是指易燃易爆物品、危险化学品、放射性物品等能够危及人身安全和财产安全的物品。

（一）作业现场主要存在的危险物品种类

①危险化学品，主要包括汽油、柴油、氧气、乙炔、氮气、天然气（压缩天然气、液化天然气）、液化石油气、一氧化碳、二氧化碳、硫化氢、丁酮、乙醇（无水）、盐酸（易制毒）、硫酸（易制毒）、氢氧化钠、汞、硝酸银（易制爆）、铬酸钾以及含易燃溶剂的合成树脂、油漆、辅助材料、涂料等制品（闭杯闪点 ≤ 60℃）等。

②雷管、炸药等民爆物品。

③放射源等放射物品。

（二）管理要求及注意事项

1. 危险化学品

①使用单位应向员工、承（分）包商和承运商等提供相关化学品安全技术说明书（SDS）。承运单位、驾驶员、押运员应取得相应资质。在装卸搬运危险化学品前，要预先了解物品性质，检查装卸搬运的工具是否牢固，不牢固的应予更换或修理。

②危险化学品安全技术说明书应在现场存放齐全，存放点设置相应的监测、监控、通

风、防晒、调温、防火、灭火、防毒、中和、防潮、防雷、防静电、防泄漏等安全设施，并处于适用状态。

③操作人员应根据不同危险化学品的危险特性，分别穿戴相应合适的防护用具。操作前应由专人检查用具是否妥善，穿戴是否合适。操作后应进行清洗或消毒，放在专用的箱柜中保管。

④危险化学品应轻拿轻放，防止撞击、摩擦、碰摔、震动。工作完毕后根据工作情况和危险品的性质，及时清洗手、脸，漱口或淋浴。必须保持现场空气流通，如果出现恶心、头晕等中毒现象，应立即到新鲜空气处休息，脱去工作服和防护用具，清洗皮肤沾染部分，重者送医院诊治。

2. 民用爆炸物品

①爆破工程技术人员、安全员、保管员、爆破作业人员应取得公安机关核发的上岗资格证。押运员、民爆物品运输车驾驶员应取得地方交通主管部门核发的危险货物运输从业资格证，方可上岗操作。爆破作业应办理《爆破作业许可证》。

②接触民用爆炸物品应落实防静电措施。涉爆场所禁区内禁止吸烟、禁止动用明火、禁止使用无线通信设施。遇雷雨、大雾、沙尘暴等恶劣天气情况时，应立即停止涉爆作业。

③租用民用爆炸物品库应取得当地公安机关许可；自建临时库应报所在地县（市）公安机关审核批准，按照国家、所在地公安机关的规定设置技术防范设施。民爆物品临时库经公安机关验收合格，按核准的库容储存民爆物品。

④涉爆单位应做好爆炸物品登记，如实登记爆炸物品购买、运输、储存、使用的品种、数量和流向信息，并按公安机关要求及时上报相关数据。

⑤性质相抵触的民爆物品不应混装，车辆（船舶）严禁运送成型药包。装运民爆物品的车（船）不应同时装运其他物品和搭乘无关人员。长途运输的车（船）途经人烟稠密的城镇，应事先通知途经地公安机关，按照规定的路线行驶。途中经停应有专人看守，并远离建筑设施和人口稠密的地方，不得在许可以外的地点经停。

⑥制作炸药包时，应设置警戒区，警戒距离不小于15m。包药点与装有通信电台的车辆保持安全距离。包药点应与高压输电线路保持20m的安全距离。成型药包下井应使用专用工具，采取防浮、防盗措施。

⑦激发作业应设专人警戒，人员、车辆不应进入警戒区域内；执行警戒任务的人员，应按指令到达指定地点，作业期间不应离开岗位。

⑧对作业产生的盲炮应现场确认并登记，按规定进行有效处置，处置现场应设专人警戒。销毁民爆物品前应登记造册，提出实施方案，报上级主管部门批准，并向当地公安机关备案，按批准的方案销毁。

⑨涉爆单位应对涉爆作业进行危害因素辨识，制定意外爆炸和丢失应急预案并定期演练。

3. 放射源

①执行双人收发、双人保管、双人记账、双人双锁、双人使用等"五双"制度，严格

落实"五个确认"（放射源出、入库护源工与库管人员交接检测确认；现场装、卸源护源工与装卸源人员交接检测确认；队伍离场前现场负责人确认放射源固定和锁好源仓门）。

②放射源库内存放的放射源种类和数量必须与台账一致，巡回检查和交接记录准确、齐全，24小时专人值守，落实人防、物防、技防、犬防和企地联防措施。

③严格放射源出库、入库管理。凭手续办理出入库，执行库房管理；定期对源库进行环境监测和职业危害监测，动态跟踪放射源。

④严格运输管理。出车前做好车辆检查，并提前了解行驶路线和天气，做好天气预警；全程 GPS 和视频监控，固定行车线路，专人押运。

⑤操作人员在进行放射源装卸时使用专用工具、正确使用劳动防护用品和佩戴个人剂量计，严禁徒手直接接触放射源，使用专用盖板盖好井口，经确认合格后方可进行装卸源作业，防止放射源落井；装卸放射源时，操作人员上好源仓每个螺丝，确保放射源不从源仓脱落。

⑥放射源测井时，严格按操作规程施工，电缆测井发生遇卡后无法解卡，严禁拉脱电缆，按操作规程穿心打捞，钻具输送测井关注井下张力，遇阻时及时采取措施确保井下放射源仪器安全。

⑦对施工完后作业现场进行清理，及时将放射源送还源库，并办理入库手续。每年对从业人员进行一次职业健康体检，对体检异常人员进行调岗、休假和治疗。

四 作业许可

基层单位是作业许可的实施责任主体，负责作业计划的制定、作业预约、JSA 分析、安全交底、风险防控措施的制定与落实、现场监护，以及作业结束的核实、现场恢复、作业许可的关闭；负责作业人员的属地安全教育和作业现场的工艺、环境处理，确保满足作业安全要求。以下 7 类特殊作业必须办理作业许可，同一作业内容涉及两种或两种以上特殊作业时，应同时执行相应的作业许可要求，办理相应的作业许可证。

（一）动火作业

动火作业是指在具有火灾爆炸危险场所内进行的涉火施工作业。主要包括各类焊接、热切割、明火作业及产生火花的其他作业等，分为特级动火、一级动火和二级动火。应严格遵守以下注意事项和要求：

①动火作业应执行"三不动火"原则，即无动火作业许可证不动火、动火监护人不在现场不动火、安全风险防控措施不落实不动火。

②动火作业要本着"能不动火就不动火""能拆除移走动火就拆除移走动火"的原则，尽量减少在易燃易爆区域内的动火频次。在易燃易爆区域之外可以设置固定动火区，固定动火区动火不需要办理作业许可证。

③动火作业前，现场应使用具有声光报警功能的便携式或移动式可燃、有毒气体检测

仪、氧气检测仪，对动火点周围的孔洞、窖井、地沟、水封设施、污水井等作业环境进行检测，并在作业许可证上如实记录检测数据。

④作业过程中，监护人应佩戴便携式报警仪进行全程动态监测。

⑤使用电焊机作业时，电焊机与动火点的间距不应超过10m；使用气焊、气割动火作业时，乙炔瓶应直立放置，不得卧放使用，氧气瓶与乙炔瓶的间距不应小于5m，二者与动火点间距不应小于10m，乙炔瓶应安装回火装置。

（二）受限空间作业

受限空间是指进出口受限，通风不良，可能存在易燃易爆、有毒有害物质或缺氧，对进入或探入人员的身体健康和生命安全构成威胁的封闭、半封闭设施及场所，主要包括进入泥浆罐、油罐、圆（方）井、密闭舱室、灰罐、污水池（罐）等封闭或半封闭场所作业。应严格遵守以下注意事项和要求：

①受限空间作业应执行"三不进入"原则，即无受限空间作业许可证不进入、监护人不在场不进入、风险防控措施不落实不进入。严格遵守"先通风、再检测、后作业"的原则，严禁检测不合格进入受限空间作业。

②作业前30分钟内，应对受限空间进行有毒有害、可燃气体、氧含量分析，分析合格后方可进入。检测人员进入或探入受限空间检测时应佩戴符合规定的个体防护装备。容积较大的受限空间，应对上、中、下（左、中、右）各部位取样分析，保证受限空间内部任何部位的可燃气体浓度和氧含量合格，氧含量为19.5%~21%（体积）。

③作业环境原来盛装爆炸性液体、气体等介质的，应使用防爆工具，严禁携带手机等非防爆通信工具和其他非防爆器材。

④进入带有搅拌器等转动部件的受限空间，应在停机后切断电源，摘除保险，并按照能量隔离的要求在开关上挂牌上锁，必要时派专人监护。

⑤在受限空间内从事清污作业，应始终佩戴隔绝式呼吸防护装备，并正确拴带救生绳。

（三）高处作业

高处作业是指在距离坠落高度基准面2m以上（含2m）有坠落可能的位置进行的作业，包括上下攀援等空中移动过程。高处作业分为四个等级：Ⅰ级（2m ≤ h_w ≤ 5m）、Ⅱ级（5m< h_w ≤ 15m）、Ⅲ级（15m< h_w ≤ 30m）、Ⅳ级（ h_w>30m）。应严格遵守以下注意事项和要求：

①高处作业应办理高处作业许可证。持有高处作业有效证件的井架工在进行正常岗位作业以及高处巡检时，不需要办理高处作业许可证。

②作业人员应正确佩戴符合《坠落防护安全带》（GB 6095）要求的安全带以及《坠落防护 安全绳》（GB 24543）要求的安全绳。因条件限制无法系挂安全带的高处作业，垂直攀爬高度超过6m的作业，无法设置外架防护或作业平台的临边、洞口作业，应增设生命绳或防坠器等防护设施。

243

③脚手架直爬梯超过 6m，应设转角平台；直爬梯超过 12m，应设生命绳或防坠器等防护设施。

④在同一坠落方向上，一般不得进行上下交叉作业。无法避免时，必须采取"错时、错位、硬隔离"措施。

⑤当气温高于 40℃时，应停止露天高处作业。陆地风力在五级以上、海上风速在 15m/s 以上、浓雾、暴雨（雪）、雷电等天气，不应进行露天高处作业。

（四）吊装作业

吊装作业是指利用起重机械将设备、工件、器具材料等吊起，使其发生位置变化的作业过程。吊装作业按起吊工件质量和长度划分为三个等级，一级为质量 100t 以上或长度 60m 及以上；二级为质量大于等于 40t、小于等于 100t；三级为质量 40t 以下。应严格遵守以下注意事项和要求：

①吊装作业指挥人员和吊装机械操作人员应按地方政府要求取得相应资格证书，持证上岗。

②吊装操作人员应按指挥人员发出的指挥信号进行操作；任何人发出的紧急停车信号均应立即执行；吊装过程中出现故障，应立即向指挥人员报告。

③利用两台或多台起重机械吊运同一吊物时应保持同步，各台起重机械所承受的载荷不应超过各自额定起重能力的 80%。吊物捆绑应牢靠，吊点设置应根据吊物重心位置确定，保证吊装过程中吊物平衡；起升吊物时应检查其连接点是否牢固、可靠；吊运零散件时，应使用专门的吊篮、吊斗等器具，吊篮、吊斗等不应装满。

④吊物就位时，应与吊物保持一定的安全距离，用拉绳或撑杆、钩子辅助其就位。吊物就位前，不应解开吊装索具。除具有特殊结构的吊物外，严禁单点捆绑起吊。

⑤遇 6 级及以上大风或大雪、暴雨、大雾等恶劣天气，不得从事露天吊装作业。

（五）临时用电作业

临时用电指在正式运行的电源上所接的非永久性用电。应严格遵守以下注意事项和要求：

①临时用电作业应办理作业许可；使用规范的防爆插头插座方式连接的临时用电，可不办理作业许可，但应开展 JSA 分析。凡在具有火灾爆炸危险场所内的临时用电，在办理临时用电作业许可证前，应先办理动火作业许可证。

②临时用电的电气设备周围不得存放易燃易爆物、污染源和腐蚀介质。

③临时用电电源施工、安装应符合《建设工程施工现场供用电安全规范》（GB 50194）的有关要求，并接地良好；临时用电线路应按照 TN-S 三相五线制方式接线，并符合《施工现场临时用电安全技术规范》（JGJ 46）的规定。

④临时用电设施应做到"一机一闸一保护"，开关箱和移动式、手持式电动工具应安装符合规范要求的漏电保护器。

⑤临时用电架空线应采用绝缘铜芯线，设在专用电杆或支架上，严禁设在树木和脚手架上。架空线最大弧垂与地面距离，在施工现场不低于2.5m，穿越机动车道不低于5m。对需埋地敷设的电缆线路应设走向标志和安全标志，电缆埋地深度不应小于0.7m，穿越道路时应加设防护套管。

（六）动土作业

动土作业是指在生产运行区域（含生产生活基地）内进行的挖土、打桩、钻探、坑探地锚入土深度在0.5m以上的作业（包括交通道路、消防通道上进行的施工作业），以及使用推土机、压路机等施工机械进行填土或平整场地等可能对地下隐蔽设施产生影响的作业。应严格遵守以下注意事项和要求：

①作业前，施工单位应按照施工方案，逐条落实风险防控措施，做好地面和地下排水工作，严防地面水渗入作业层面造成塌方。

②在道路上（含居民区）及危险区域内施工，施工现场应设围栏、盖板和警告标志，夜间应设警示灯。在地下通道施工或进行顶管作业影响地上安全，或地面活动影响地下施工安全时，应设围栏、警示牌、警示灯。

③挖掘坑、槽、井、沟等作业时，不应在土壁上挖洞攀登，不应在坑、槽、井、沟上端边沿站立、行走，不应在坑、槽、井、沟内休息。

④使用机械挖掘时，人员不应进入机械旋转半径内，深度大于2m时应设置人员上下的梯子，两人以上同时挖土时应相距2m以上。

（七）盲板抽堵作业

盲板抽堵作业是指在设备抢修、检修及设备开停工过程中，设备、管道内可能存有物料（气、液、固态）及一定温度、压力情况时的盲板抽堵，或设备、管道内物料经吹扫、置换、清洗后的盲板抽堵。应严格遵守以下注意事项和要求：

①盲板抽堵作业，应将作业点压力降至常压，并保持作业现场通风良好，通风不良作业场所要采取强制通风等措施。

②应按照能量隔离有关要求，对盲板抽堵作业点流程的上下游阀门进行有效隔断并上锁挂牌。

③在火灾爆炸危险场所进行盲板抽堵作业时，作业人员应穿阻燃防静电工作服；在介质温度较高或较低时，应采取防烫或防冻措施；在强腐蚀性介质的管道、设备上进行盲板抽堵作业时，作业人员应采取防止酸碱化学灼伤的措施；在涉及硫化氢、氯气、氨、苯、一氧化碳及氰化物等毒性介质的管道、设备上进行作业时，应全程佩戴符合要求的气体检测报警仪、隔绝式空气呼吸装备等个体防护用品。

（一）职业健康危害因素

职业危害因素是指对从事职业活动的劳动者可能导致职业病的各种危害因素。主要包括：职业活动中存在的各种有害的化学、物理、生物等因素以及在作业过程中产生的其他职业有害因素。依据《职业病危害因素分类目录》（国卫疾控发〔2015〕92号），职业危害因素分为粉尘、化学因素、物理因素、放射性因素、生物因素和其他因素共六类。

石油工程作业人员相关的职业病及其主要危害因素有以下几类。

尘肺：如配制泥浆用的黏土及药品、固井用的水泥及添加剂、电焊时的金属粉尘等；

职业中毒：如地层中的硫化氢外溢、油漆稀料挥发等；

物理因素所致职业病：如恶劣天气所致的中暑，如风动工具、电动手工具等振动导致的手臂振动病等；

职业性眼病、皮肤病：如电气焊时的强光紫外线所致的电光性眼炎，处理泥浆时化学药品意外溅出所致的化学性眼部灼伤和化学性皮肤灼伤等；

噪声聋：如柴油机、电动机、泥浆泵、打桩机、气动工具、电动手工具等所产生的噪声。

（二）个体防护

石油作业中员工使用的劳动防护用品主要是服装、鞋帽、安全带、护听器等，这些物品除了要具备一般通用的性能要求外，在配备及使用过程中还要满足以下几点。

功能性：要求劳动防护用品要满足使用要求，既能防油、水浸湿，又具有防寒保暖性、阻燃抗静电，要轻便灵活舒适、不影响劳动效率等。

安全性：劳动防护用品的常用部分应具有抗磨性、抗破裂的性能，结构应符合安全要求，应适合个人身材，尽量避免因过于松散、拖带、遮盖等对工作造成影响。防止因钩、挂、绞、辗等现象造成的伤害事故。

识别性：劳动防护用品应有专用颜色和标志、应与作业场合协调，并要求劳动防护用品的总体设计能具有象征性，能体现职业特点。

警示、急救性：特殊工程作业人员要穿戴具有标志服颜色和急救特征的劳动防护用品，比如在沙漠、海洋作业人员应穿着鲜明的橘红色劳动服，便于识别救援。

个人防护用品主要有头部防护、呼吸器官防护、眼（面）部防护、听觉器官防护、手部防护、足部防护、躯体防护、高处坠落防护八个类别。

1. 头部防护用品

头部防护用品是为了保护头部，防撞击、挤压伤害或其他原因危害而装备的个人防护用品。目前用于施工现场作业头部防护的用品主要是安全帽，其佩戴要求主要包括以下方面：

①佩戴安全帽前应将帽后调整带按自己头型调整到适合的位置，然后将帽内弹性带系牢。调节缓冲衬垫的松紧，保证人的头顶和帽体内顶部有足够的空间可供缓冲。

②安全帽的佩戴高度应大于 80mm，不得歪戴，也不要把帽檐戴在脑后方。

③安全帽的下颌带必须扣在颌下并系牢，松紧要适度。

④施工人员在现场作业中必须始终佩戴安全帽，特别是在室内带电作业时，不得将安全帽脱下。

⑤严禁使用帽内无缓冲层的安全帽。

2. 呼吸器官防护用品

呼吸防护用品是为防止或减少有害气体、蒸气、粉尘、烟、雾从呼吸道吸入，直接向使用者供氧或清洁空气，保证尘、毒污染或缺氧环境中作业人员正常呼吸的防护用品。目前用于施工现场作业的呼吸防护用品主要有防尘口（面）罩和正压式呼吸器。常见的正压式空气呼吸器一般由全面罩、压缩气瓶、背具三大部分组成，如图 8-3-11 所示。

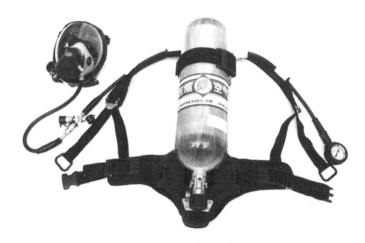

图 8-3-11 正压式空气呼吸器

下面重点对正压式空气呼吸器进行讲解。

（1）使用前检查

①外观检查压力表有无损坏，连接是否牢固；中压导管是否老化，有无裂痕，有无漏气处；供给阀、快速接头、减压器的连接是否牢固，有无损坏。

②检查全面罩的镜片、系带、环状密封、呼气阀、吸气阀是否完好，有无缺件和供给阀的连接位置是否正确，连接是否牢固。全面罩的镜片及其他部分要清洁、明亮和无污物。

③空气瓶的固定是否牢固，它和减压器连接是否牢固、气密。背带、腰带是否完好，有无断裂处等。

④打开空气瓶开关，观察压力表，正常值为 25~30MPa，随着管路、减压系统中压力的上升，会听到余压报警器报警。

⑤关闭气瓶阀，观察压力表的读数变化，在 5min 内，压力表读数下降应不超过 2MPa。

⑥轻轻按动供给阀膜片组，使管路中的空气缓慢排出，当压力下降至 4~6MPa 时，余

压报警器应发出报警声音，并且连续响到压力表指示值接近零时。

⑦将供给阀和呼气阀连接，带上呼气器，打开气瓶开关，在吸气时，供给阀应供气，有明显的"咝咝"响声；在呼气或屏气时，供给阀停止供气，没有"咝咝"响声，说明匹配良好。

（2）佩戴

①将安全帽放置在脑后，将面罩的颈带挂在脖子上，由下向上套上面罩，使下颌放入面罩的下颌承口中。

②拉紧下放头带，使上部头带的中心处在头顶中心位置；依次向后拉紧下面、中间两根头带至合适松紧；拉紧上部一根头带至合适松紧。

③检查佩戴的气密性，用手心将面罩的进气口堵住，深吸一口气，应感到面罩有向脸部吸紧的现象，且面罩内无任何气流流动，佩戴完成后将安全帽戴好并调整好帽带。

④打开气瓶阀至少两圈，连接供气阀，深吸一口气，将供气阀打开。

⑤使气瓶的瓶底靠近自己，让背带的左右肩带套在两手之间，两手握住背板的左右把手，将呼吸器举过头顶，两手向后向下弯曲，将呼吸器落下，使左右肩带落在肩膀上；向后下方拉动下肩带使呼吸器处于合适的高度，配有胸带的呼吸器应系好胸带；插好腰带，左右调整松紧至合适。

⑥再次检查呼吸及面罩密封，一切正常后，就可进入工作场所。工作时注意压力表的变化，如压力下降至报警哨发出声响，必须立即撤回到安全场所。

（3）呼吸器的脱卸

①应在回到安全场所后，再脱卸呼吸器。

②脱开供气阀，大拇指、食指同时按下供气阀两侧按钮关闭供气阀，同时拉动供气阀脱离面罩。

③卸下面罩，用食指向外拨动面罩头带上的不锈钢带扣使头带松开，抓住面罩上的进气口向外拉脱开面罩，取下并放好面罩。

④卸下呼吸器，大拇指插入腰带扣里面向外拨插头的舌头脱开腰带扣；向外拨动肩带上的带扣脱开肩带。

⑤抓住肩带卸下呼吸器，关闭气瓶阀。

⑥按供气阀上保护罩绿色按钮，将系统内的余气排尽，否则不能脱开气瓶和减压器。

3. 眼（面）部防护用品

眼（面）部防护用品，如图 8-3-12 所示，是大范围保护眼部区域的护眼设备，主要用于防护不同程度的强烈冲击、光辐射、火焰、液滴、飞溅物。目前用于施工现场作业的眼（面）部防护用品主要有防冲击眼镜、防化学品飞溅眼镜、电焊防护面罩等。

4. 听觉器官防护用品

听觉器官防护用品，如图 8-3-13 所示，是指使用耳罩式和耳塞式护听器（材料）对听觉器官的保护。

（a）防冲击眼镜

（b）电焊防护面罩

图 8-3-12 眼（面）部防护用品

（a）防护耳罩

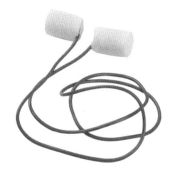
（b）防护耳塞

图 8-3-13 听觉器官防护用品

5. 手部防护用品

手部防护用品，如图 8-3-14 所示，是在劳动生产过程中使劳动者的手（腕以下）免遭或减轻事故和职业危害因素的伤害。目前施工现场常用的手部防护用品有耐油、耐酸碱、防滑的多功能机械危害防护手套，防化学品手套，带电作业用绝缘手套，焊工防护手套等。

（a）防化学品手套

（b）带电作业用绝缘手套

（c）焊工防护手套

图 8-3-14 手部防护用品

6. 足部防护用品

足部防护用品，如图 8-3-15 所示，是在劳动生产过程中使劳动者的脚（腕以下）免遭或减轻事故和职业危害因素的伤害。目前施工现场常用的足部防护用品有：保护足趾鞋（靴）、防刺穿鞋（靴）、导电鞋（靴）、防静电鞋（靴）、电绝缘鞋（靴）、化学品鞋（靴）、高温防护鞋（靴）、防滑鞋（靴）、防振鞋（靴）、防油鞋（靴）、防水鞋（靴）等。

（a）防刺穿鞋 　　　　　　　　（b）高温防护鞋

图 8-3-15　足部防护用品

7. 躯体防护用品

躯体防护用品，如图 8-3-16 所示，是利用躯体防护装备对躯体进行保护，施工作业现场躯体防护的装备是防护服。常用的防护服是具有多功能的防静电抗油拒水防护服，根据使用季节和环境又可分为防静电抗油拒水防护服（夏）、防静电抗油拒水防护服（秋）、防静电抗油拒水防护服（冬）、阻燃防静电防护服和防寒背心、防寒短大衣、皮工服（棉）、雨衣等防护服装。此外海上施工还需配备防寒服、救生衣等水上防护服装。

（a）阻燃防静电防护服 　　　　　　（b）救生衣

图 8-3-16　躯体防护用品

8. 高处坠落防护用品

高处坠落防护用品，是防止高处作业人员发生坠落或发生坠落后将作业人员安全悬挂的个体防护装备，主要有安全带（图 8-3-17）、安全绳、安全网等。

坠落悬挂安全带使用注意事项主要有：

①高处作业必须按规定要求系好安全带。

②安全带使用前应目测检查绳带有无破损、卡环是否有裂纹、缓冲带是否良好。大于 100kg 重量的人员禁止使用。使用时，考虑坠落距离和空间。

石油工程基础

（a）单挂点集成式全身安全带　　　　　　（b）双背半身式安全带

图 8-3-17　安全带

③安全带必须悬挂在固定牢固的结构件挂点上，或悬挂在横向生命绳上。禁止把安全带挂在移动或带尖锐棱角或不牢固的物件上。

④采取高挂低用原则，高处攀爬时，使用安全挂钩双钩倒换悬挂。

⑤安全带的保护套要保持完好，若发现保护套损坏或脱落，禁止再使用。

⑥安全带严禁擅自接长使用。

六　应急处置

（一）常用应急报警信号

①溢流井喷报警信号：一声长笛报警（长鸣笛连续 30s），二声短笛关井，三声短笛开井。

②硫化氢溢流报警信号：$0 <$ 硫化氢浓度 $< 10mg/m^3$，一短一长连续 30s；$10mg/m^3 \leqslant$ 硫化氢浓度 $< 20mg/m^3$，两短一长连续 30s；硫化氢浓度 $\geqslant 20mg/m^3$，三短一长连续 30s。同时伴有声光报警。

③火灾爆炸报警信号：连续短笛 1min。

④逃生信号：七短一长连续 1min。

（二）应急预案管理

①企业编制应急预案，专业经营单位和基层单位编制现场处置方案和应急处置卡。

②各级各类预案的编制都应建立在充分开展风险评估和应急资源调查的基础上。

③应急预案和现场处置方案应经专家审核后，由本单位主要负责人签署公布，并及时发放到内部有关部门（岗位）和内外部联动单位。

④应急预案应不断完善，每年组织单位内部的工艺、设备、安全、环保等专家评估一次。

（三）应急演练基本要求

①各单位应针对重大风险、生产异常、设备故障等实际情况，以熟练掌握预案为目的定期组织应急演练。应急演练应做到全员参与，并覆盖所有应急预案。演练的频次应符合政府、上级及本单位规定的要求。

②各单位应通过桌面、实战等多种形式开展应急演练。桌面演练要贴近实际，逐步推演；实战演练要对照预案，不编脚本。

③每一次应急演练都应组织评估，针对演练全过程进行总结讲评，发现问题及时整改。

（四）应急响应

①及时跟踪政府、上级应急指挥中心发布的自然灾害、事故灾难和公共卫生等外部预警信息，落实应对措施。

②配备必要的有毒（害）气体、可燃气体、火灾探测等监测监控设施，对异常状况实时监控，及时研判事故风险、发布预警信息。

③发生可能影响周边企业、公众的突发事件，应及时向地方政府、周边企业和社会公众发出预警信息。

④基层单位应对工况异常和工艺设备报警划类分级，细化上报条件和流程。

⑤按照"防小防早"的原则开展应急处置。基层单位发现工况异常和工艺设备报警，及时采取工程技术等措施控制危险源、封锁危险场所，防止事态扩大，突发情况时应及时研判是否提前启动应急预案。

⑥预案启动后第一时间成立现场指挥部，明确疏散警戒区和抢险隔离区，撤离与应急救援无关人员，科学组织救援。

（五）急救

生产现场急救总的任务是采取及时有效的急救措施和技术，最大限度地减少伤病员的疾苦，降低致残率，减少死亡率，为医院抢救打好基础。

1. 急救原则

现场急救一般包括心肺复苏术，海姆立克急救法，外伤急救中的止血、包扎、固定、搬运等。应遵守以下 6 条原则。

①先复后固的原则：指遇有心跳呼吸骤停又有骨折者，应首先用口对口呼吸和胸外按压等技术使心、肺、脑复苏，直至心跳呼吸恢复后，再进行固定骨折。

②先止后包的原则：指遇有大出血又有创口者时，首先立即用指压、止血带或药物等方法止血，接着再消毒创口进行包扎。

③先重后轻的原则：指遇有垂危的和较轻的伤病员时，应优先抢救危重者，后抢救较轻的伤病员。

④先救后运的原则：发现伤病员时，应先救后送。在送伤病员到医院途中，不要停顿

抢救措施，继续观察病、伤变化，少颠簸，注意保暖，平安抵达最近医院。

⑤急救与呼救并重的原则：在遇有成批伤病员、现场还有其他参与急救的人员时，要紧张而镇定地分工合作，急救和呼救可同时进行，以较快地争取到急救外援。

⑥搬运与急救一致性的原则：在运送危重伤病员时，应与急救工作协调步调一致，争取时间，在途中应继续进行抢救工作，减少伤病员不应有的痛苦和死亡，安全到达目的地。

2. 应急药品、器械

为满足现场急救的快速处置，为后续送医创造条件、争取时间，作业现场应配备必要的应急药品和器械。

（1）应急药品

主要有口服心脑血管疾病急救药品、止痛/退热药、解暑药，外用抗过敏/虫咬药、蛇药、烫伤药、跌打损伤药，消毒/清洗用过氧化氢溶液、0.9%的生理盐水、75%医用酒精、碘伏，灼伤处置用2%碳酸氢钠、2%醋酸或3%硼酸，眼部药膏/药水，止血护创用创可贴等。

（2）辅助用品及器械

主要有辅助用品及器械类灭菌棉签、灭菌纱布、医用胶布、止血带、绷带、医用剪刀、医用镊子、医用手套、一次性医用口罩、三角巾、高分子急救夹板、急救毯或担架，电子血压计、血糖仪、除颤仪（AED）等。

（六）公共卫生保障

为进一步加强传染病（如结核、艾滋病、SARS、新冠感染等）防范，以及对食品、药品、公共环境卫生的保障，应满足以下要求：

①更衣室、淋浴室、交接班室、休息室、卫生间、宿舍、餐厅等的设置应满足相关要求，维护公共环境卫生。

②员工较为集中的场所的空气质量、采光、照明等应符合国家卫生标准和要求，操作室、办公室、化验室等集中空调通风系统应定期进行维护保养和送风卫生指标检测。

③工作场所应当提供符合卫生标准的饮用水，加强餐饮卫生管理，防止食物中毒和预防急慢性疾病发生。

④加强传染病的预防、控制，防止出现传染病的感染、扩散；开展出国人员免疫接种，做到"不接种不派出"。

七 安全行为负面清单（包括但不限于）

（一）生产操作方面安全行为负面清单

①员工巡检没有发现明显的事故隐患。
②危险化学品装卸人员装卸作业时擅离岗位。

③未经许可开动、关停、移动机器或开动、关停机器时未给信号。

④随意触摸不熟悉的机械、器具及控制开关。

⑤擅自拆除安全装置或造成安全装置失效。

⑥擦洗或拆卸正在运转中的转动部件。

⑦操纵带有旋转部件的设备时戴手套。

⑧用汽油、易挥发溶剂擦洗设备、衣物、工具及地面等。

⑨不用夹具固定、用手拿工件进行机加工。

⑩在照明不足的环境下操作。

（二）施工作业方面安全行为负面清单

①高风险作业不开作业票。

②动火作业前不分析动火环境和部位。

③在易燃易爆场所使用铁器敲击和非防爆电气工具。

④不妥善放置高处作业中使用的工具、工件。

⑤以抛、投方式接送工具、工件。

⑥监护和管理人员不尽职，擅离职守、擅离现场。

⑦进入情况不明的有限空间内。

（三）劳保穿戴方面安全行为负面清单

①不按规定着装者进入生产岗位和施工现场。

②穿戴易产生静电的服装进入易燃、易爆区，在该区穿、脱衣服或用化纤织物擦拭设备。

③在有旋转零部件设备旁，穿着过大服装、佩戴过长悬挂物（如工作吊牌等）。

（四）应急处置方面安全行为负面清单

①看、听见现场报警不及时采取应急措施。

②在高含硫化氢环境下不佩戴正压式空气呼吸器。

③意外事件发生时，无关人员向事发地聚集。

（五）非生产过程安全行为负面清单

①行走、上下楼梯和骑车时目视手机。

②非机动车辆或行人在机动车临近时，突然横穿马路。

③站在道路中间交谈。

④作业时姿势动作不规范、不协调。

⑤单手上、下攀爬直梯。

⑥携带违禁品进入厂（场）区。

本章要点

1. 安全生产法、职业病防治法、环境保护法是 HSE 方面的三个主要法律，与矿山安全法、消防法、道路交通安全法，以及 HSE 标准和国际劳动公约，共同形成 HSE 法律法规体系。

扫一扫
获取更多资源

2. 安全生产法是加强安全生产工作，防止和减少生产安全事故，保障人民群众生命和财产安全，促进经济社会持续健康发展而制定的安全生产的基础性、综合性法律。

3. 职业病防治法是预防、控制和消除职业病危害，防治职业病，保护劳动者健康及其相关权益，促进经济社会发展，根据宪法制定的专项法律。

4. 环境保护法是保护和改善环境，防治污染和其他公害，保障公众健康，推进生态文明建设，促进经济社会可持续发展而制定的环境保护方面的综合性法律。

5. HSE 管理体系指的是健康（Health）、安全（Safety）和环境（Environment）三位一体的管理体系，是国际石油行业通用于油气勘探开发和施工行业的管理体系与管理模式，具有系统化、科学化、规范化、制度化等特点。

6. 石油工程领域在 HSE 方面主要存在井控及硫化氢泄漏风险、海（水）上作业风险、放射源及民爆物品失控风险、直接作业环节风险、承（分）包商安全风险、环保依法合规风险、员工健康风险、公共安全风险等 8 项重大风险。

7. HSE 标识主要包括禁止标志、警告标志、指令标志、提示标志等四类。常用 HSE 设备设施主要包括检测报警设施、设备安全防护设施、防爆设施、作业场所防护设施、泄压与止逆设施、公共安全设施、消防设施、应急救援设施、环保设施、职业危害防护设施。

8. 危险物品主要包括易燃易爆物品、危险化学品、放射性物品等能够危及人身安全和财产安全的物品，其搬运、存储与使用都有极其严格的要求。

9. 动火作业、受限空间作业、高处作业、吊装作业、临时用电作业、动土作业、盲板抽堵作业等 7 类特殊作业必须办理作业许可。

10. 职业危害因素分为粉尘、化学因素、物理因素、放射性因素、生物因素和其他因素共六类。个人防护用品主要有头部防护、呼吸器官防护、眼（面）部防护、听觉器官防护、手部防护、足部防护、躯体防护、高处坠落防护八个类别。

第八章 安全环保

255

参考文献

[1] 舒良树.普通地质学 [M].3 版.北京：地质出版社，2010.

[2] 柳广弟.石油地质学 [M].北京：石油工业出版社，2009.

[3] 陆基孟.地震勘探原理 [M].北京：石油大学出版社，1993.

[4] 孙传友.地震勘探仪器原理 [M].北京：石油大学出版社，1996.

[5] 吕郊.地震勘探仪器原理 [M].北京：石油大学出版社，1997.

[6] 中国石油天然气集团有限公司人事部.石油地震勘探工 [M].北京：石油工业出版社，2020.

[7] 中国石油天然气集团有限公司人事部.石油勘探测量工 [M].北京：石油工业出版社，2019.

[8] 中国石油天然气集团公司人事服务中心.石油地震勘探工 [M].北京：石油工业出版社，2006.

[9] 中国石油天然气集团公司人事服务中心.石油物探测量工 [M].北京：石油工业出版社，2005.

[10] 中国石油天然气集团公司职业技能鉴定指导中心.石油钻井工 [M].青岛：中国石油大学出版社，2011.

[11] 张桂林.钻井工程技术手册 [M].3 版.北京：中国石化出版社，2017.

[12] 王瑞和，张卫东.钻井工艺技术基础 [M].2 版.青岛：中国石油大学出版社，2016.

[13] 王定亚，孙娟，张茄新，等.陆地石油钻井装备技术现状及发展方向探讨 [J].石油机械，2021，49（1）：47–52.

[14] 宋红喜，曾义金，张卫，等.旋转导向系统现状及关键技术分析 [J].科学技术与工程，2021，21（6）：2123–2131.

[15] 聂上振.套管钻井工艺技术 [J].石油钻采工艺，2000（3）:40–41.

[16] 秦天宝，石磊，陈增海.小井眼钻井技术及风险分析 [J].石油和化工设备，2020，23（7）:111–112.

[17] 张建兵.油气井膨胀管技术机理研究 [D].成都：西南石油大学，2003.

[18] 侯庆功.测井资料采集与评价技术 [M].北京：中国石化出版社，2014.

[19] 王敬农.石油地球物理测井技术进展 [M].北京：石油工业出版社，2006.

[20]《油田油气集输设计技术手册》编写组.油田油气集输设计技术手册（上册）[M].北京：石油工业出版社，1994.

[21]《石油和化工工程设计工作手册》编委会.石油和化工工程设计工作手册2 [M].青岛：中国石油大学出版社，2010.

[22] 冯永训.油田采出水处理设计手册 [M].北京：中国石化出版社，2005.

[23]《长输油气管道工艺设计》编委会.长输油气管道工艺设计 [M].北京：石油工业出版社，2012.

[24]《石油和化工工程设计工作手册》编委会.输油管道工程设计 [M].青岛：中国石油大学出版社，2010.

［25］《石油和化工工程设计工作手册》编委会．输气管道工程设计［M］．青岛：中国石油大学出版社，2010.

［26］黄步余．石油化工自动控制设计手册［M］．4版．北京：化学工业出版社，2020.

［27］中国航空规划设计研究总院有限公司．工业与民用供配电设计手册［M］．4版．北京：中国电力出版社，2016.

［28］国家电力公司东北电力设计院．电力工程高压送电线路设计手册［M］．2版．北京：中国电力出版社，2003.

［29］水利电力部西北电力设计院．电力工程电气设计手册［M］．北京：中国电力出版社，2013.

参
考
文
献

附　录

表 8-3-1　禁止标志名称、图形

编号	禁止标志名称	图形	编号	禁止标志名称	图形
1	禁止烟火		7	禁止逗留	
2	禁止非工作人员入内		8	禁止乱动阀门	
3	禁止酒后上岗		9	禁止乱动消防器材	
4	禁止使用手机		10	高压危险　禁止靠近	
5	禁止抛物		11	禁止混放	
6	禁止吊物下过人		12	正在检修 禁止合闸	

表 8-3-2　警告标志名称、图形

编号	警告标志名称	图形	编号	警告标志名称	图形
1	当心滑跌		5	当心缠乱	
2	当心溢流		6	当心机械伤人	
3	当心坠落		7	当心超压	
4	当心坑洞		8	当心落物	

石油工程基础

编号	警告标志名称	图形	编号	警告标志名称	图形
9	当心高压管线		13	当心有毒气体	
10	噪声有害		14	注意防尘	
11	当心触电		15	当心腐蚀	
12	当心障碍物		16	当心自动启动	

表 8-3-3　指令标志名称、图形

编号	指令标志名称	图形	编号	指令标志名称	图形
1	必须穿戴防护用品		6	必须戴防护手套	
2	必须戴防火帽		7	必须戴防尘口罩	
3	必须系安全带		8	必须戴防护眼镜	
4	必须戴护耳器		9	必须消除静电	
5	注意通风		10	车体接地